大数据与人工智能技术丛书

Python
爬虫大数据采集与挖掘 微课视频版

◎ 曾剑平 编著

U0386551

清华大学出版社

北京

内 容 简 介

本书围绕大数据采集，对采集技术的相关基础、技术原理、Python 实现技术、大数据挖掘与应用方法进行了系统介绍。书中全面、完整地覆盖了各种类型的网络爬虫及相关的信息处理挖掘技术，并提供了 27 个与爬虫技术和应用相关的 Python 程序。全书共分为四大部分，即概述、基础篇、技术与实现篇、大数据挖掘与应用篇。第一部分是概述，首先指出了利用 Python 采集互联网大数据的重要性，介绍了相关技术研究、技术体系、Python 爬虫采集技术的合规性及应用现状等；第二部分是基础篇，包括 Web 服务器的应用架构以及 HTTP、Robots、HTML、页面编码等相关协议和规范；第三部分是技术与实现篇，全面介绍了普通网络爬虫技术、动态页面采集方法、主题爬虫技术、Deep Web 爬虫、微博信息采集、Web 信息提取以及反爬虫技术等，内容涵盖了各种爬虫技术实现方法及 Python 例子；第四部分是大数据挖掘与应用篇，介绍了用于爬虫应用中的典型大数据处理与挖掘技术以及 Web 大数据采集的常见应用模式，并以新闻采集与分析、SQL 注入在线检测为例介绍了 Python 爬虫应用构建方法，将本书介绍的一些关键技术、模型和工具贯穿在一起。

本书可以作为高等院校大数据、计算机、信息以及经管、金融等相关专业的教材，也可以作为大数据、计算机、信息以及经管、金融等领域研究人员和专业技术人员的参考书。

图书在版编目(CIP)数据

Python 爬虫大数据采集与挖掘：微课视频版/曾剑平编著.—北京：清华大学出版社，2020(2024.1重印)
(大数据与人工智能技术丛书)
ISBN 978-7-302-54054-0

Ⅰ．①P… Ⅱ．①曾… Ⅲ．①软件工具—程序设计 Ⅳ．①TP311.561

中国版本图书馆 CIP 数据核字(2019)第 241375 号

策划编辑：魏江江
责任编辑：王冰飞
封面设计：刘　键
责任校对：徐俊伟
责任印制：曹婉颖

出版发行：清华大学出版社
　　　　网　　　址：https://www.tup.com.cn,https://www.wqxuetang.com
　　　　地　　　址：北京清华大学学研大厦 A 座　　　　　邮　　编：100084
　　　　社 总 机：010-83470000　　　　　　　　　　　邮　　购：010-62786544
　　　　投稿与读者服务：010-62776969，c-service@tup.tsinghua.edu.cn
　　　　质量反馈：010-62772015，zhiliang@tup.tsinghua.edu.cn
　　　　课件下载：https://www.tup.com.cn,010-83470236
印 装 者：三河市龙大印装有限公司
经　销：全国新华书店
开　本：185mm×260mm　　印　张：19.5　　　　　字　数：487 千字
版　次：2020 年 3 月第 1 版　　　　　　　　　　　印　次：2024 年 1 月第 11 次印刷
印　数：25001～27500
定　价：59.80 元

产品编号：080120-01

前　言

党的二十大报告中指出：教育、科技、人才是全面建设社会主义现代化国家的基础性、战略性支撑。必须坚持科技是第一生产力、人才是第一资源、创新是第一动力，深入实施科教兴国战略、人才强国战略、创新驱动发展战略，这三大战略共同服务于创新型国家的建设。高等教育与经济社会发展紧密相连，对促进就业创业、助力经济社会发展、增进人民福祉具有重要意义。

互联网数据具有典型的大数据特征，即数据量巨大、数据类型多样化、数据来源丰富，并且随着"互联网+"国家战略的推进，互联网大数据的应用价值变得多样化。因此，互联网大数据成为大数据技术教学和研究应用的重要数据源。

在这种背景下，互联网大数据采集技术成为许多人迫切需要掌握的技术，本书就是为了适应这种需求而编写的，同时本书也是作者及其科研团队十多年来教学和科研实践经验的总结。作者及其科研团队长期从事互联网内容分析挖掘、网络舆情、大数据、信息内容安全技术和应用方面的科研工作，在包括国家自然科学基金项目在内的各类科研项目支持下，对互联网信息获取和处理方法开展了大量研究，积累了一定的经验和成果，涵盖论文、发明专利和软件著作权等，作者强烈希望把科研工作中的体会和理解整理出来。

作者从 2011 年开始先后为复旦大学信息安全专业的本科生、研究生开设了"信息内容安全""大数据安全"等课程，经过多年的教学实践，了解了学生的学习需求，积累了较为充足的关于互联网大数据采集挖掘技术的讲义和素材。作者于 2017 年出版了《互联网大数据处理技术与应用》一书，两年来经过在不同场合下与学生、读者和同行的交流，体会到互联网大数据采集技术在大数据研究和教学中的重要性，因此也迫切需要对大数据采集技术进行深入细化，整理相关技术原理和实现技术。

本书以互联网大数据采集为主题，介绍相关技术基础、大数据采集技术、大数据挖掘及应用技术。在内容安排上，本书充分考虑了知识体系的完整性和独立性，涵盖 Web 应用架构技术、Web 页面及相关技术、各种爬虫采集技术、Web 信息提取技术、大数据处理与挖掘以及应用方式；在爬虫技术上，涵盖了各种不同类型的爬虫，包括普通爬虫、动态爬虫、主题爬虫、Deep Web 爬虫以及微博爬虫；在应用方面，以两种典型的 Web 网站信息采集与处理为例，介绍了爬虫技术的应用模式与 Python 实现方法。

本书作为一本产学兼顾的教材，具有如下特色：

(1) 以互联网大数据采集技术为中心，将 Web 应用技术、各种页面采集的共性技术与特有技术、大数据处理与挖掘以及爬虫合规性等相关技术有机地结合在一起，涉及当前互联网 Web 空间的典型应用，构成完整的大数据采集技术和应用的知识体系。

(2) 在互联网大数据的采集技术中，完整系统地涵盖了普通爬虫、动态爬虫、主题爬虫、Deep Web 爬虫以及微博数据采集，既强调爬虫抓取数据的功能，也凸显爬虫作为 Web 应用安全监测的主要技术，有利于读者全面理解网络爬虫大数据技术及其应用。

(3) 秉承"授人以鱼不如授人以渔"的总体思路，本书理论与实践相结合，书中既有相关技术原理的介绍，也包含了大量的 Python 实现技术、开源架构等方面的介绍，提供了 27 个与爬虫技术和应用相关的 Python 程序，使得读者既能理解技术问题又能动手实践。

本书分为四大部分，共 12 章，涵盖互联网大数据采集的基础、技术和应用，各章的内容安排如下：

第一部分概述，包括第 1 章。

第 1 章对大数据采集的重要性、技术体系、应用现状、合规性以及技术发展进行了概述。

第二部分基础篇，包括第 2、3 章。

第 2 章介绍了 Web 页面信息提取中的主要基础技术和方法，包括 HTML 语言规范、页面编码体系与规范，以及广泛用于 Web 页面简单信息提取的正则表达式。

第 3 章对 Web 应用架构技术进行了介绍，包括 Web 服务器应用架构、HTTP 协议、状态保持技术、Robots 协议等与爬虫密切相关的技术。

第三部分技术与实现篇，包括第 4~10 章。

第 4 章对普通爬虫页面采集技术进行了介绍，包括 Web 服务器连接器、爬虫策略、超链接处理以及 Python 的实现方法等。

第 5 章介绍了动态爬虫的相关技术,包括动态页面内容的生成与交互、动态页面采集的若干种典型方法和 Python 实现技术。

第 6 章介绍了从 Web 页面提取信息所需要的技术,介绍了技术原理和典型的开源技术,给出了一些实例。

第 7 章介绍了主题爬虫技术及实现方法,涉及主题爬虫的技术体系、主题表示和建模、主题相似度计算等。

第 8 章是关于 Deep Web 的数据采集技术及实现。

第 9 章是关于微博信息的采集方法及实现,主要包括通过 API 获取微博信息和通过爬虫技术获取微博信息两种方法。

第 10 章介绍了反爬虫的常用技术,同时也介绍了针对这些反爬虫技术的一些主要应对措施。

第四部分大数据挖掘与应用篇,包括第 11、12 章。

第 11 章介绍了大数据采集应用以及主题爬虫中需要使用的部分技术,包括文本的预处理、文本分类、主题建模、大数据可视化技术以及一些开源工具等。

第 12 章针对两种典型的大数据采集技术应用案例进行了完整的介绍。

这些章节的知识点之间的依赖关系如下图所示,其中,虚框中的第 4~9 章是各种典型的爬虫采集技术,第 1~3 章是相关技术基础。读者可以根据自己的基础选择合适的学习路线。

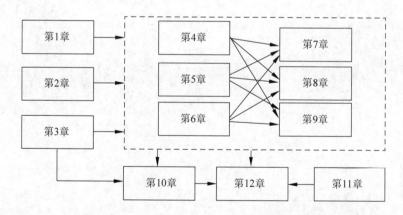

全书由曾剑平负责内容安排、统稿,由互联网大数据处理技术和应用研究领域的一线人员参与编写。段江娇参与编写了第 1、4、5 章,廖含月编写了第 2 章的部分内容,孟元编写了本书部分例子的程序及相关文字说明,肖杨实现了 SQL 注入的爬虫在线检测,其他部分由曾剑平编写,曾睿对全书进行了校对。清华大学出版社的编辑

们为本书的出版和编辑、校对花费了很多心思；此外，在本书的编写过程中参考和引用了许多作者发表的各种论文、技术报告，均已在参考文献中列出，在此一并表示衷心的感谢。需要特别提到的是，为了便于读者理解相关技术，书中选择若干互联网网站页面采集作为实例，特别向这些网站表示感谢。

注：本书提供 300 分钟的视频讲解，扫描书中相关位置的二维码可以在线观看、学习；本书还提供教学大纲、教学课件、程序源码、教学进度表等配套资源，扫描封底的二维码可以下载。

互联网大数据采集技术仍在不断发展当中，本书在内容选择及编写上从深度和广度做了精心的安排。由于时间仓促以及作者的学识水平限制，书中难免存在不足之处和疏忽，恳请读者不吝批评指正，以利于再版修订完善。

读者可关注微信公众号 IntBigData（"互联网大数据处理技术与应用"），订阅与本书相关的文章，并与作者互动。

IntBigData

作　者

2019 年 10 月

目 录

源码下载

第一部分　概述

第二部分　基础篇

第三部分　技术与实现篇

第四部分　大数据挖掘与应用篇

第一部分

概　述

第 1 章

大数据采集概述

本章以互联网大数据为背景,介绍了大数据采集技术中的网络爬虫,指出了网络爬虫及其 Python 实现的重要性,归纳分析了爬虫技术的研究及应用现状,列出了爬虫技术的若干典型应用场景,着重对爬虫大数据采集技术的技术体系构成及相关技术组成进行了详细描述,分析了爬虫大数据采集的法律与技术边界,最后对爬虫大数据采集技术进行了展望。

1.1 互联网大数据与采集

互联网大数据在大数据技术研究和应用中具有重要位置,由于互联网大数据的数据来源、数据类型和语义更加丰富,数据的开放性更好,数据的流动性更大,并且随着"互联网＋"国家战略的实施,各个行业与互联网之间的联系越来越密切,互联网大数据的价值体现也就更加广泛和多样化。基于这样的现实状况和未来发展,本书将互联网大数据采集作为重点。

1.1.1 互联网大数据来源

广义的互联网大数据既包括各种互联网 Web 应用中不断累积产生出来的数据,

也包括 Web 后台的传统业务处理系统产生的数据。狭义的互联网大数据主要指基于互联网 Web 应用所产生的数据,例如新闻信息、微博、网络论坛帖子、电商评论等。

在互联网大数据研究和应用中,常见的数据来源有以下类型。

1. 社交媒体

微博、网络论坛等各种社交平台已经成为人们聊天、分享信息、交换意见的重要场合,不断地产生各种即时信息(User Generated Content,UGC)。这些数据体现了人们的观点、情绪、行为,以及群体关注的热点、话题等许多信息。这些信息已经逐步被越来越多的机构重视,用来进一步挖掘分析,为提升客户服务、产品质量提供准确资料。

2. 社交网络

社交网络主要来源于社交平台,它更侧重于人际关系数据,而社交媒体更侧重于内容,也有很多文献资料并不太区分社交网络和社交媒体。著名学者尼古拉斯·克里斯塔基斯(Nicholas A. Christakis)和詹姆斯·富勒(James H. Fowler)撰写了《大连接》一书,认为人与人之间,甚至人与物之间、人与信息之间、人与自然之间,都可以形成连接。现在,人类社会进入了一个大连接时代,来自于社交网络的连接数据已经被广泛应用,成为互联网大数据中的重要组成部分。

3. 百科知识库

大数据技术应用是一种基于经验数据的应用,经验数据的质量、完整性和可得性对于大数据的成功实施非常重要。但是,经验知识往往存在于每个人的大脑中,其表达、存储并不是很容易的事。随着互联网应用的扩展,出现了很多百科知识库,例如百度百科、维基百科等。开放式的知识管理方式允许每个人对知识的正确性进行维护,因此出现了一些高质量的百科知识库,对于在大数据应用中进行知识获取、分析和推理具有重要价值。

4. 新闻网站

新闻信息是互联网大数据另一个重要的组成部分,涵盖社会新闻、科技新闻、国际新闻等。随着新闻发布机制的创新,互联网上新闻信息发布的及时性提高,一些个性化推送平台使得新闻的受众选择更加精准。各类新闻信息体现了当前各个领域的重要事件以及事件的演化过程,因此为大数据的动态性和深度分析挖掘提供了很好的数据源和示例。

5. 评论信息

股票评论、商品评论、酒店评论、服务质量评论等许多评论信息在互联网上广泛存在,它们属于典型的短文本,这类数据在大数据分析应用中具有典型的代表性,是一种重要的大数据。其分析和处理方法不同于新闻信息之类的长文本,互联网上的各类评论信息为相应的技术研究和应用开发提供了充足的数据。

6. 位置型信息

随着移动互联网应用的快速普及,人们越来越习惯于在社交平台上进行签到,移动社交平台通常也记录了人们移动的位置和轨迹。这类数据作为一种重要的大数据类型,在大数据分析应用中具有较高价值,因此也是值得关注的互联网大数据之一。

此外还有很多其他类型的互联网大数据,这里就不一一列举了。

1.1.2 互联网大数据的特征

对于一般意义上的大数据而言,特别是来自于 OLTP(联机事务处理)的大数据,通常认为其数据具有 4V(Volume、Variety、Value、Velocity)、5V(Volume、Velocity、Variety、Veracity、Variability)或 7V(Volume、Velocity、Validity、Variety、Veracity、Value、Visualization)等特征。但是不管哪种,一般都把数据的大容量、数据蕴含的价值、数据来源的多样化以及数据处理的快速化等特点作为大数据的基本特征。

互联网大数据除了具备这些基本特征外,还有一些新特征,归纳起来主要有互联网大数据开放性好、容易采集、数据类型丰富、数据量大、流动性大、来源多样化、弱规范性、非结构化数据多,并且随着"互联网+"国家战略的推进,互联网大数据的价值体现具有多样化和广泛性。总之,互联网大数据具备大数据的各种典型特征,是进行大数据相关教学、科研和应用的重要数据来源。

其特征具体说明如下:

1. 大数据类型和语义更加丰富

互联网大数据的数据类型除了传统的基本数据类型以外,还有文本型、音/视频、用户标签、地理位置信息、社交连接数据等。这些数据广泛存在于各类互联网应用中,例如新闻网站上的新闻、网络论坛中的帖子、基于位置服务系统(LBS)中的经纬度信息,以及微博中用户关注所形成的连接数据。

这种数据虽然本质上属于字符串、整型等基本数据类型,但是它们经过重新整合已经形成了具有一定语义的数据单元,例如从用户评论文本中可以引申出用户的情感、人格,从用户的轨迹数据中可以引申出其活动规律,等等。

2. 数据的规范化程度比 OLTP 中的数据要弱

弱规范性的数据是人们表达灵活性的体现,因此具有很高的研究价值,在关系型数据为主的时代,此类数据并不多见。由于互联网数据的动态性、交互性都比较强,在信息传播作用下,用户生成的信息通常也有很大的相似性。此外,用户生成的信息是可以由用户控制的,也就是用户可以在此后进行修改、删除。因此,在采集互联网大数据时就可能会出现信息内容不一致性的情况。

此外,互联网应用中对数据的校验并不是很严格,甚至可能是用户自定义的,这种数据规范化方式与 OLTP 预先定义的模式也完全不同。典型的是微博中的用户标签,每个人可以根据自己的偏好设定自己的标签,两个不同的标签可能具有相同的含义,而相同的标签对不同用户来说可能有不同的含义。

3. 数据的流动性更大

在 OLTP 中,数据产生的速度取决于业务组织和规模,除了银行、电信等大型的联机系统外,OLTP 数据流动性一般并不高,数据生成速度也很有限。但是在互联网环境下,越来越多的应用由于面对整个互联网用户群体而使得数据产生、数据流动性大大增强,例如微博、LBS 服务系统等,这种流动性主要体现在信息传播、数据在不同节点之间的快速传递。这种特点也就决定了大数据分析技术要具备对数据流的高速处理能力,挖掘算法要能够支持对数据流的分析,技术平台要具备充足的并行处理能力。

4. 数据的开放性更好

OLTP 具有很强的封闭性,但对于互联网大数据而言,由于互联网应用架构本身具有去中心化的特点,也就使得各种互联网应用中的数据在较大范围内是公开的,可以自由获取。而且由于互联网应用的开放性特点,对于用户的身份审查并不太严格,用户之间进行数据共享和自由分享也就变得更加容易。

5. 数据的来源更加丰富

随着智能终端的快速普及、通信网络的升级换代加快、智能技术和交互手段越来越丰富,互联网应用程序形式将变得丰富多彩,也将产生与以往不同的数据形式,例如虚拟现实(VR)技术的应用就可能直接将人的真实表情数据、生理数据记录下来。此外,云计算、物联网技术的出现带来了新的服务模式,它们与互联网的结合也将极大地扩大互联网大数据来源。多种不同来源的数据以互联网为中心进行融合,正符合了大数据的基本特征,因此可以在这个基础上做更有效的分析和挖掘。

6. 互联网大数据的价值体现形式更加多样化

随着"互联网+"国家战略的推进,互联网思维在各个行业得到运用,互联网大数据与每个行业领域都存在结合点,因此大数据的价值体现也就不会仅局限于互联网应用自身。例如互联网与出租车的结合,使得基于互联网大数据的车流预测、路径规划更具有全局性。

互联网大数据与科学研究结合在一起也形成了目前颇具特色的研究范式。从以社会调查和试验为主要基础的社会科学领域,逐渐过渡到以互联网为背景来构建自己的数据源,例如很多的研究以微博、Twitter 中的用户行为数据为基础,开展一些心理、情感方面的研究,也凸显了互联网大数据价值的多样化。在新闻学、金融学、认知心理学、法学等众多领域,都体现了互联网大数据与各个学科领域结合的效用。

1.2 Python 爬虫大数据采集技术的重要性

视频讲解

Python 爬虫大数据采集技术的重要性可以从大数据采集的重要性、互联网大数据的重要性以及 Python 开发生态的重要性 3 个方面来分析。

1. 大数据采集技术的重要性

大数据处理过程通常涉及若干个重要环节,包括数据采集、结构化处理、数据存储、分析挖掘、可视化、共享与交易等。数据采集是整个过程的开始,如果没有数据,后续的处理环节就无法进行。如果没有真正的大数据,后续环节的处理技术就会退化成为当前已经成熟的普通数据挖掘应用技术。

从大数据的技术构架来看,大数据采集处于整个架构的底层,是整个架构的基础。大数据采集技术性能的好坏直接影响到数据采集的效率和数据的质量,没有高性能的采集技术,大数据的后续处理和研究开发就无从谈起。

2. 互联网大数据的重要性

互联网大数据能满足大数据技术教学的要求。当前,金融、交通、医疗等具体领域中的大数据在研究和应用时遇到的主要问题有数据领域封闭、共享范围有限、数据量少、静态数据偏多、缺乏动态机制、数据类型过于单一、应用价值很有限等。

随着互联网应用的广泛普及,越来越多的数据将出现在互联网上。社交媒体、网络论坛等网络应用时刻产生各种用户数据,这些数据反映了网络用户的行为特征、语言特征、群体特征等,具有很高的研究和应用价值。此外,"互联网＋"国家战略的实施将深刻影响今后很长时间内的社会发展,越来越多的机构将互联网作为与客户交互、创造新业务模式的途径,各领域的数据也将会越来越多出现在互联网上。因此,互联网大数据在大数据技术研究、教学、应用和开发中的重要性就非常凸显,将互联网大数据作为大数据技术研究和应用开发的一种数据源是非常合适的,解决了当前大数据研究应用存在的无米之炊的局面。

3. Python 开发生态的重要性

近年来,Python 语言逐步成熟,众多的开源软件和插件极大地丰富了 Python 的开发生态。这些 Python 开源软件和插件涵盖科学计算、语言处理、文本挖掘、图像处理等,极大地方便了开发人员进行各种开发,因此得到了越来越多开发人员的追捧。

Python 已经从各种计算机编程语言中脱颖而出,成为一种有前途的语言和开发环境,而爬虫系统作为一种重要的互联网大数据采集手段,系统的设计、实现和构建选择合适的语言将有助于整个大数据技术构架的集成化程度的提升。因此,选择

Python语言进行互联网大数据采集技术的实现具有一定实际意义和必要性。

1.3　爬虫技术研究及应用现状

网络爬虫的应用源于20世纪90年代的Google等搜索引擎,爬虫用于抓取互联网上的Web页面,再由搜索引擎进行索引和存储,从而为网民提供信息检索服务。在系统架构上,网络爬虫位于搜索引擎的后台,并未直接与网民接触,因此在较长的时间内并未被广大开发人员所关注,相应的技术研究也很有限。

图1-1是在知网数据库中检索"网络爬虫"关键词,并按照年度统计相关文献数量后得到的趋势图。该图反映了从2002年至今国内对网络爬虫技术研究和应用的变化趋势,大体上反映了爬虫技术的关注度。

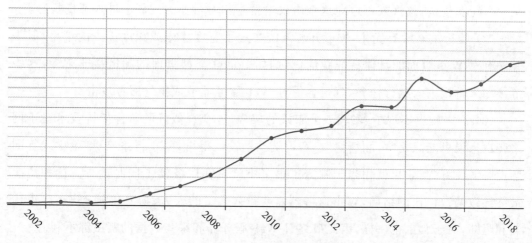

图 1-1　网络爬虫技术的关注度

从图中可以看出,2004年以前该技术和应用的关注度几乎为0,但2005年以来人们对网络爬虫技术的关注度快速上升。进一步分析发现,对网络爬虫技术及应用的关注度排名在前面的领域依次是计算机软件及计算机应用、互联网技术与自动化技术、新闻与传媒、贸易经济、图书情报与数字图书馆、企业经济、自然地理学和测绘学、金融投资,其中超过90%的关注度主要集中在前两者,它们侧重于爬虫技术研究,紧接在后面的是主要的网络应用领域,可以看出爬虫技术的应用领域很广泛。

爬虫是一个实践性很强的技术活,因此网络爬虫技术关注度的变化趋势也从另一个角度反映了互联网上运行的爬虫数量的增长速度。除了为数不多的主流互联网搜索引擎爬虫外,互联网上运行的爬虫主要来自个人、中小型企业单位。

爬虫应用的迅速普及得益于大量的网络爬虫开源包或底层技术开源包的出现,这些开源包使得开发一个具体应用的网络爬虫采集系统变得容易很多。但是,也正由于这个原因,高度封装的开源包使得很少有人愿意深入了解其中的关键技术,导致这种途径生产出来的爬虫质量、性能和友好程度都受到很大影响。甚至网络爬虫因此被认为是一个不太"优雅"的行业,当然这种看法并不正确,不能被低质量的个人或小型爬虫迷惑而看不清行业现状。相反,我们应当深入分析导致这种问题的技术和非技术因素,制定更为完善的爬虫大数据采集规范或要求。

目前,低质量的个人、小型爬虫存在的主要问题可以归结为以下3个方面。

(1) 不遵守 Robots 协议,连接一个 Web 服务器之后不检测虚拟根目录下是否存在 robots. txt 文件,也不管文件里面关于页面访问许可列表的规定。由于这个协议是一个行业规范,忽视或不遵守这个协议也就意味着行业的发展会进入不良状态。

(2) 爬行策略没有优化,一般开源系统实现了宽度优先或深度优先的策略,但是并没有对 Web 页面的具体特征做优化,例如 Portal 类型页面的超链接非常多,这些链接如果直接进入爬行任务,就很容易对 Web 服务器造成拒绝服务攻击。

(3) 许多爬虫实现了多线程、分布式的架构,这个看似好的软件架构技术对于网络爬虫来说可能只是"一厢情愿"。客户端架构设计得再好,爬行策略、增量模式等问题没有解决好,其效果就相当于制造了很多小爬虫在服务器上同时运行。这种情况最终导致两败俱伤的结局,Web 服务器需要投入大量的人力、物力和资金进行爬虫检测和阻断,对于爬虫也一样,因此最终对 Web 服务器和采集数据的爬虫都不利。

1.4 爬虫技术的应用场景

网络爬虫技术出身于互联网搜索引擎,用于从互联网上可达 URL 所指向的 Web 页面或资源采集信息内容。爬虫技术经过较长时间的发展,目前的应用范围变得越来越广。在涉及从互联网上进行大量页面的自动采集时基本上都离不开爬虫技术。

爬虫技术的应用可以分为两大类,分别称为采集型爬虫和监测型爬虫。

采集型爬虫延续了搜索引擎爬虫技术,是目前使用最广泛的模式。这种爬虫在搜索引擎爬虫技术的基础上对抓取范围、意图做了不同程度的限定,从而产生一些新型应用。以下列举一些该类型爬虫的典型使用场景。

(1) 互联网搜索引擎：爬虫技术是互联网搜索引擎系统的关键技术。不管是通用的搜索引擎，还是垂直搜索引擎系统，其庞大的数据都是源自于互联网上各种应用中的数据，通过爬虫技术可以对互联网上的页面信息进行及时、全面的采集，从而能够使搜索引擎系统保持新鲜数据，更好地为用户提供查询服务。

(2) 互联网舆情监测：这是当前的应用热点，通过采集互联网上一些特定网站中的页面进行信息提取、敏感词过滤、智能聚类分类、主题检测、主题聚焦、统计分析等处理之后，给出舆情态势研判的一些分析报告。当前典型的互联网舆情监控系统所能达到的监测效果都取决于其互联网信息的获取能力，包括监控系统在 Web 页面获取时的并发能力、对静态和动态等不同类型页面的获取能力、对实时页面数据的获取能力等。

(3) 知识图谱的构建：知识图谱以结构化的形式描述客观世界中的概念、实体及其关系，其构建需要大规模数据。互联网空间中的大量知识库是构建知识图谱的理想数据源。典型的开放知识库有 Wikidata(维基数据)、DBpedia、Freebase，行业知识库有 IMDB(互联网电影资料库)、MusicBrainz(音乐信息库)等。爬虫是实现这些知识内容自动采集、自动更新的途径。

(4) 社交媒体评论信息监测：随着社交媒体在互联网上的广泛应用，出现了大量评论型页面，对这些 Web 页面进行及时、完整的采集，能够获取到大量的用户偏好、用户行为信息，这是个性化推荐、用户行为研究和应用的关键基础。例如目前对各种电子商务网站产品购买评论的自动采集、校园 BBS 页面采集等都属于这种类型。

(5) 学术论文采集：学术爬虫专门从互联网中爬行公开的学术论文，是构建学术搜索系统的关键基础。目前国内外有许多类似的搜索，例如 Google Scholar、Microsoft Academic Search、CiteSeerX 以及百度学术等。此类爬虫专门获取 PDF、Word、PostScript 以及压缩文档。

(6) 离线浏览：离线浏览允许用户设置若干个网站，将页面从服务器下载到用户硬盘里，从而可以在不连接互联网的情况下进行 Web 浏览。实现这种功能的是离线浏览器，典型的离线浏览器包括 Offline Browser、WebZIP、WebCopier 等。它们的核心技术就是爬虫技术，只是在执行时离线浏览器需要限定爬行的范围，即所需要爬行的网站列表，以免爬虫漫无边际地沿着页面超链接下载其他网站的页面内容。

另一类应用是监测型爬虫，这类爬虫不是以采集信息为主要目标，并非要采集尽可能多的信息，而是利用爬虫在内容采集和分析方面的能力对服务器的信息内容进行监测,因此对爬虫和服务器的交互能力提出了更多要求。其典型的应用包括应用安全监测和内容安全监测。

(1) 应用安全监测:应用层安全是网络信息安全的重要问题之一,这类安全与具体应用有密切关系,而随着部署在互联网的应用越来越多,应用安全问题变得愈发突出。作为互联网应用的主流客户端,浏览器需要人为的点击和数据输入,并且所有的执行可能会对宿主计算机产生安全威胁,因此在应用安全监测方面的效率和及时性会受到很大影响。基于网络爬虫技术,则可以在很大程度上改变这种情况。网页挂马的监测就是在爬虫获取页面后对页面中所包含的动态脚本进行特征分析。SQL注入是另一种常见的应用安全问题,可以通过爬虫技术向所要监测的 Web 服务器发起查询命令,并根据返回结果进行安全判断。

(2) 内容安全监测:内容安全是网络信息安全的最高层次,敏感信息、泄密信息等的监测需要从内容层面上分析其安全属性,通常这类信息的监测需要在当事人不知情的情况下进行,因此采用自动化的爬虫技术,并结合适当的内容分析技术,是合理的选择。

可以预计,随着互联网大数据在各个行业得到越来越多的关注,运用爬虫技术进行数据获取或监测将变得更加普遍,应用领域和场景也会越来越丰富,未来爬虫的应用将进入一种广义的采集阶段,而非目前的侧重于数据抓取。因此,读者非常有必要深入掌握网络爬虫的核心技术、实现方法及未来技术发展。

1.5　爬虫大数据采集的技术体系

1.5.1　技术体系构成

在许多开源系统的基础上设计开发网络爬虫已经变得简单、可行,然而要针对具体爬行任务要求来提升爬虫性能,需要进一步了解爬虫的技术原理。类似于软件体系架构原理,可以从静态、动态等多个视角来理解网络爬虫的技术组成。

分层架构是描述复杂软件系统的一种常见方法,图 1-2 是网络爬虫的层次架构图。从底层往上,依次可以分成 4 个层次,即网络连接层、页面采集层、页面提取层和领域处理层。对采集到的数据的使用并不包含在这个体系中,因为这是具体应用,并不属于爬虫采集。

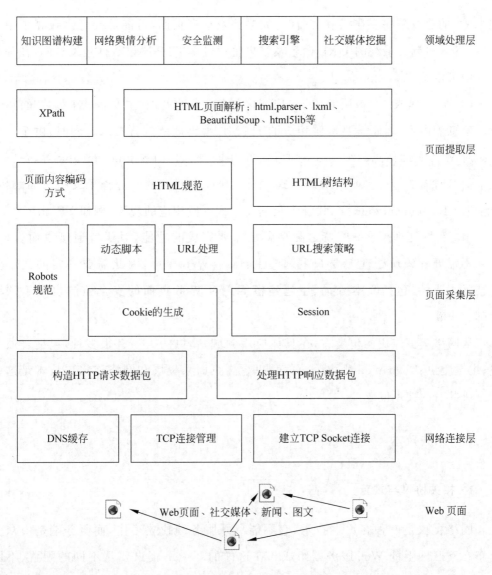

图1-2 网络爬虫的层次架构

这4个层次的功能原理解释如下。

（1）网络连接层：主要由 TCP Socket 连接的建立、数据传输以及连接管理组成。由于目前 Web 服务器使用的是 HTTP 1.0 或 HTTP 1.1 协议，支持 TCP 连接复用或连接的持久化，所以如果爬虫利用这些特性，Socket 连接的建立、断开及 URL 请求和结果的接收需要按照一定的顺序进行。此外，在爬虫执行过程中可能需要重新连接 Web 服务器，为了减少域名到 IP 地址转换的时间，爬虫通常要支持优化的 DNS 缓存。

（2）页面采集层：主要包括对 URL 的处理，从中提取域名，并按照 Robots 规范决定 URL 的抓取许可，同时在面对众多的爬行任务时需要按照一定的搜索策略来决定 URL 的抓取顺序。在抓取页面时,如果涉及动态页面,可能需要考虑在爬虫中实现 Session 机制。最终的 URL 命令及结果是通过 HTTP 协议数据包发送的,在头部信息中可以携带 Cookie 信息。

(3) 页面提取层:该层完成了 HTML 文本信息的处理,主要是从中提取超链接、正文信息等内容,因此需要按照相应的 HTML 编码规范进行提取。同时,由于不同网站对 Web 页面信息的编码方式并不完全相同,例如 utf-8、unicode、gbk 等,在解析文本信息时需要考虑页面的编码方式。当然目前有很多的开源框架支持页面解析,包括 lxml、BeautifulSoup 等,设计人员需要掌握一些相应的规范,例如 XPath。

(4) 领域处理层:一些特定类型爬虫需要完成的功能,对于普通爬虫而言,该层并不需要。领域处理主要有主题爬虫、Deep Web 爬虫,因此需要一定的文本分析技术来支持,包括文本分词、主题建模等。对 Web 页面的安全监测也属于领域处理。

从网络爬虫应用的角度看,在具体应用领域,爬虫的类型有很多种,包括普通爬虫、主题爬虫、Deep Web 爬虫等,页面提取层、页面采集层和网络连接层技术是这些爬虫所共有的技术问题。

1.5.2　相关技术

1. 相关协议与规范

网络爬虫是一种客户端技术,它不能离开服务端独立工作,而服务端是由众多分布在互联网上的 Web 服务器组成。在这样的环境下爬虫要从不同的配置、不同 Web 软件的服务器上采集页面信息,就需要按照一定的协议或规范来完成交互过程。在爬虫技术实现时需要遵守这些协议或规范。具体来说,这些协议与规范如下。

1) TCP 协议

TCP 协议是网络爬虫的底层协议,当爬虫与 Web 服务器建立连接、传输数据时都是以该协议为基础。在技术实现上具体表现为 Socket 编程技术。各种语言都提供了对此的支持,例如 Java 提供 InetAddress 类,可以完成对域名与 IP 之间的正向、逆向解析。在 Python 中则有 dnspython 这个 DNS 工具包,利用其查询功能可以实现 DNS 的服务监控及解析结果的校验。不管哪种语言或开发平台,DNS 的解析一般都是调用系统自带的 API,通常是 Socket 的 getaddrinfo()函数。

2) HTTP 协议

HTTP 协议是一种应用层协议,用于超文本传输。它规定了在 TCP 连接上向 Web 服务器请求页面以及服务器向爬虫响应页面数据的方式和数据格式。爬虫实现时,对 HTTP 协议的依赖比较大,目前 Web 服务器使用的 HTTP 协议版本主要是 HTTP 1.0 和 HTTP 1.1,而最新的版本是 HTTP 2.0。这些协议在功能上有一定差异,但也有很多共同的地方。在设计爬虫程序时需要充分了解 HTTP 协议。

3) Robots 协议

Robots 协议也称为爬虫协议,其全称是"网络爬虫排除协议"(Robots Exclusion Protocol)。该协议指明了哪些页面可以抓取,哪些页面不能抓取,以及抓取动作的时间、延时、频次限定等。该协议最早是针对搜索引擎爬虫,目前在各种爬虫中都可适用。Robots 协议只代表了一种契约,并不是一种需要强制实施的协议。爬虫遵守这一规则,能够保证互联网数据采集的规范化,有利于行业的健康发展。Robots 协议的详细介绍可见"http://www.robotstxt.org/robotstxt.html"。

4) Cookie 规范

Cookie 是指某些网站为了辨别用户身份、进行 Session 跟踪而储存在用户本地设备上的数据。通过 Cookie 可以将用户在服务端的相关信息保存在本地,这些信息通常是用户名、口令、地区标识等,这些信息会由浏览器自动读出,并通过 HTTP 协议发送到服务端。在 RFC 6265(http://www.rfc-editor.org/rfc/rfc6265.txt)规范中具体规定了 Cookie 的数据含义、格式和使用方法。

5) 网页编码规范

网页编码是指对网页中的字符采用的编码方式。由于一个网页可能被来自世界各地的访客访问,而每个国家的语言并不完全相同,所以为了使网页内容能正常显示在访客的浏览器上,需要有一套共同的约定来表明页面中字符的提取识别方法。目前常见的网页字符编码主要有 unicode、utf-8、gbk、gb2312 等,其中 utf-8 为国际化编码,在各国各地区的网站中都很常见,是最通用的字符编码。爬虫在解析页面内容时就需要识别页面的编码方式。

6) HTML 语言规范

HTML(Hyper Text Markup Language,超文本标记语言)是一种用来描述网页的语言,它规定了页面的版式、字体、超链接、表格,甚至音乐、视频、程序等非文字元素的表示方法。对爬虫采集页面的解析、对表格数据的提取、对正文的提取等都需要根据 HTML 定义的各种标签才能正确完成。目前最新的 HTML 版本为 2017 年 12 月万维网联盟(W3C)发布的 HTML 5.2。

2. Web 信息提取技术

对于网络爬虫采集页面数据而言,最终的目标是获得页面中的内容,因此如何从 HTML 编码的内容提取所需要的信息是爬虫采集 Web 数据需要解决的问题。此外,由于爬虫是依赖于超链接来获得更多的爬行页面,所以从 Web 页面中提取超链接也是 Web 信息提取的技术问题。

总的来说,Web 信息提取包含两大部分,即 Web 页面中的超链接提取和 Web 内容提取。对于前者而言,超链接在 Web 页面中具有相对比较有限的标签特征,因此通常可以使用简单的正则表达式之类的方法来提取。对于页面中正文内容的提取则要复杂一些。由于不同页面的正文位置并不相同,并且网站也会经常改版,所以为了爬虫解析 Web 页面的程序能够具备一定的灵活性和适应性,需要引入一定的技术手段来减轻这种变化所需要的程序维护工作。其常用的方法是将 Web 页面转换成为一棵树,然后按照一定的规则从树中获得所需要的信息。

目前,在 Python 中已经有很多种开源库可以用来实现基于树结构的信息提取,并且有灵活的策略可以配置。这些开源库主要有 html. parser、lxml、html5lib、BeautifulSoup 以及 PyQuery 等。这些库各有各的优缺点,开发人员在实际应用中可以选择合适的方法。

一些高级的方法试图使爬虫提取 Web 信息有更好的适应能力,一种途径是引入统计思想,对页面中正文部分的各种特征进行统计,在大量样本特征计算的基础上设置合适的特征值范围,从而为自动提取提供依据。

3. 典型应用中的数据获取技术

网络爬虫有多种不同的采集需求,Deep Web 和主题获取是其中的两种典型代表,在实际中也会经常用到。这其中所涉及的技术与普通爬虫并不一样,因此开发人员通常需要全面掌握。

能够进行主题获取的爬虫被称为主题爬虫,在技术手段上,其核心在于主题。围绕主题的定义方法、主题相似度计算等关键问题,有一系列来自文本内容分析的技术可以使用,主要有文本预处理技术、主题表示、主题建模等。文本预处理技术包括词汇的切分、停用词过滤等,而主题建模则可以利用各种主题模型,例如 PLSA、LDA、基于向量空间的主题表示模型以及简单的布尔模型等。

Deep Web 采集的爬虫目标是获得存储在后台数据库中的数据,属于一种深度数据获取,而普通爬虫通常是一种面向表面的数据采集。既然是深度数据获取,就需要对数据的采集接口有一定的处理能力,同时需要具备一定的输入识别和自动填写能力,因此需要一定的知识库来支持。

4. 网络爬虫的软件技术

网络爬虫除了技术架构中所列出来的技术外,另一个重要的问题是这些技术如何进行协调合作,共同完成互联网大数据的采集。这是通过网络爬虫的软件技术来保证的,在技术实现时通常有多种不同的选择。

1) 多线程技术

从网络爬虫的技术体系看,对于某个页面的采集,3 个层次上的功能执行具有先后顺序,即必须先建立网络连接,再进行 HTTP 协议数据的发送和接收处理,最后根据爬虫采集需求对接收到的页面数据进行解析和内容提取。如果是主题爬虫,还需要进行一些内容分析。

爬虫通常并不针对某个页面,而是根据超链接抓取多个页面。这些页面的抓取过程之间相互独立,因此在实现时可以使用多线程技术。通常的做法是设置若干线程分别进行页面内容提取、URL 处理、HTTP 命令数据包构建、响应数据的接收以及建立网络连接等。不同线程之间可以通过文件、共享内存进行数据交换。

2) 单机系统

如果需要抓取的页面数量不多,在爬虫系统的技术实现上可以部署在一台机器上,即单机系统模式。在这个模式下,线程的设置要考虑到机器的配置和网络带宽。如果配置高,则线程数量可以多一些;如果网络带宽大,则处理网络连接的线程可以多一些。具体线程数量需要在实际环境下进行调整。

3) 分布式系统

如果需要抓取的页面数量很多,以至于爬虫很难在用户预期的时间内完成页面数据的采集,在这种情况下就需要进行分布式处理。在分布式爬虫系统设计中,一般将爬行任务(即 URL 列表)分配给若干个不同的计算节点,而设置统一的协调中心来管理整个分布式系统所要爬行的 URL 列表。在分布式系统中,每个节点在处理爬行任务时仍可以采用多线程结构。

尽管爬虫在软件技术方面有多种不同的选择,但爬虫只是一个客户端程序,为了有效提高整个爬虫系统采集数据的性能,显然不能忽略服务器端的承受和响应能力。对于爬虫系统而言,它是根据所要爬行的 URL 集合来执行任务的。如果在短时间内,爬虫端多个线程或分布节点同时连接到同一个服务器进行页面采集,显然这些大量的连接请求会在服务器端产生较大的资源占用,从而影响服务器的正常运行,最终导致爬虫系统采集数据的效率降低。因此,在多线程、分布式爬虫设计时应当进行合理的爬行任务分配,即设计合理的爬行策略,避免这种情况出现。

1.5.3　技术评价方法

爬虫技术是一种典型的 Web 页面数据采集方法,得到了许多技术人员的关注,因此目前不断有新的爬虫技术或开源框架被提出来。在这种情况下需要有一套比较完整的爬虫技术评价方法,以便于进行比较、权衡和选择。归纳起来,网络爬虫技术的评价方法可以从以下 10 个方面进行,这 10 个方面可以分为友好爬虫技术(1、2)、页面采集技术(3、4、5)、内容处理技术(6、7)、爬虫软件技术(8、9、10)4 个方面。

1. 是否遵守 Robots 协议

在 Web 页面抓取的过程中,是否进行了 Robots 许可公告的判断,是否根据许可规范来确定爬虫的抓取权限。

2. 友好爬虫请求技术

友好爬虫以不对 Web 服务器造成拒绝服务攻击为底线,因此友好爬虫应当具备请求间隔可调整、符合 Web 服务器关于访问高峰期的规定,同时应当根据服务器返回的状态码及时调整自己的请求强度。

3. 高效采集技术

高效是指在一定的时间和网络带宽限定下爬虫采集到尽可能多的 Web 页面。这其中所涉及的爬虫核心技术较多,包括站内页面的遍历策略、站外页面的遍历策略、URL 去重技术等。对于 Deep Web 来说,还涉及如何降低查询次数的技术问题。

4.对增量式采集的支持

在每次运行时,爬虫是否能够判断哪些页面内容已经更新,并采集自上次采集以来新出现的内容,此即为增量式采集技术。

5.对动态页面的支持

动态页面的实现可以通过 URL 传递参数、通过 Cookie 传递参数以及使用 Ajax 等技术来实现,不同的爬虫技术对这些技术的支持程度有所不同。

6.页面编码与语言处理能力

普通型的网络爬虫根据超链接在 Web 空间上跳转,很可能要面对多种不同页面、不同语言的 Web 页面,好的爬虫应当能够处理这些差异可能造成的存储信息乱码问题。

7.主题相关度评估

对于主题爬虫而言,要衡量采集到的页面与事先设定的主题的相关度,可以进一步从主题信息的召回率和准确率两个指标来衡量。

8.对分布式架构的支持

在面对海量 Web 信息的采集任务时,通常需要爬虫具备分布式架构,以协调多台计算机高效完成采集任务。

9.可配置线程技术

爬虫需要完成 Web 服务器连接建立、URL 命令发送、Web 页面内容采集、URL 过滤以及爬行策略管理等任务,这些任务可以按照一定方式同步进行,从而提升采集效率。是否可以根据计算机的配置情况来设定线程数量是一个必要的技术。

10. 容错能力

在一般情况下,爬虫采集时需要面对 Web 服务器、通信网络等多方面的异常,健壮的爬虫应当具有一定的容错能力,以避免各个环节上的错误而导致爬虫系统崩溃。

1.6 爬虫大数据采集与挖掘的合规性

随着网络爬虫技术应用的普及,网络爬虫的应用场景越来越多,但是一些不合理使用网络爬虫技术进行大数据采集的案例也不断出现,甚至导致了相应的法律问题。因此,网络爬虫能以什么方式抓取什么数据这个问题是值得考虑的,其他类似问题还包括:什么样的数据可以存储在本地、什么样的数据可以共享或出售给他人,这些统称为大数据技术及应用的合规性,如图 1-3 所示。但这并非本书的重点,这里只是对当前的一些观点进行归纳总结,并从数据抓取权限、网站访问方式和数据量与数据使用 3 个方面对爬虫的合规性做了一些探讨。

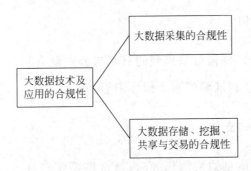

图 1-3 大数据技术及应用的合规性

1. 数据抓取权限

从这个方面看,爬虫可以抓取具有访问权限的数据,这应该是其边界之一。访问权限可以从数据是否公开、页面是否许可来判断。爬虫对公开的数据当然具备抓取权限,公开或不公开的判断依据是否需要以一定用户身份登录后才能看到数据,并且以其他用户身份登录后是看不到这些的。在各类不公开数据的采集中,容易引起纠纷的是用户个人信息,包括个人身份信息、行踪轨迹、联系方式等。在采集这类数据前,爬虫应当获得用户授权。

未公开的网络数据,爬虫程序无权获取,可能会被认定为非法获取计算机信息系统数据罪。在《中华人民共和国刑法》第二百八十五条提到非法获取计算机信息系统数据罪,是指侵入国家事务、国防建设、尖端科学技术领域以外的计算机信息系统或者采用其他技术手段,获取该计算机信息系统中存储、处理或者传输的数据。这里"侵入"是指行为人采用破解密码、盗取密码、强行突破安全工具等方法,在没有得到许可时违背计算机信息系统控制人或所有人意愿进入其无权进入的计算机信息系统中。典型的途径是破解 APP 的加密算法或网络交互协议、调用规则和参数,从而爬虫突破权限许可获取数据。

抓取权限的另一个界定方法是 Robots 协议,如果网站有设置 robots.txt 文件,则爬虫应当依据该文件决定某个特定的 URL 是否许可。该文件的具体说明见本书3.5 节中的介绍。

2. 爬虫的访问方式

这是指爬虫访问服务器的方式,其边界为爬虫是否对服务器的正常运行造成影响。如果网络爬虫在短时间内频繁访问 Web 服务器,通常是采用分布式、并行抓取等技术,从而导致服务器不能正常运行,其客户访问变得很慢甚至无法响应。如果突破这个边界,可能会涉及破坏计算机信息系统罪,目前也有一些爬虫抓取被法院按这种类型处理。

与访问方式有关的另一个边界仍然是 Robots 协议,在该协议中定义了抓取延时、抓取时间段等参数,如果爬虫没有遵守这些约定,则可能导致服务器不能正常运行。不过,据观察,许多网站并没有充分运用 Robots 协议来定义这些参数。

3. 数据量与数据的使用

数据使用边界是指抓取的数据是否用于商业用途、是否涉及版权限定。以前发生的一个例子是,百度公司通过爬虫技术从大众点评网等网站获取信息,并将抓取的信息直接提供给网络用户(展示),最终被上海知识产权法院认定为不正当竞争行为。虽然百度公司的搜索引擎抓取涉案信息并不违反 Robots 协议,但是将大量数据用于商业用途或展示传播,很可能会涉及不正当竞争,属于利益冲突。此外,根据个人信息安全规范,涉及个人信息的数据不应该存储在本地或进行融合挖掘。

　　总的看来,互联网公开资源爬取并不违法,网络爬虫作为互联网大数据采集的技术手段,本身具有中立性,而抓取没有权限、没有授权的数据,对服务器正常运行产生影响,以及抓取后的数据用于商业用途、未经授权公开展示,应该是突破了爬虫大数据采集的边界。与爬虫大数据采集相关的规范和法律条款主要出现在《中华人民共和国网络安全法》《计算机信息系统安全保护条例》《个人信息安全规范》《数据安全管理办法(征求意见稿)》和《反不正当竞争法》中。在设计爬虫大数据采集挖掘系统之前建议阅读这些规范和法律条款,设计方案时要对合规性、采集性能进行适当的平衡,不能为了提高采集性能而忽视合规性。

1.7　爬虫大数据采集技术的展望

　　随着互联网技术、大数据应用等相关技术的发展,网络爬虫技术作为互联网大数据采集的主要途径,必然会不断发展变化。对于互联网大数据技术研究及应用开发的人员来说,了解这种发展趋势,把握技术发展方向,是非常有必要的。

　　网络爬虫离不开技术、应用和行业规范,因此可以从这3个大的方面来分析网络爬虫技术发展的推动力和发展趋势。网络爬虫涉及多种不同的技术,包括网络协议、HTML编码、网络架构等,这些技术本身也在不断的演进。技术的发展虽然是建立在现有技术的基础上,但并非都是向下兼容,也会不断地产生新的思路,以这些技术为基础的网络爬虫自然也要随着技术的发展而发展。

　　下面按照这个思路对网络爬虫的大数据采集技术的今后发展进行分析和叙述,主要体现在以下6个方面。

1. HTTP 协议的升级

　　自1999年HTTP 1.1发布后,直到2015年才发布了新的版本HTTP 2.0,它被看作是下一代互联网通信协议,但是目前大部分尚未真正实施。将来随着支持HTTP 2.0协议的网站的数量增多,网络爬虫的协议解析和数据包提取技术必然会有相应的发展。

　　HTTP 2.0在与HTTP 1.1语义兼容的基础上,在性能上实现了大幅提升。该版本采用二进制分帧层,将进行传输的消息分割成更小的消息和帧,并对它们采用二进制格式的编码。因此,HTTP 2.0 允许客户端与服务器同时通过同一个连接发送多重请求/响应消息,实现多路复用。HTTP 2.0 也允许服务器对一个客户端请求发送多个响应,即服务器推送。这些特性都是现有 HTTP 1.1、HTTP 1.0 所不具备的,基于新的 HTTP 协议,爬虫技术就需要有相应的发展。

国际互联网工程任务组(The Internet Engineering Task Force,IETF)的 QUIC 工作小组创造了 QUIC 传输协议。QUIC(Quick UDP Internet Connection)是一个使用 UDP 来替代 TCP 的协议,有望成为新一代 HTTP 协议,即 HTTP 3 的核心基础。其目标是给 Web 浏览提速,当然爬虫也可以从中获益。

2. IPv6 的广泛应用

IPv6 是 IETF(国际互联网工程任务组)设计的用于替代现行版本 IP 协议(IPv4)的下一代 IP 协议。随着 IPv4 地址耗尽,互联网将会全面部署 IPv6。IPv4 最多可以分配 42 亿个 IP 地址,而 IPv6 可提供 2 的 128 次方个地址,因此没有了地址编码的限制,互联网应用与现在相比一定会有很大的飞跃。

IPv6 对爬虫技术发展的推动主要在于两个方面。一方面,由于 HTTP 数据包最终还是通过 IP 层进行传送,所以在 IPv6 下要求爬虫中更底层的网络数据包分析和数据提取技术相应的发展;另一方面,IPv6 在安全性方面有很多增强,对爬虫与 Web 服务器的交互技术提出新的要求。

3. HTML 语言的发展

HTML 语言规范不断升级变化,当前较新的版本是 HTML 5。相比于以前版本,HTML 5 添加了很多新元素及功能,并删除了一些旧元素。HTML 5 提供了新的元素来创建更好的页面结构,元素也可拥有事件属性,这些属性在浏览器中触发行为,改变页面的动态性。从程序设计角度看,除了原先的 DOM 接口以外,HTML 5 增加了更多 API,实现定时媒体回放、离线数据库存储等功能。

随着今后新型互联网不断出现,可以预见 HTML 版本将会不断升级,因此为了更好地处理 Web 页面内容,网络爬虫在 Web 页面解析、内容提取方面的技术也将不断发展。

4. 新型网站架构的出现

Web 服务应用架构从最早的 Client/Server 发展到集群、负载均衡、虚拟主机等技术,每次新技术的出现都是 Web 服务应用架构试图解决高可用性、高并发、可维护等实际问题。云计算、区块链等新的计算和处理架构必将使得 Web 应用架构发生变化,从而使得网络爬虫在技术上也需要不断更新,以适应服务端架构特征。

5. Web 应用的推动

Web 应用中的互联网大数据朝着多样化、流动性、隐匿性等方面发展,对爬虫信息采集提出了新的要求。目前有 3 种典型的 Web,即 Surface Web、Deep Web、Dark Web。当前爬虫主要针对表面网络(Surface Web)和深网(Deep Web)。尽管如此,将来随着物联网等新应用的普及,数量巨大的 Deep Web 数据或许对当前的动态网页访问提出新的需求,例如实时性等,因此相应的新的软件技术和架构也会随之出现。

另一方面,暗网(Dark Web)包含那些故意隐藏的信息和网站,并且无法通过人们每天使用的浏览器访问,通常只能通过特殊的软件和特定的 URL 进入。随着暗网的影响力越来越大,对暗网的监管需求也很迫切。客户端如何与暗网高效交互并采集各类信息成为技术发展的前沿方向之一。

6. 行业规范的推动

互联网大数据采集所涉及的行业规范包括页面访问许可、访问行为规约、数据权属以及数据质量等方面。

虽然目前的 Robots 协议规定了描述页面访问许可、访问行为规约的方法,但是该协议并非是强制执行的,导致很多爬虫并不遵守服务方的公告。由此,爬虫和服务方之间为了数据的采集与保护进行了持续的博弈,最终导致双方都要付出很大的代价。这种基于 Robots 协议的页面访问许可和行为规约还有很大的改进空间。另一方面,Robots 协议针对页面进行许可控制,对于 Deep Web 数据的访问许可描述不够灵活,因此需要发展细粒度的数据许可约定方法,从而进一步影响爬虫技术实现。

最后,随着大数据交易市场的发展壮大,对数据权属、数据所有权、数据质量等管理问题的逐步明确,相关规范将会得到行业认可,作为大数据采集的网络爬虫在技术处理上显然也需要遵守这些相关约定。

思考题

1. 举例说明互联网大数据的主要特征。
2. 互联网大数据采集的重要性体现在哪些方面?
3. 网络爬虫除了抓取数据之外,还可以用于什么场合?
4. 爬虫大数据采集技术体系由哪几个部分组成?
5. 爬虫可以随意抓取互联网网站数据吗?
6. 影响爬虫技术进一步发展的主要因素有哪些?

第二部分

基础篇

第 2 章

Web页面及相关技术

2.1 HTML 语言规范

HTML(Hyper Text Markup Language,超文本标记语言)是用来描述网页的一种语言。"超文本"指的是页面内可以包含图片、链接,甚至音乐、视频、程序等非文字元素;"标记语言"指在文档内使用标记标签(Markup Tag)来定义页面内容的语言,例如标记标签<body>定义文档的主体。一个网页对应着一个或多个 HTML 文档,Web 浏览器读取 HTML 文档后将其以网页的形式显示。图 2-1(a)为一个简单的HTML 文档示例,(b)为使用 Google 浏览器读取 HTML 后显示的网页。

(a) example.html   (b) HTML文档显示的网页

图 2-1　HTML 文档及其显示的网页

2.1.1 HTML 标签

标记标签又被称为 HTML 标签,是组成 HTML 页面的基本内容。HTML 标签是由尖括号包括的关键词,例如< body >、< head >等,关键词可以忽略大小写。从开始标签到闭合标签之间的代码称为元素。在标签的作用下,文档可以改变样式,或实现插入图片、链接、表格等结构的功能。

HTML 标签很多,从闭合的角度可以分为闭合标签与空标签。闭合标签是指由开始标签和结束标签组成的一对标签,带斜杠的元素表示结束,例如< body >和</ body >。这种标签允许嵌套和承载内容。空标签是没有内容的标签,通常用来占位,在开始标签中自动闭合,例如< br >、< link >、< meta >都属于空标签。

HTML 标签还可以按照在文档中的位置特性进行分类,主要分为块级标签、行内(内嵌)标签和行内-块级(内嵌-块级)标签。

(1) 块级标签:块级标签是独占一行的标签,并且标签间的元素能随时设置宽度、高度、顶部和底部边距等。常见的块级标签有< p >、< h1 >、< ul >、< div >等。

(2) 行内(内嵌)标签:行内标签的元素和其他元素在同一行上,而元素的宽度、高度、顶部和底部边距不可设置。例如标签< span >、< a >、< label >等。

(3) 行内-块级(内嵌-块级)标签:多个行内-块级标签的元素可以显示在同一行,并且可以设置元素的宽度、高度、顶部和底部边距。例如< input >、< img >。

除了标签名本身外,标签还可以带有一些属性。这些属性在网络爬虫程序设计中也经常使用。以下是典型的标签和属性的写法。

```
< a href = 'http://www.baidu.com/' target = '_blank'>跳转到 baidu </a>
< img src = "/images/pic.gif" width = "28" height = "30">
< div class = "container logo - search">
```

在这些文本中,href 是标签< a >的属性,指出了相应的超链接; src 是 img 的属性,其属性值是图片对应的 URL; < div >标签通常会指定其相应的 class 属性。

2.1.2 HTML 整体结构

HTML 文档都具有一个基本的整体结构,包括头部(Head)和主体(Body)两大部分,其中头部描述浏览器所需的信息,主体包含网页所要展示的具体内容。同时,

HTML 文档都是以<html>开头,表明此文档使用 HTML 语言来描述,</html>表示文档的结尾。这两个标签限定了文档的开始点和结束点,在它们之间是文档的头部和主体。

HTML 文档整体结构如图 2-1(a)所示。可见,HTML 标签是嵌套使用的,整个文档通过标签嵌套形成一棵树形结构。因此,在网络爬虫进行信息提取时通常将 HTML 文档转换成为树结构,再进行选择,具体过程将在第 6 章介绍。

1. 头部

头部描述浏览器所需要的信息,例如页面标题、关键词、说明等内容;头部包含的信息不作为网页的内容来显示,但是会影响网页的显示效果。头部信息的开始和结尾是由<head>和</head>两个标签标记的,<title>、<base>、<link>、<meta>、<script>以及<style>标签可以添加到头部信息中。各标签的描述如表 2-1 所示。

表 2-1 头部标签及描述①

标 签	描 述	标 签	描 述
<head>	定义关于文档的信息	<link>	定义文档与外部资源之间的关系
<title>	定义文档的标题	<meta>	定义关于 HTML 文档的元数据
<base>	定义页面上所有链接的默认地址或默认目标	<script>	定义客户端脚本文件
		<style>	定义文档的样式文件

2. 主体

网页需要显示的实际内容都包含在主体之中,由<body>、</body>表示主体信息的开始和结尾。对于网络爬虫抓取 Web 页面而言,所关注的信息内容也都是大部分封装在<body>和</body>之间。

2.1.3 CSS 简述

CSS(Cascading Style Sheet,层叠样式表单)是从 HTML 4 开始使用的,可以定义如何显示 HTML 元素。即使是相同的 HTML 文档,应用的 CSS 不同,从浏览器看到的页面外观也会不同。CSS 可以通过以下 3 种方式添加到 HTML 中。

---

① W3School 中的 HTML 系列教程,网址为"http://www.w3school.com.cn/html/html_head.asp",检索日期为 2018-07

1. 内联样式

内联样式即为在相关的标签中使用样式属性,当特殊的样式需要应用到个别元素时可以使用。样式属性可以是任何 CSS 属性,主要使用的属性为 style。下面的代码设置了段落的颜色。

```
<p style = "color:blue"> This is a paragraph.</p>
```

2. 内部样式表

当单个文档需要特别样式时可以在头部通过< style >标签定义内部样式表。下面的代码通过在头部定义内部样式表将页面背景设置为黄色。

```
< head >
< style type = "text/css">
body {background - color:yellow;}
p {color:blue;}
</style >
</head >
```

3. 外部引用

当样式需要被很多页面引用时,可以使用独立的外部 CSS 文件,这样可以简化页面模式的设计。

```
< head >
< link rel = "stylesheet" type = "text/css" href = "mystyle.css">
</head >
```

2.1.4 常用标签

在 HTML 页面中进行内容提取,最基本的依据是标签。虽然标签数量很大,类型很多,但是在网络爬虫采集中并非关注所有的标签。以下是一些与爬虫程序设计相关度比较大的标签。

1. < meta >

< meta >提供了关于 HTML 文档的元数据,主要包括字符编码、关键词、页面描

述、最后修改时间等。其中最重要的是字符编码,它使用< meta >的 charset 属性声明 Web 文档的字符编码。

```
< meta charset = "utf - 8">
```

2. < p >

< p >标签定义段落,可以将要显示的文章内容放在< p >与</p>标签之间。该标签会自动在段落前后添加一些空白,可以使用 CSS 来进行调整。通常 Web 页面中正文部分的各个段落都是通过该标签来表示。

```
< p > This is a paragraph </p>
```

3. < div >

< div >用来定义文档中的分区或节,把文档分割成为独立的部分,经常用于网页布局。该标签通常会使用 id 或 class 属性设计额外的样式,其中 class 用于元素组,而 id 用于标识单独的、唯一的元素。

4. < table >

< table >定义页面的表格,在很多页面中数据以表格形式展现,因此它也是爬虫程序需要处理的重要标签之一。

HTML 页面中的简单表格由 table 元素以及多个 tr、th、td 元素组成。其中 tr 元素定义表格行,td 元素定义表格单元,th 元素定义表格标题列;同时 th 默认加粗并居中显示。< table >的常用属性为表格边框属性(border),当使用 border="1"设置边框时,会在所有表格单元以及表格上嵌套边框。网页显示的表格如图 2-2 所示。

title1	title2
content1	content2

图 2-2　代码定义的表格

```
< table border = "1">
    < tr >
        < th > title1 </th>
        < th > title2 </th>
    </tr>
    < tr >
        < td > content1 </td>
```

```
        < td > content2 </td >
    </tr >
</table >
```

5. < a >

< a >标签定义超链接,用于从一张页面链接到另一张页面,其最重要的属性是 href,它指定链接的目标。爬虫在采集到一个 Web 页面之后,就需要在页面中寻找该标签,并提取出超链接作为新的爬行任务。下面的代码定义了一个指向 github 的超链接。

```
< a href = "https://github.com/"> github </a >
```

6. < form >

< form >可以把用户输入的数据传送到服务器端,这样服务器端程序就可以处理表单传过来的数据。form 的两个重要属性是 action 和 method,其中 action 为表单需要提交的服务器地址,method 规定表单提交数据使用的方法(GET/POST)。form 可以包含 input 等元素,例如复选框、按钮等。

7. < base >

为了简化包含相对路径的超链接的转换过程,HTML 语言提供了< base >标签,用来指定页面中所有超链接的基准路径。例如,如果在 p. html 中有如下的< base >标签:< base href = "http://www. a. b. c/aaa/" />,那么< img src = "images/p2. gif">表示从"http://www. a. b. c/aaa/images/p2. gif"获得图片文件。

8. < script >

< script >用于在 HTML 页面内插入脚本。其 type 属性为必选属性,用来指定脚本的 MIME 类型。下面的代码在 HTML 页面内插入 JavaScript 脚本,在网页中输出"Hello World!"。

```
< script type = "text/javascript">
document.write("Hello World!")
</script >
```

2.1.5 HTML 语言的版本进化

目前最新的 HTML 版本为 2017 年 12 月万维网联盟(W3C)发布的 HTML 5.2 (https://www.w3.org/TR/2017/REC-html52-20171214/),它是超文本标记语言第五版(HTML 5)的第二次更新。自 1999 年 HTML 4 发布后,互联网发展日新月异,特别是近几年移动设备的普及和多媒体的发展,很多应用场景 HTML 4 不支持或实现难度较大。HTML 5 是基于跨平台设计的,引入了新元素和新 API(应用程序编程接口)简化 Web 应用程序的搭建,使网页在移动设备多媒体上的实现变得更简单。下面简单介绍一些 HTML 5 的新特性。

(1) 语义化标签:在 HTML 5 出现之前使用< div >实现页面的分块,虽然可以使用 id 属性来形容每个分块,例如下面的代码,但没有实际意义。

```
< div id = "header">
```

在 HTML 5 中引入了新的内容标签,例如< article >、< footer >、< header >、< nav >、< section >,这些标签表达了一定的语义,可根据语义标签快速识别各分块的内容,这样在使用爬虫获取网页数据时可以更高效。

(2) 网页多媒体:HTML 5 引入 video、audio 元素使网页多媒体的嵌入变得更加便利。video 元素支持 Ogg、MP4、WebM 等视频格式,用来在文档中嵌入视频内容;audio 元素支持 Ogg Vorbis、MP3、WAV 等音频格式,用来在文档中嵌入音频内容。利用< video >标签直接在页面中添加一个 MP4 视频就可以播放,不依赖 Flash 插件,这对移动端网页多媒体的使用也十分便利。

```
< video src = "movie.mp4" controls = "controls">
</video >
```

(3) HTML 5 添加了 canvas 元素,canvas 使用 JavaScript 在网页上绘制图形、动画。

(4) HTML 5 添加了地理位置 API,可以定位当前使用者的经纬度等。

(5) HTML 5 引入了应用程序缓存,缓存之后,可在没有网络连接时访问网页,同时还可以提高页面加载速度,减少服务器负载。

2.2　编码体系与规范

网页编码是指网页中字符的编码方式。目前国内常见的网页字符编码主要有utf-8、gbk、gb2312,其中 utf-8 为国际化编码,在各国各地区的网站中都很常见,可以说是最通用的字符编码。此外,有些日本网页会使用 EUC-JP、SHIFT-JIS,有些韩国网页会使用 EUC-KR 等字符编码。

2.2.1　ASCII

ASCII(American Standard Code for Information Interchange,美国信息互换标准代码)是美国在 20 世纪 60 年代制定的一套字符编码标准,主要用于显示美式英语。标准 ASCII 码使用 7 位二进制编码表示美式英语中会使用到的控制字符(例如退格、空格)以及可打印字符(例如数字 0～9、大小写英文字母、标点符号、运算符号、美元符号),编码范围为 0～127(二进制 00000000～01111111)。

ASCII 共表示 128 个字符,每个字符占一个字节,其中控制字符共 33 个。例如控制字符退格"backspace"为 8(二进制 00001000),可打印字符大写字母"A"为 65(二进制 01000001)。

2.2.2　gb2312/gbk

由于 ASCII 编码无法表示中文字符,中国在 ASCII 编码的基础上进行扩展,形成了中文字符编码,主要有 gb2312、gbk 以及 gb18030。

1. gb2312

gb2312 编码(《信息交换用汉字编码字符集》)是对 ASCII 的中文扩展,编码低于 127 的字符与 ASCII 编码相同。gb2312 使用两个字节连在一起表示一个汉字,两个字节中前一个称为高字节(范围 0xA1～0xF7),后一个称为低字节(范围 0xA1～0xFE)。其编码范围是 0xA1A1～0xF7FE。

gb2312 共收录 6763 个汉字,每个汉字占两个字节。同时,gb2312 对 ASCII 中的可打印字符重新编了两个字节长的编码,也就是人们常说的"全角"字符;编码低于127 的可打印字符为"半角"字符。

2. gbk

gbk 编码是 gb2312 的扩展,gbk 兼容 gb2312 的所有内容并且又增加了近 20 000个新的汉字(包括繁体字)和符号。gbk 同样使用两个字节表示一个汉字,只要第一个字节大于 127,便认为是一个汉字的开始。其编码范围是 0x8140~0xFEFE。

2.2.3　unicode

unicode(Universal Multiple-Octet Coded Character Set,通用多八位编码字符集)包含了世界上所有的文字和字符,在 unicode 字符集中每个字符都有唯一的特定数值。例如大写字母"A"在 unicode 中的码位为 U+0041,汉字"乐"的码位为 U+4E50。unicode 通常使用两个字节来编码,称为 UCS-2 (Universal Character Set coded in 2 octets)。为了使 unicode 能表示更多的文字,人们提出了 UCS-4,使用 4 个字节编码。

目前 unicode 编码范围为 0~0x10FFFF,最大的字符至少需要 3 个字节来表示。表示字符需要的字节数不相同,若直接在网页中使用会出现混淆问题;如果规定所有的字符都使用最大字节表示,会造成极大的空间浪费。为了解决编码字符集unicode 在网页中使用的效率问题,人们提出了 utf-8、utf-16 等编码方式。

2.2.4　utf-8

utf-8(8-bit Unicode Transformation Format)是一种针对 unicode 字符集的可变长度字符编码方式。utf-8 对不同范围的字符使用不同长度的编码,规则如下:

(1) unicode 码点在 0x00~0x7F 的字符,utf-8 编码与 ASCII 编码完全相同。

(2) unicode 码点大于 0x7F 的字符,设需要使用 n 个字节来表示($n>1$),第一个字节的前 n 位都设为 1,第 $n+1$ 位设为 0,剩余的 $n-1$ 个字节的前两位都设为 10,剩下的二进制位使用这个字符的 unicode 码点来填充。

表 2-2 展示了从 unicode 到 utf-8 的编码规则。

表 2-2　从 unicode 到 utf-8 的编码规则

unicode(十六进制)	utf-8(二进制)	字节数
0x0000~0x007F	0xxx xxxx	1
0x0080~0x07FF	110x xxxx 10xx xxxx	2
0x0800~0xFFFF	1110 xxxx 10xx xxxx 10xx xxxx	3
0x10000~0x1FFFFF	1111 0xxx 10xx xxxx 10xx xxxx 10xx xxxx	4

例如,码点为 U+4E50(二进制 0100 1110 0101 0000)的汉字"乐"在 0x0800~0xFFFF 范围内,从 unicode 编码到 utf-8 时需要使用 3 个字节,utf-8 的格式为 1110 xxxx 10xx xxxx 10xx xxxx。将其 unicode 码点的二进制填充进去为 1110 0100 1011 1001 1001 0000(0xE4B990)。

值得注意的是,Python 3 中的字符串默认的编码为 unicode,因此 gbk、gb2312 等字符编码与 utf-8 编码之间必须通过 unicode 编码才能互相转换。即在 Python 中使用 encode()将 unicode 编码为 utf-8、gbk 等,而使用 decode()将 utf-8、gbk 等字符编码解码为 unicode,如图 2-3 所示。

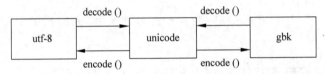

图 2-3　unicode 与 utf-8、gbk 之间的转换

需要注意的是在 Python 程序中,这些编码名称不区分大小写,即 GBK、UTF-8、GB 2312 是允许的。同时,utf-8 也可以省略"-",即 utf 8 也是允许的。以下是例子。

```
>>> n = '大数据'                                    # unicode
>>> g = n.encode('gbk')                            # gbk
>>> u = n.encode('utf - 8')                        # utf - 8
>>> g2 = n.encode('gb2312')                        # gb2312
>>> g2u = g.decode("gbk").encode("utf - 8")        # gbk 转成 utf - 8
```

可以看到相应的结果如下:

```
>>> g
b'\xb4\xf3\xca\xfd\xbe\xdd'
>>> u
b'\xe5\xa4\xa7\xe6\x95\xb0\xe6\x8d\xae'
>>> g2
b'\xb4\xf3\xca\xfd\xbe\xdd'
>>> g2u
b'\xe5\xa4\xa7\xe6\x95\xb0\xe6\x8d\xae'
```

g2u 是 utf-8 编码，由 gbk 编码的字符串转换过来，在这个过程中需要通过 unicode 作为中间环节。根据图 2-3，先 decode()为 unicode，再 encode()为 utf-8。

2.2.5 网页中的编码和 Python 处理

不同网站的编码并不完全相同，在爬虫应用中解析文本信息的时候需要考虑网页的编码方式，否则获得的结果可能是乱码。可以从网页源代码里的 meta 标签的 charset 属性中看到其编码方式，例如< meta charset＝"utf-8">指定了网页的编码为 utf-8。

用于解析文本的 Python 库主要有 BeautifulSoup。BeautifulSoup 使用编码自动检测字库（unicodeDammit、chardet 等）来识别输入文档的编码，并将其转换成 unicode 编码；同时，BeautifulSoup 将输出文档自动转换成 utf-8 编码。值得注意的是，编码自动检测功能会搜索整个文本来检测编码，时间成本高，检测结果也可能会错误。因此，如果预先知道文档编码，可以通过在创建 BeautifulSoup 对象的时候设置 from_encoding 参数来减少检测错误率和检测时间。

```
soup = BeautifulSoup(html_input, from_encoding = "gbk")
```

此外，可以使用 prettify()或者 encode()方式来指定输出文档的编码。

```
soup.prettify("gb2312")
```

自动检测一个页面的编码方式，可以通过 chardet 包来进行，需要事先安装。具体方法如下。

```
import chardet
import requests
res = requests.get("http://www.fudan.edu.cn")
cs = chardet.detect(res.content) ♯通过响应对象 res 的 content 属性来判断页面的编码方式
```

chardet.detect()的检测结果是一个字典，如下所示，字典的关键字包含'encoding'和'confidence'等，其中，前者的值就是页面编码，后者表示自动检测时对结果的确信度[0,1]。

```
{'encoding': 'utf - 8', 'confidence': 1.0, 'language': ''}
```

因此，可以通过 cs['encoding']来得到页面编码。

除了通过 chardet，也可以直接利用响应对象的 apparent_encoding 属性来获取页面的编码方式,即 res. apparent_encoding。

2.3　Python 正则表达式

视频讲解

网络爬虫的一个基本功能是根据 URL 进行页面采集,因此从页面中提取 URL 是爬虫的共性技术问题。由于超链接的表示通常具有固定的模式,所以在具体实现页面链接提取时采用正则表达式匹配方法是比较简易的方法。

在 Python 中,re 模块提供了正则表达式匹配所需要的功能。在使用该模块的功能之前要先 import re。该模块的主要功能有匹配和搜索、分割字符串、匹配和替换。调用 re 模块功能的方法总体上可以分为两种:一种是直接使用 re 模块的方法进行匹配,包括 re. findall、re. match、re. search、re. split、re. sub 和 re. subn;另一种是使用正则表达式对象,基本过程是先通过 re. compile 定义一个正则表达式对象,然后利用该对象所拥有的方法,即 findall、match、search、split、sub 和 subn 进行字符串处理。第二种方法在调用时提供了额外的参数,允许在一定范围内进行字符串匹配;而第一种方法没有在指定范围匹配的功能。在此介绍 re. findall 进行匹配的方法,其函数原型为:

```
findall(pattern,string[,flags])
```

其中,string 为输入的字符串,pattern 是指定的匹配模式,flags 是一个可选参数,用于表示匹配过程中的一些选项。该函数返回一个列表。

以下列出匹配选项和匹配模式。

1. flags(不同标志可以使用|进行组合)

- re. IGNORECASE:缩写 re. l,表示忽略大小写;
- re. LOCALE:缩写 re. L,表示\w、\W、\b、\B、\s、\S 与本地字符集有关;
- re. MULTILINE:缩写 re. M,表示多行匹配模式;
- re. DOTALL:缩写 re. S,表示使元字符也匹配换行符;
- re. UNICODE:缩写 re. U,表示匹配 unicode 字符;
- re. VERBOSE:缩写 re. X,表示忽略模式中的空格,并可以使用♯注释,提高可读性。

2. 常用的 pattern

匹配模式有很多,常用的模式及其匹配效果见如下叙述,更多的模式可以通过 help(re)获得。

- '.': 通配符,代表任意字符,除\n 以外,一个点一个字符。例如:

```
ret = re.findall('m...e', "cat and mouse")          # ['mouse']
```

- ' * ': 重复匹配,允许 * 之前的一个字符重复多次。例如:

```
ret = re.findall('ca * t', "caaaaat and mouse")   # ['caaaaat']
```

- '?': 也是重复匹配,但是? 之前的字符只能重复 0 次或者 1 次。例如:

```
ret = re.findall('ca?t', "cat and mouse")          # ['cat']
ret = re.findall('ca?t', "caaaaat and mouse")      # [],无匹配
```

- ' + ': 也是重复匹配,但是至少重复 1 次,不能是 0 次。例如:

```
ret = re.findall('ca + t', "caaaaat and mouse")      # ['caaaaat']
```

- '{}': 也是重复匹配,但是匹配次数可以自行设置,次数可以是一个数或者范围。例如:

```
ret = re.findall('ca{5}t', "caaaaat and mouse")        # 5 次,['caaaaat']
ret = re.findall('ca{1,5}t', "caaaat catd mouse")     # 1~5 次,['caaaat', 'cat']
```

- '[]': 定义匹配的字符范围。例如[a-zA-Z0-9]表示相应位置的字符要匹配英文字符和数字,'-'表示范围。例如:

```
ret = re.findall('[0 - 9]{1,5}', "12 cats and 6 mice")        # ['12', '6']
```

- '^': 表示必须从字符串的起始位置开始匹配,不考虑后续字符串中是否存在。例如:

```
ret = re.findall('^m...e', "cat and mouse")          # []
```

- '$'：表示只从最后开始匹配。例如：

```
ret = re.findall('a.d$', "cat and mouse")        # []
ret = re.findall('m...e$', "cat and mouse")      # ['mouse']
```

- '|'：两个模式进行或的匹配。例如：

```
ret = re.findall('cat|mouse', "cat and mouse")   # ['cat', 'mouse']
```

- '\'：转义字符，如果字符串中有特殊字符需要匹配，就需要进行转义。这些特殊字符包括.、*、?、+、$、^、[]、{}、|、\、—。例如：

```
ret = re.findall('\^c.t', "^cat mouse")          # ['^cat']
ret = re.findall('\[...\]', "cat [and] mouse")   # ['[and]']
```

接下来基于这些常见的模式从 HTML 文档中提取超链接。

```
s = '''< li >< a href = "http://news.sina.com.cn/o/2018 - 11 - 06/a75.shtml" target = "_blank">
进博会</a></li >< li >< a href = "http://news.sina.com.cn/o/2018 - 11 - 06/a76.shtml"
target = "_blank">大数据</a></li >< li >< a href = "http://news.sina.com.cn/o/2018 - 11 -
06/a75.shtml" target = "_blank">进博会</a></li >'''
re.findall("http://[a - zA - Z0 - 9/\.\ - ] * ", s)
```

可以得到结果：

```
['http://news.sina.com.cn/o/2018 - 11 - 06/a75.shtml', 'http://news.sina.com.cn/o/2018 -
11 - 06/a76.shtml', 'http://news.sina.com.cn/o/2018 - 11 - 06/a75.shtml']
```

思考题

1. HTML 语言与网络爬虫之间是什么关系？

2. 结合实际页面，说明< a >、< img >、< div >、< p >、< base >标签的使用方法及含义。

3. 为什么在爬虫程序设计中需要考虑页面的编码？

4. 目前有哪些常用的编码方式？它们的主要区别是什么？

5. 学习使用 re 库，并从实际网页中提取超链接。

第 3 章

Web应用架构与协议

Web 服务器存储了 Web 页面,按照一定的方式响应客户端的请求。理解 Web 服务器的工作原理,对于掌握和设计网络爬虫具有重要意义。本章简述了 Web 服务器的应用架构,重点对网站页面文件的组织与内容生成、HTTP 协议、状态保持技术以及 Robots 协议进行了详细介绍。

3.1 常用的 Web 服务器软件

3.1.1 流行的 Web 服务器软件

常见的 Web 服务器软件有 Apache、IIS(Internet Information Server)、Nginx、Lighttpd、Zeus、Resin、Tomcat 等。

Apache 是使用范围很广的 Web 服务器软件,是 Apache 软件基金会的一个开放源代码的跨平台网页服务器。它可以运行在几乎所有主流的计算机平台上。Apache 的特点是简单、速度快、性能稳定。它支持基于 IP 或者域名的虚拟主机,支持代理服务器,支持安全 Socket 层(SSL)等。目前,互联网网站主要使用它做静态资源服务器,也可以做代理服务器转发请求,同时结合 Tomcat 等 Servlet 容器处理 JSP 等动态网页。Apache Web 服务器软件的网站截图如图 3-1 所示。

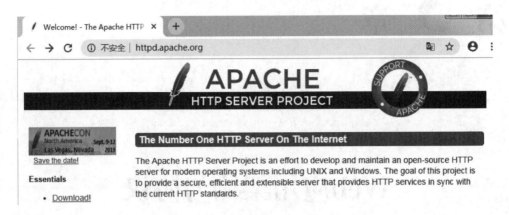

图 3-1　Apache Web 服务器软件的网站截图

Nginx 是一个高性能的 HTTP 和反向代理服务器,国内使用 Nginx 作为 Web 服务器的网站也越来越多,其中包括新浪博客、网易新闻、搜狐博客等门户网站频道,在 3 万以上访问次数的高并发环境下,Nginx 的处理能力相当于 Apache 的 10 倍。Nginx Web 服务器软件的网站截图如图 3-2 所示。

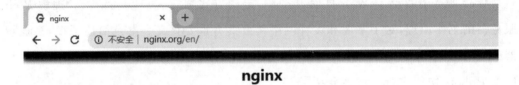

图 3-2　Nginx Web 服务器软件的网站截图

IIS(Internet 信息服务)是微软公司主推的 Web 服务器,IIS 与 Windows Server 完全集成在一起,因此用户能够利用 Windows Server 和 NTFS 文件系统内置的安全特性建立强大、灵活且安全的 Internet 和 Intranet 站点。IIS Web 服务器软件的网站截图如图 3-3 所示。

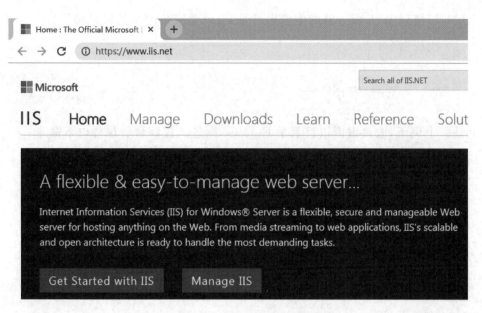

图 3-3　IIS Web 服务器软件的网站截图

　　Tomcat 是 Apache 软件基金会的 Jakarta 项目中的一个核心项目，由 Apache、Sun 和其他一些公司及个人共同开发。因为 Tomcat 技术先进、性能稳定，而且免费，所以深受 Java 爱好者的喜爱，并得到了部分软件开发商的认可，是目前比较流行的 Web 应用服务器。图 3-4 是 Tomcat Web 服务器软件的网站截图。

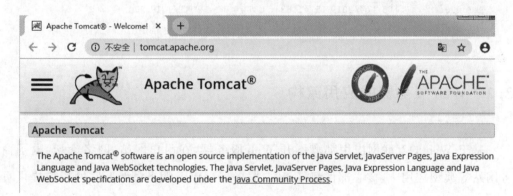

图 3-4　Tomcat Web 服务器软件的网站截图

3.1.2　在 Python 中配置 Web 服务器

　　Python 3 提供了小型 Web 服务器软件的功能，可以很方便地进行 Web 页面的开发和测试。以 Windows 操作系统为例，具体过程如下：

　　(1) 通过执行 cmd，进入 Windows 控制台。

（2）切换到 Web 服务器的虚拟根目录，也就是存放网页的根目录位置。

（3）执行命令：

```
python -m http.server 端口号
```

以下是一个例子，假设虚拟根目录是 E:\xxx，则进入控制台后执行以下命令：

```
C:\> e:
E:\> cd xxx
E:\xxx> python -m http.server 8080
```

那么，启动成功后会在控制台显示：

```
Serving HTTP on 0.0.0.0 port 8080 (http://0.0.0.0:8080/) ...
```

之后，可以在浏览器中输入 http://localhost:8080/ 来浏览 E:\xxx 中的页面和文件，在浏览的过程中控制台默认地会输出每个点击访问记录，样例如下：

```
127.0.0.1 - - [05/Nov/2019 15:43:32] "GET / HTTP/1.1" 200 -
127.0.0.1 - - [05/Nov/2019 15:43:36] "GET /1.html HTTP/1.1" 200 -
127.0.0.1 - - [05/Nov/2019 15:43:46] "GET /20.html HTTP/1.1" 200 -
127.0.0.1 - - [05/Nov/2019 15:44:03] "GET /4.html HTTP/1.1" 200 -
127.0.0.1 - - [05/Nov/2019 15:44:12] "GET /ch.txt HTTP/1.1" 200 -
```

3.2　Web 服务器的应用架构

基于 Web 的互联网应用都离不开 Web 服务器，在门户网站、网络论坛、电子商务网站等典型应用中，核心部件都是 Web 服务器。Web 服务器为互联网用户提供页面信息访问服务，基本的访问方式包括浏览信息、发布信息等形式。

3.2.1　典型的应用架构

从应用架构的角度看，Web 服务器与客户端构成一种 Client/Server 的技术体系。在实际应用中需要考虑网站内容的可管理性、网站的并发能力、容错能力以及网站的可维护性等许多问题。针对这些问题有不同的解决方案，由此产生出不同的应用架构。4 种典型的应用架构描述如下。

1. Client/Server

最简单的 Web 应用架构是单纯的 Client/Server 架构,它也是其他架构的基础,如图 3-5 所示。其中,客户端可以是各种浏览器,也可以是爬虫程序。

在这个架构中,一方面,Web 服务器作为存储器,各种 HTML 文件可以直接存储在 Web 服务器的硬盘上,根据用户的请求情况再访问这些文件;另一方面,Web 服务器也是一个执行机构,能够处理用户的请求。在网络爬虫技术中,这种应用架构适用于静态网页的处理,每一个静态网页对应硬盘上的一个文件。

2. Client/Server/Database

在很多 Web 应用中,并不能简单地从 Web 服务器的硬盘上读取 HTML 文件内容推送给用户,而是需要读取后台数据库或访问其他服务器。相应地,在 Web 应用的架构中就必须增加数据库服务器,如图 3-6 所示。

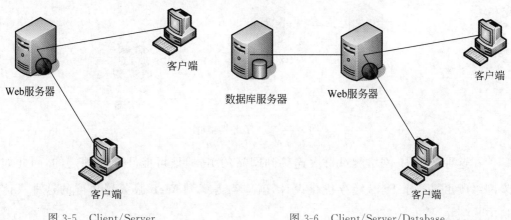

图 3-5　Client/Server　　　　　　　图 3-6　Client/Server/Database

在这个架构中,Web 服务器上的 HTML 文件中通常存在一些动态脚本,这些脚本在用户请求时由 Web 服务器执行。在执行过程中访问数据库,获取数据访问结果,Web 服务器再将执行结果编码成 HTML,推送给客户端。在网络爬虫技术中,这种架构支持了动态网页的实现。也就是说,网页中的主体内容是来自于数据库或其他服务器,而不是直接存在 Web 服务器的 HTML 文件中。因此,动态网页的采集会消耗更多的服务器资源,爬虫采集策略优化时要考虑这个因素。

3. Web 服务器集群

互联网 Web 服务器提供了开放式服务,可能会有大量用户并发访问的情况出现。在这种情况下,为了保证用户访问的体验度和容错性,Web 服务器通常需要进行高可用和负载均衡设计。

负载均衡就是根据某种任务均衡策略把客户端请求分发到集群中的每一台服务器上,让整个服务器群来均衡地处理网站请求。因此集群是这种应用架构的典型特征和核心之一,通常用多台 Web 服务器构成一个松耦合系统,这些服务器之间通过网络通信实现相互协作,共同承载所有客户端的请求压力。如图 3-7 所示的应用架构就是这种集群架构,整个集群对外来看是一台 Web 服务器。

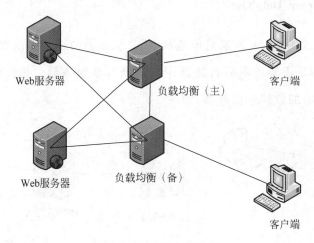

图 3-7　Web 服务器集群

在这种架构中,网络爬虫每次连接到网站的 IP 地址可能并不是固定的,因此如果网络爬虫进行了 DNS 缓存优化设计,就应当考虑到 Web 服务器集群的这种具体情况。

4. 虚拟主机

虚拟主机是另一种常见的 Web 应用架构,它是指在一台服务器里配置多个网站,使得每个网站看起来具有独立的物理计算机。虚拟主机的实现方法有以下3 种。

(1) 基于 IP 地址的方法:在服务器里绑定多个 IP,配置 Web 服务器,把网站绑定在不同的 IP 上。当客户端或爬虫访问不同的 IP 地址时就得到不同网站的响应。

（2）基于端口的方法：不同网站共享一个 IP 地址，但是通过不同的端口实现对不同网站的访问。这时客户端访问的 URL 的形式为"http://hostname:port/"，需要指定端口。

（3）基于主机名的方法：设置 DNS 将多个域名解析到同一个 IP 地址上，IP 地址对应的服务器上配置 Web 服务端，添加多个网站，为每个网站设定一个主机名。因为 HTTP 协议访问请求头里包含有主机名（即 host 属性）信息，所以当 Web 服务器收到访问请求时就可以根据不同的主机名来访问不同的网站。

3.2.2　Web 页面的类型

从 Web 网页的组成结构看，一个标准的网页一般包含 4 个部分，即内容、结构、表现效果和行为。内容是网页中直接传达给阅读者的信息，包括文本、数据、图片、音/视频等；结构是指 Web 页面的布局，对内容进行分类使之更具有逻辑性，符合用户的浏览习惯；表现效果指对已经结构化的内容进行视觉感官上的渲染，例如字体、颜色等；行为则是指网页内容的生成方式。

根据 Web 页面组成结构中的信息内容的生成方式，可以将 Web 页面分为静态页面、动态页面、伪静态页面三大类。静态型的 Web 页面随着互联网的出现而出现，虽然目前有大量的交互式动态页面能很好地提升用户体验，但是由于静态页面除了 Web 服务之外，不需要其他服务的支持，对服务器的资源消耗少，所以这种类型的页面在现阶段仍然被广泛使用。动态型页面一般需要数据库等其他计算、存储服务的支持，因此需要消耗更多的服务端资源。Web 服务器在响应爬虫命令请求时，不管是静态页面还是动态页面，服务器返回给爬虫的信息一般都是封装成为 HTML 格式。因此，对于页面解析器而言，在处理 Web 服务器响应信息时，只要处理 HTML 格式的内容就可以。

静态页面以 HTML 文件的形式存在于 Web 服务器的硬盘上，其内容和最终显示效果是事先设计好的，在环境配置相同的终端上的显示效果是一致的，并且这些内容、表现效果等由且仅由 HTML、JavaScript、CSS 等语言控制。因此，静态页面的内容、结构和表现效果是固定的，其行为也比较简单，即在制作网页时直接保存到硬盘文件。

从实际应用的角度看,目前互联网上大部分都是动态页面。动态页面是相对静态页面而言的,具有明显的交互性,能根据用户的要求和选择动态改变。动态页面的主要特征如下:

　　(1)页面内容是可变的,不同人、不同时间访问页面时,显示的内容可能不同。

　　(2)页面结构也是允许变化的,但是为了提升用户浏览的体验,结构一般不会频繁改变。

　　(3)在表现效果上,页面中不同部分的效果会随着内容的变化而变化。

　　(4)页面行为是区别于静态页面最主要的特征,动态页面并不是直接把内容存储到文件中,而是要进一步执行内容生成步骤,通常的方式有访问数据库等。

　　除了静态页面和动态页面外,还有一类页面称为伪静态页面,这种页面的出现是为了增强搜索引擎爬虫的友好界面。伪静态页面是以静态页面展现出来,但实际上是用动态脚本来处理的。为了达到这个目的,伪静态页面技术通常采用 404 错误处理机制或 rewrite 技术来实现将静态的 URL 页面请求转换成内部的动态访问,再将结果以同样的 URL 返回给用户。

　　伪静态页面的 URL 本质上可以理解成不带"＝"的参数,是将参数转换成为URL 的子目录或文件名的一部分。例如,某论坛中同一个帖子的伪静态页面地址及其对应的动态页面地址分别如下:

```
http:// ****.com/htm_data/7/1985527.html
http:// ****.com/read.php?fid = 7&tid = 1985527
```

其中,伪静态页面的 htm_data 后面的 7 以及 1985527 分别与动态页面地址的 fid＝7 和 tid＝1985527 对应。又如,股吧论坛一个帖子对应的 URL 是 https://guba. eastmoney. com/news,300059,948261749.html,其后缀名为 html,该 URL 实际上是一个伪静态页面,因为页面中的帖子及其对应的回帖内容必定是动态生成的。当服务器收到伪静态页面的 URL 地址请求后提取出 URL 中相应的部分,例如,本例中的 300059 和 948261749,并作为动态参数构造动态请求,在执行完成后将结果返回给客户端。

3.2.3　页面文件的组织方式

　　大量的 Web 页面文件在 Web 服务器中的组织管理方式对于提升页面的可维护

性是非常重要的。下面以 Tomcat 为例来说明服务器的页面文件管理方式。

如图 3-8 所示,在 D 盘的 Tomcat 安装目录下有子目录 webapps,该子目录是 Tomcat 规定的虚拟根目录。在该子目录下有 aaa 和 bbb 两个子目录,而 aaa 下还有一个子目录 images。其中,aaa 下有两个文件 a1.html 和 a2.html,bbb 下有一个文件 b1.html,images 子目录下有 3 个文件,分别为 p1.gif、p2.gif、p3.gif。

假设按照 Tomcat 的默认端口 8080,那么在浏览器中访问 a1.html 的 URL 是:

```
http://127.0.0.1:8080/aaa/a1.html
```

其相应的结果如图 3-9 所示,页面中的图片在 a1.html 中是通过< img src = "images/p1.gif">来获得。这里的"images/p1.gif"就表示在当前目录中访问 images 子目录下的 p1.gif,而由于当前访问的是 a1.html 文件,当前目录就是 aaa。

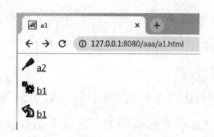

图 3-8　Tomcat 的目录结构　　　　图 3-9　a1.html 的访问方式及效果

下面的 HTML 代码则展示了 a1.html 页面中超链接的 3 种写法,分别介绍如下。

(1) < p >< img src = "images/p1.gif">< a href = "a2.html"> a2 </a></p>

采用相对链接,访问 a2.html。

(2) < p >< img src = "images/p2.gif">< a href = "..\bbb\b1.html"> b1 </a></p>

采用相对链接,访问 b1.html,.. 表示上级目录,此处即为虚拟根目录。

(3) < p >< img src = "images/p3.gif">< a href = "http://127.0.0.1:8080/bbb/b1.html"> b1 </a></p>

采用以 http 开始的完整 URL 绝对链接,访问 b1.html。

从这个例子可以看出,对于爬虫来说,在获取 a1.html 页面之后要寻找其中的 href 超链接。对于绝对链接,只需要把"href="后面的字符串提取出来即可;而对于相对链接,没有完整的 http,单纯从这个 href 所指定的链接无法知道其真正的结果,需要进行超链接的转换。

为了简化相对路径的转换,在 HTML 语言中提供了<base>标签,用来指定页面中所有超链接的基准路径。例如,如果在 a1.html 中增加如下<base>标签:

```
< base href = "http://127.0.0.1:8080/aaa/" />
```

那么就意味着该文件中的所有超链接都以根目录下的 aaa 子目录为当前目录。因此作为爬虫程序,也应当检查 HTML 文档中是否存在<base>标签。

3.3 Robots 协议

视频讲解

3.3.1 Robots 协议的来历

普通的 Web 网站提供了开放式的空间,用户只要通过浏览器即可直接访问,大部分新闻网站、机构主页都属于这种形式。另一种 Web 网站页面则提供有限的开放式空间,需要经过身份识别后进一步访问更多页面信息,最常用的方法是要求用户输入用户名和口令信息,验证通过后访问 Web 页面。这种 Web 网站典型的是在线购物、社交媒体等网站中的个人相关信息页面。

对于搜索引擎爬虫而言,可以畅通无阻地采集第一种形式的 Web 页面,也可以在适当配置后以动态页面的方式访问第二种类型页面。因此不管哪种类型的 Web 页面最终都可以被搜索引擎收录而永久存储,并提供给用户任意搜索。这个结果在一定程度上增加了网站被其他人了解的可能性,为网站带来一定的流量增加。但是另一方面,某些页面可能是临时性的,或者不希望永久地存储于搜索引擎中。

为了给 Web 网站提供灵活的控制方式来决定页面是否能够被爬虫采集,1994 年搜索行业正式发布了一份行业规范,即 Robots 协议。Robots 协议又称为爬虫协议、机器人协议等,其全称是 Robots Exclusion Protocol,即"网络爬虫排除协议"。这一协议几乎被所有的搜索引擎采纳,包括 Google、Bing、百度、搜狗等公司。随着互联网大数据时代的到来,目前互联网上除了搜索引擎的爬虫外还存在大量的非搜索引擎爬虫,该协议也就成为各类爬虫行为的行业规范。

3.3.2　Robots 协议的规范与实现

网站通过 Robots 协议告诉爬虫哪些页面可以抓取，哪些页面不能抓取。该协议指定了某种标识的爬虫能够抓取的目录或不能抓取的目录，也就是访问许可策略。这些访问许可的定义写在一个名称为 robots.txt 的文件中，该文件需要放在网站的虚拟根目录中。它可以公开访问，即在浏览器中打开网站后，在网站首页的地址后面添加"/robots.txt"，如果网站设置了访问许可，按回车就可以看到网站的 Robots 协议，即 robots.txt 文件的内容。

robots.txt 文件的具体约定如下：

（1）文件中包含一个或多个记录，每个记录由一个或多个空白行隔开。每个记录由多行组成，每行的形式为：

```
<field>:<optionalspace><value><optionalspace>
```

指出了每个字段及其对应的值。字段名有 User-Agent、Disallow、Allow，每个记录就是由这些关键词来规定爬虫的访问许可。

在一个记录中可以有多个 User-Agent、多个 Disallow 或 Allow。

（2）User-Agent：User-Agent 的使用方式是 User-Agent [agent_name]，其中 agent_name 有两种典型形式，即 * 和具体的爬虫标识。例如：

```
User-Agent: *           表示所定义的访问许可适用于所有爬虫
User-Agent: Baiduspider 表示所定义的访问许可适用于标识为 Baiduspider 的爬虫
```

一些常见的爬虫标识有 Baiduspider、Baiduspider-image、Baiduspider-news、Googlebot、YoudaoBot、Sogou web spider、Sosospider、EasouSpider 等，从名字本身可以看出爬虫是属于哪个公司的。这些标识是爬虫自己确定的，并对外公开，例如百度的爬虫可以在"http://baidu.com/search/spider.htm"查到。

（3）Disallow 或 Allow：Disallow 和 Allow 的使用方法相同，只是决定了不同的访问许可。这种访问许可是针对目录、文件或页面而言，即允许或不允许访问。Robots 协议的默认规则是，一个目录如果没有显式声明为 Disallow，它是允许访问的。

下面以 Disallow 为例进行说明。

Disallow 的典型写法如下：

```
Disallow:/
Disallow:/homepage/
Disallow:/login.php
```

Disallow 指定的字段值可以是一个全路径，也可以是部分路径，任何以该字段值开始的 URL 都会被认为是不允许访问的，例如"Disallow:/help"就蕴含着不允许访问"/help.html"和"/help/index.html"等，而"Disallow:/help/"不会限制对"/help.html"的访问，但是对"/help/index.html"是限制访问的。

接下来看一些典型的例子。

（1）https://www.taobao.com/robots.txt

摘录两个记录，分别表示该网站对 Bingbot 和 360Spider 的访问许可。可以看出，对于前者，除了 8 个许可访问外，其他都是不允许抓取的；而对于 360Spider，只有 3 个许可访问。

```
User-Agent: Bingbot
Allow:/article
Allow:/oshtml
Allow:/product
Allow:/spu
Allow:/dianpu
Allow:/oversea
Allow:/list
Allow:/ershou
Disallow:/

User-Agent: 360Spider
Allow:/article
Allow:/oshtml
Allow:/ershou
Disallow:/
```

（2）https://www.baidu.com/robots.txt

摘录最后 3 个记录，前两个分别表示该网站对 yisouspider 和 EasouSpider 的访问许可。可以看出，除了 8 个不允许访问外，其他没有写的目录都是允许抓取的。最后一个记录表示除了前面定义的爬虫外，其他爬虫不允许访问整个网站。

```
User-Agent: yisouspider
Disallow:/baidu
Disallow:/s?
Disallow:/shifen/
Disallow:/homepage/
Disallow:/cpro
Disallow:/ulink?
Disallow:/link?
Disallow:/home/news/data/

User-Agent: EasouSpider
Disallow:/baidu
Disallow:/s?
Disallow:/shifen/
Disallow:/homepage/
Disallow:/cpro
Disallow:/ulink?
Disallow:/link?
Disallow:/home/news/data/

User-Agent: *
Disallow:/
```

（3）http://www.xinhuanet.com/robots.txt

新华网的 robots.txt 文件非常简单，可以看出，它允许所有的爬虫抓取该网站的所有页面。实际上，这种做法等同于网站根目录下没有 robots.txt 文件。

```
# robots.txt for http://www.xinhuanet.com/

User-Agent: *
Allow:/
```

由此可见，Robots 协议通过 Allow 与 Disallow 的搭配使用，对爬虫的抓取实行限制或放行。如果网站大部分是不允许爬虫抓取的，则可以像淘宝一样，定义允许访问的模式，其他的则不允许。反之，如果大部分是允许抓取的，则可以参考百度的做法，显式定义不允许访问的模式。结合自己网站的结构，选择合适的编写方法能够简化 robots.txt 文件。例如某个网站的根目录下有 a1、a2、…、a10 子目录，只允许爬虫抓取 a10 子目录，按照前面的叙述，写成下表左边的形式就比右边的形式要简洁得多。

```
User-Agent: *                    User-Agent: *
Allow:/a10/                      Disallow:/a1/
Disallow:/a                      Disallow:/a2/
                                 Disallow:/a3/
                                 Disallow:/a4/
                                 Disallow:/a5/
                                 Disallow:/a6/
                                 Disallow:/a7/
                                 Disallow:/a8/
                                 Disallow:/a9/
```

上述基本功能及书写方式得到了大部分搜索引擎爬虫的支持,除此以外,还有一些拓展功能。虽然它们的普及性还不是很广,但是随着行业规范意识的增强,在编写爬虫程序时了解这些拓展功能,对于设计更加友好的爬虫是非常有益的。这些拓展功能主要有通配符的使用、抓取延时、访问时段、抓取频率和 Robots 版本号。

(1) 通配符的使用:Robots 中的许可记录允许使用通配符来表示 Disallow 或 Allow 的范围。这些通配符包括 * 、$,需要注意的是问号(?)并不作为一个通配符。通配符 * 代表 0 个或多个任意字符(包括 0 个)。$ 表示行结束符,用来表示至此结束,后面不跟其他任何字符。

它们的含义举例说明如下:

```
Disallow:/pop/ * .html
```

表示不允许爬虫访问/pop/目录下任何扩展名为.html 的文件。

```
Disallow:/private * /
```

表示不允许访问以 private 开头的所有子目录。

```
Disallow:/ * .asp $
```

表示不允许访问以.asp 结尾的文件,这就排除了以.aspx 结尾的文件。

(2) 抓取延时:规定爬虫程序两次访问网站的最小时间延时(以秒为单位),实际上就是规定了爬虫页面抓取的最高请求频率。使用方法如下:

```
Crawl - delay: 10
```

两次访问网站的最小时间延时为 10 秒。

（3）访问时段：某些网站可能存在业务高峰期，为了使服务器将更多资源分配给它的用户，不希望爬虫来抓取数据。这时可以在许可记录中增加一行：

```
Visit-time: 0100-0500
```

表示允许爬虫在凌晨 1:00 到 5:00 访问网站，其他时间段不允许访问。

（4）抓取频率：这是用来限定 URL 读取频率的一个选项，使用方法如下：

```
Request-rate: 40/1m 0100 - 0759
```

表示在 1:00 到 07:59 之间，以不超过每分钟 40 次的频率进行访问。

（5）Robots 版本号：用来指定 Robots 协议的版本号，也就是编写 robots.txt 文件时遵守的 Robots 协议版本。虽然版本号只是一个选项，但是如果增加这个字段，就会让爬虫程序在解析 robots.txt 文件时更加方便。

```
Robot-version: Version 2.0
```

指出了所使用的版本为 2.0。

目前，上述拓展功能在各网站中的使用还不流行，一个例子是知乎的 robots（https://www.zhihu.com/robots.txt），其针对 EasouSpider 的约定就包含了 Request-rate、Crawl-delay，也使用了通配符。

```
User-agent: EasouSpider
Request-rate: 1/2 # load 1 page per 2 seconds
Crawl-delay: 10
Disallow: /login
Disallow: /logout
Disallow: /resetpassword
Disallow: /terms
Disallow: /search
Disallow: /notifications
Disallow: /settings
Disallow: /inbox
Disallow: /admin_inbox
Disallow: /*?guide*
```

视频讲解

3.4 HTTP 协议

超文本传输协议(Hyper Text Transfer Protocol,HTTP)是互联网上使用最为广泛的一种网络协议,所有的 WWW 文件都必须遵守这个标准。HTTP 是基于 TCP/IP 协议的应用层协议,采用请求/响应模型。通过使用 Web 浏览器、网络爬虫或其他工具,客户端向服务器上的指定端口(默认端口为 80)发送一个 HTTP 请求,服务器根据接收到的请求向客户端发送响应信息。

3.4.1 HTTP 版本的技术特性

自 1991 年第一个版本的 HTTP 协议 HTTP 0.9 正式提出以来,HTTP 协议已经经过了 3 个版本的演化,目前大部分网页使用 HTTP 1.1 作为主要的网络通信协议。

1. HTTP 0.9

HTTP 0.9 是第一个版本的 HTTP 协议,发布于 1991 年。HTTP 0.9 只允许客户端发送 GET 这一种请求,不支持请求头,因此客户端无法向服务器端传递太多消息。

该协议规定服务器只能响应 HTML 格式的字符串,即纯文本,不能响应其他的格式,该协议只用于用户传输 HTML 文档。服务器响应后,TCP 网络连接就会关闭。如果请求的网页不存在,服务器也不会返回任何错误码。

2. HTTP 1.0

1996 年,HTTP 协议的第二个版本 HTTP 1.0 发布。HTTP 1.0 是以 HTTP 0.9 为基础发展起来的,并且在 HTTP 0.9 的基础上增加了许多新的内容。

(1) HTTP 1.0 增加了请求方法。HTTP 1.0 支持 GET、POST、HEAD 几种请求方法,每种方法规定的客户端与服务器之间通信的类型不同。

(2) HTTP 1.0 扩大了可处理的数据类型,引入了 MIME(Multipurpose Internet Mail Extensions)机制,除了纯文本之外,还可以传输图片、音频、视频等多媒体数据。

（3）在处理 TCP 网络连接时与 HTTP 0.9 相似，但 HTTP 1.0 在请求头中加入了 Connection：keep-alive，要求服务器在请求响应后不要关闭 TCP 连接，实现 TCP 连接复用，可以避免 Web 页面资源请求时重新建立 TCP 连接的性能降低。

3. HTTP 1.1

HTTP 1.1 是目前使用最广泛的 HTTP 协议版本，于 1997 年发布。HTTP 1.1 与之前的版本相比，改进主要集中在提高性能、安全性以及数据类型处理等方面。

（1）与 HTTP 1.0 最大的区别在于，HTTP 1.1 默认采用持久连接。客户端不需要在请求头中特别声明（Connection：keep-alive），但具体实现是否声明依赖于浏览器和 Web 服务器。请求响应结束后 TCP 连接默认不关闭，降低了建立 TCP 连接所需的资源和时间消耗。

（2）HTTP 1.1 支持管道（pipelining）方式，可以同时发送多个请求。在发送请求的过程中，客户端不需要等待服务器对前一个请求的响应就可以直接发送下一个请求。管道方式增加了请求的传输速度，提高了 HTTP 协议的效率。但是，服务器在响应时必须按照接收到请求的顺序发送响应，以保证客户端收到正确的信息。

（3）HTTP 1.1 添加了 Host（请求头）字段。随着虚拟主机这种应用架构技术的发展，在一台物理服务器上可以存在多个虚拟主机，这些虚拟主机共享一个 IP 地址。HTTP 1.1 在请求头中加入 Host（请求头）字段，指出要访问服务器上的哪个网站。

4. HTTP 2

HTTP 2 于 2015 年发布，在实现与 HTTP 1.1 完全语义兼容的基础上，它在性能上实现了大幅提升，但尚未真正应用。

（1）HTTP 2 允许客户端与服务器同时通过同一个连接发送多重请求/响应消息，实现多路复用。HTTP 2 加入了二进制分帧层，HTTP 消息被分解为独立的帧，帧可以交错发送，然后再根据流标识符在接收端重新拼装，使得 HTTP 2 可以在一个 TCP 连接内同时发送请求和响应。

（2）HTTP 2 压缩大量重复的首部信息，提升通信效率。HTTP 每一次通信都会携带首部，当一个客户端想从一个服务器请求许多资源时，可能会出现大量重复的请求头信息。特别是在 HTTP 1.1 中，请求头信息以纯文本的形式发送，大量重复的请求头信息重复传输对网络运输资源的消耗很大。

3.4.2　HTTP 报文

HTTP 报文中存在着多行内容,一般由 ASCII 码串组成,各字段的长度是不确定的。HTTP 报文可分为两种,即请求报文和响应报文。由于目前大部分网站使用 HTTP 1.1 或 HTTP 1.0 版本,所以这里的报文就以这两种为主进行介绍。

- request Message(请求报文):客户端→服务器端,由客户端向服务器端发出请求,用于向网站请求不同的资源,包括 HTML 文档、图片等。
- response Message(响应报文):服务器端→客户端,服务器响应客户端的请求时发送的回应报文,可以是 HTML 文档的内容,也可以是图片的二进制数据等。

HTTP 1.1 的请求报文和响应报文在形式上与 HTTP 1.0 版本相同,只是 HTTP 1.1 版本中添加了一些头部来扩充 HTTP 1.0 的功能。因此,本节中关于请求报文和响应报文的叙述适用于 HTTP 1.0,也适用于 HTTP 1.1。

1. 请求报文

HTTP 规定请求报文由起始行、头部(headers)以及实体(entity-body)构成。HTTP 规定的请求报文格式如下。

```
<method><request-URL><version>
<headers>

<entity-body>
```

第一行是报文的起始行,也称为请求行,由请求方法< method >、请求 URL < request-URL >、协议版本< version >构成。HTTP 1.0 和 HTTP 1.1 支持 GET、POST、HEAD 几种请求方法,每种方法规定了客户端与服务器之间通信的类型。

接下来是头部,也称为请求头,包含了客户端处理请求时所需要的信息。根据实际需要,请求头可以是多行的形式。服务器据此获取客户端关于请求的若干配置参数,例如语言种类信息、客户端信息、优先级等内容。头部本质来说是包含若干个属性的列表,格式为"属性名:属性值"。例如"Accept-Language:zh-CN",将 zh-CN 值赋给 Accept-Language 属性,表示客户端可接受的语言为简体中文。

请求头之后是回车换行符,表示请求头的结束。

请求头结束标志之后是请求报文的实体< entity-body >,也称为请求体,是传输的内容构成。请求体通过"param1＝value1＆param2＝value2"的键值对形式将要传递的请求参数(通常是一个页面表单中的组件值)编码成一个格式化串。

下面是一个向服务器传递 name 和 password 参数的请求体实例。

```
name = Jack&password = 1234
```

值得注意的是,在使用 GET 和 HEAD 方法请求网页时没有请求体。其请求参数表现在请求行,附加在 URL 后面,使用"?"来表示 URL 的结尾和请求参数的开始。例如下面的命令行,表示客户端使用协议 HTTP 1.0 请求网页 example.html,请求方法为 GET。

```
GET /example.html? name = Jack&password = 1234 HTTP/1.0
User - Agent: Mozilla/5.0 (Windows NT 10.0; WOW64)
Accept: text/html
```

这种方式可传递的参数长度受限。HEAD 与 GET 方法的区别在于,服务器端接收到 HEAD 请求信息只返回响应头,不会返回响应体;而使用 POST 方法请求时,客户端给服务器提供的信息较多,其请求数据都封装在请求体中。

2. 响应报文

与请求报文类似,HTTP 响应报文由起始行、头部(headers)以及实体(entity-body)构成。HTTP 1.0 和 HTTP 1.1 规定的响应报文格式如下。

```
< version >< status >< reason - phrase >
< headers >

< entity - body >
```

与请求报文的区别在于第一行,请求报文的起始行也称为响应行,由协议版本、状态码、原因短语构成。状态码为表示网页服务器 HTTP 响应状态的 3 位数字,客户端或爬虫可从状态码中得到服务器响应状态,后续将对状态码进行详细介绍。原因短语为状态码提供了文本形式的解释。例如下面的命令为服务器响应行,以"200

OK"结束,表明响应操作成功。

```
HTTP 1.0 200 OK
```

报文的响应行之后是响应头,包含服务器响应的各种信息,其结构与请求头一致,都是"属性名:属性值"的格式。

报文的< entity-body >部分是响应体,响应体是 HTTP 要传输的内容。根据响应信息的不同,响应体可以是多种类型的数据,例如图片、视频、CSS、JS、HTML 页面或者应用程序等。如果客户端请求的是 HTML 页面,则响应体为 HTML 代码。客户端依据响应头中 Content-Type 的属性值对响应体进行解析,如果属性值与响应体不对应,客户端可能无法正常解析。

以下是一个响应报文的例子,表示向客户端成功响应了 text/plain 类型的文本。

```
HTTP/1.0 200 OK
Content - Type: text/plain

< html >
  < body > example </body >
</html >
```

3.4.3 HTTP 头部

在 HTTP 的请求报文和响应报文中都有头部信息块,其中的每个记录具有"属性名:属性值"的形式。图 3-10、图 3-11 分别是请求"http://www.fudan.edu.cn/2016/index.html"页面时从浏览器的开发者模式下的截图,其中包含了请求头和响应头信息。两个图中除了第一行的请求行和响应行外,其他都是头部信息。

```
GET /2016/index.html HTTP/1.1
Host: www.fudan.edu.cn
Connection: keep-alive
Upgrade-Insecure-Requests: 1
User-Agent: Mozilla/5.0 (Windows NT 6.1; Win64; x64) AppleWebKit/537.36 (KHTML, like Gecko) Chrome/
68.0.3440.106 Safari/537.36
Accept: text/html,application/xhtml+xml,application/xml;q=0.9,image/webp,image/apng,*/*;q=0.8
Accept-Encoding: gzip, deflate
Accept-Language: zh-CN,zh;q=0.9
Cookie: UM_distinctid=163cd68b9db9fe-03062f1baf149c-3c3c5905-100200-163cd68b9de63d
If-None-Match: "5b868fb0-130e1"
If-Modified-Since: Wed, 29 Aug 2018 12:21:04 GMT
```

图 3-10   请求头信息块

从图中可以看出，一些属性在爬虫程序设计中是非常重要的，例如 User-Agent、Accept、Accept-Language、Cookie、Content-Type，可以直接在程序中填写相应的属性名和属性值来设置爬虫的行为和特征。

属性名可以归纳为三大类，即请求头和响应头都可以使用的属性，以及请求头和响应头独有的属性。完整的头部属性名可以在 Wikipedia 网站的

```
HTTP/1.1 200 OK
Server: nginx
Date: Fri, 31 Aug 2018 06:58:38 GMT
Content-Type: text/html
Content-Length: 77969
Last-Modified: Fri, 31 Aug 2018 01:40:41 GMT
ETag: "5b889c99-13091"
Accept-Ranges: bytes
X-Cache: MISS from 2ndDomainSrv
X-Cache-Lookup: MISS from 2ndDomainSrv:80
Via: 1.1 2ndDomainSrv (squid)
Connection: keep-alive
```

图 3-11　响应头信息块

List_of_HTTP_header_fields 页面中查阅（https://en. wikipedia. org/wiki/List_of_HTTP_header_fields），一些常用的属性名说明如下。

1) Accept

Accept 请求头表示可接受的响应内容。与 Accept 首部类似的还有 Accept-Charset、Accept-Encoding、Accept-Language 等首部，分别表示客户端可接受的字符集、可接受的编码方式和可接受的语言。

值得注意的是，HTTP 1.1 为这些首部引入了品质因子 q(quality value)，用来表示不同版本的可用性。例如在上文请求头中，Accept 属性值中出现了两个品质因子 q，服务器会优先选取品质因子值高的对应资源版本作为响应。

2) Host

HTTP 1.1 添加 Host 首部来表示服务器的域名以及服务器所监听的端口号（如果所请求的端口为所请求服务的标准端口，则端口号可以省略）。例如图 3-10 请求头中的"Host：www. fudan. edu. cn"字段表示客户端请求访问域名为"www. fudan. edu. cn"的服务器的 80 端口。HTTP 1.0 认为每台服务器都绑定一个唯一的 IP 地址，但目前多个虚拟站点可以共享同一个 IP 地址。在加入 Host 首部后，其属性值可以明确指出要访问 IP 地址上的哪个站点。应当指出的是，请求头中必须包含 Host 首部，否则服务器会返回一个错误。

3) Range

HTTP 1.1 在请求头中添加 Range 首部表示客户端向服务器请求资源的某个部分。例如"Range：bytes＝0-499"，表示客户端请求实体的前 500 字节。Range 首部的使用避免了服务器向客户端发送其不需要的资源，从而造成带宽浪费。在从 Web 服务器下载文件时，所使用的断点续传功能就依赖于这个首部的使用。

4）User-Agent

User-Agent 属性表示客户端的身份标识字符串。通过该字符串使得服务器能够识别客户使用的操作系统及版本、CPU 类型、浏览器及版本、浏览器渲染引擎、浏览器语言、浏览器插件等信息。对于浏览器而言，该字符串的标准格式为：

浏览器标识（操作系统标识；加密等级标识；浏览器语言）渲染引擎标识 版本信息

一个例子如下：

User－Agent: Mozilla/5.0 (Windows NT 6.1; Win64; x64) AppleWebKit/537.36 (KHTML, like Gecko) Chrome/68.0.3440.106 Safari/537.36

对于爬虫程序而言，该属性的值是可以随便设置的，并不一定要遵守浏览器和格式，但是这种方式增加了服务器识别爬虫的风险。

5）Content-Range

与请求头的 Range 属性相对应，HTTP 1.1 在响应头中添加 Content-Range 首部表示服务器已响应客户端请求的部分资源。例如"Content-Range：bytes 0-499/1024"表示已经响应了实体的前 500 字节，斜杠后面的数字表示实体的大小。

6）Content-Type

Content-Type 首部表示响应体的 MIME 类型，即响应体是用何种方式编码的。常见的媒体编码格式类型有 text/html（HTML 格式）、text/plain（纯文本格式）、image/jpeg(jpg 图片格式)；以 application 开头的媒体格式类型有 application/json（JSON 数据格式）、application/pdf（PDF 格式）、application/msword（Word 文档格式）。

7）Cookie

Cookie 是请求报文中可用的属性，也是客户端最重要的请求头属性。Cookie 存储了客户端的一些重要信息，例如身份标识、所在地区等，通常是一个文本文件。在向服务器发送 URL 请求时可以将文件内容读出，附加在 HTTP 的请求头中，能免去用户输入信息的麻烦。

8）Set-Cookie

Set-Cookie 是响应报文中可用的属性，服务器可以在响应报文中使用该属性将一些信息推送给客户端。客户端收到信息后，通常的做法是生成 Cookie 文件，将这些内容保存起来。例如以下代码表示服务器发送 UserID、Version 信息给客户端,希望客户端将它们保存到 Cookie 文件中。

```
Set-Cookie: UserID = Wang12; Version = 1
```

9) Connection

Connection 是请求报文和响应报文中都可用的属性,通过该属性可以允许客户端和服务器指定与请求/响应连接有关的选项,相应的属性值有 keep-alive、Upgrade。

从前面关于 HTTP 协议版本技术特性演变的介绍可以看出 keep-alive 是一个很重要的属性,然而并不是设置了 keep-alive 就意味着可以建立永久连接。在默认情况下,Web 服务端设置了 keep-alive 的超时时间,当连接超过指定的时间时服务端就会主动关闭连接。此外,为了提高 HTTP 响应时间,避免 Web 服务拥塞,并发连接数(即同时处于 keep-alive 的连接的数目)也不宜太大。

10) Content-Length

Content-Length 首部表示响应体的长度,其属性值用八进制字节表示。

11) Content-Language

Content-Language 首部表示响应内容所使用的语言。

12) Server

Server 表示服务器名称。

13) Warning

HTTP 1.1 在响应头中添加 Warning 首部来更好地描述错误和警告信息,这些信息通常比原因短语更详细。

14) Referer

HTTP Referer 是 header 的一部分,当浏览器向 Web 服务器发送请求时一般会带上 Referer 属性值,告诉服务器该请求是从哪个页面链接过来的。例如 B 页面上有个链接到 A,当用户从该链接访问 A 时,发送给 A 所在的 Web 服务器的请求头中的 Referer 值就是 B。

3.4.4　HTTP 状态码

HTTP 状态码(HTTP Status Code)是用来表示 Web 服务器 HTTP 响应状态的

3 位数字代码。通过 HTTP 状态码可以得知服务器的响应状态,以便更好地处理通信过程中遇到的问题。对于爬虫程序而言,可以通过这个状态码确定页面抓取结果。HTTP 状态码由 RFC 2616 规范定义,并得到 RFC 2518、RFC 2817、RFC 2295、RFC 2774、RFC 4918 等规范扩展。状态码包含了 5 种类别,即消息、成功、重定向、请求错误和服务器错误。

状态码由 3 位数字构成,例如 200,表示请求成功。数字中的第一位代表了状态码所属的响应类别,共有五大类状态码,分别以 1~5 几个数字开头,如表 3-1 所示。

表 3-1　状态码的类别

状态码	类别	分 类 描 述
1XX	信息状态码	表示服务器已经收到请求,需要继续处理。在 HTTP 1.0 中没有定义 1XX 状态码,因此除非在某些试验条件下,服务器不要向客户端发送 1XX 响应
2XX	成功状态码	表示请求被成功接收并处理
3XX	重定向状态码	表示需要采取进一步操作才能完成请求。这类状态码用来重定向,对于 GET 或 HEAD 请求,服务器响应时会自动将客户端转到新位置
4XX	客户端错误状态码	表示客户端的请求可能出错,服务器无法处理请求
5XX	服务器错误状态码	表示服务器在处理请求的过程中内部发生了错误

服务器返回的状态码后常跟有原因短语(例如 200 OK),原因短语为状态码提供了文本形式的解释。

状态码的个数很多,被 RFC 2616、RFC 2518、RFC 2817 等规范定义的状态码有 60 多个,但实际常见的状态码仅有以下 10 个,通常用在爬虫程序中。

(1) 成功状态码。

- 200(OK):这是最常见的状态码,表示服务器成功处理了请求,同时请求所希望的响应头或实体随着响应返回。

- 202(Accepted):表示服务器已接受请求,但尚未处理。

(2) 重定向状态码。

- 301(Moved Permanently):表示请求的资源已经永久地移动到新位置,即被分配了新的 URL。客户端以后的新请求都应使用新的 URL。

- 304(Not Modified):表示客户端发送了一个带条件的 GET 请求且该请求已被允许,而文档的内容并没有改变。在返回的响应报文中不含实体的主体部分。

（3）客户端错误状态码。

- 400（Bad Request）：表示请求报文存在语法错误或参数错误，服务器无法理解。

- 401（Unauthorized）：表示当前请求要求客户端进行身份认证或是身份认证失败。对于需要登录的网页，服务器可能返回此响应。

- 403（Forbidden）：表示服务器已经理解请求，但是拒绝执行。拒绝执行可能是由于客户端无访问权限等原因，但服务器无须给出拒绝执行的理由。

- 404（Not Found）：表示请求失败，在服务器上无法找到请求的资源。

（4）服务器错误状态码。

- 500（Internal Server Error）：表示服务器执行请求时发生错误，无法完成请求。当服务器端的源代码出现错误时会返回这个状态码。

- 503（Server Unavailable）：表示服务器超负载或正停机维护，无法处理请求。这个状态通常是临时的，将在一段时间后恢复。

3.4.5 HTTPS

HTTPS（Hypertext Transfer Protocol Secure，超文本传输安全协议）是一种通过计算机网络进行安全通信的传输协议，简单来说，HTTPS 是 HTTP 协议的安全版本。HTTP 报文使用明文发送，传输的信息很容易被监听和篡改；HTTPS 是使用 SSL/TLS 加密的 HTTP 协议，可以保护传输数据的隐私和完整性，同时实现服务器的身份验证。

SSL（Secure Sockets Layer，安全套接层）是介于 HTTP 与 TCP 之间的安全协议，SSL 在传输层同时使用对称加密以及非对称加密对网络连接进行加密。其中，对称加密算法的加密与解密使用同一个密钥；非对称加密算法的加密与解密使用不同的两个密钥，即公开密钥（public key，简称公钥）和私有密钥（private key，简称私钥）。非对称加密与对称加密相比安全性更高，但是加密与解密花费的时间长、速度慢。因此，在准备建立连接时，SSL 使用服务器的证书（公钥）将对称密钥非对称加密，保证对称密钥的安全；在连接建立后，SSL 对数据量较大的传输内容使用对称加密，提高加密效率。

传输层安全协议（Transport Layer Security Protocol，TLS）是 SSL 3.0 的后续版

本,与SSL的内容大致相同,因此很多文章将TLS与SSL并列称呼,即SSL/TLS。

　　HTTPS相当于在HTTP的基础上使用SSL/TLS对传输的数据进行加密,因此HTTPS与HTTP交互最大的区别在于,使用HTTPS传输数据之前需要客户端与服务器进行一次SSL握手,在握手过程中将确立双方加密传输数据的密码信息。如图3-12所示,下面主要介绍SSL握手中的单向认证过程,即客户端校验服务器的证书合法性。

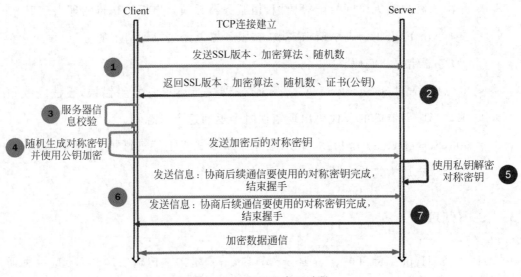

图3-12　HTTPS交互过程

　　(1) 客户端的浏览器发送客户端SSL协议的版本号、加密算法的种类、产生的随机数以及其他在SSL协议中需要用到的信息。

　　(2) 服务器向客户端返回SSL协议的版本号、加密算法的种类、随机数以及其他相关信息,同时服务器还将向客户端传送自己的证书。证书用于身份验证,其中包含用于非对称加密的公共密钥。

　　(3) 客户端用服务器传过来的证书进行服务器信息校验。服务器信息校验的内容包括证书链是否可靠、证书是否过期、证书域名是否与当前的访问域名匹配等。如果服务器信息校验没有通过,结束本次通信,否则继续进行第(4)步。

　　(4) 客户端随机生成一个用于后续通信的对称密钥,然后使用服务器在第(2)步发来的公共密钥对其加密,之后将加密的对称密钥发送给服务器。

　　(5) 服务器使用私有密钥解密客户端发来的信息,得到用于后续通信的对称密钥。

（6）客户端向服务器端发送信息，信息中指明协商后续通信要使用的对称密钥完成，后面的通信都要使用第（5）步得出的对称密钥进行加密，同时通知服务器握手过程结束。

（7）服务器也向客户端发送协商后续通信要使用的对称密钥完成，握手过程结束。

之后 SSL 的握手结束，客户和服务器开始使用相同的对称密钥对要传输的数据进行加密，同时进行通信完整性的检验。

3.5　状态保持技术

当使用浏览器访问 Web 服务器上的页面时，浏览器首先会建立与 Web 服务器的 HTTP 连接，之后浏览器在这个连接上发送 URL，接收服务器返回的信息，并显示在浏览器上。如果进行连接复用或持久化，后续的 URL 请求和响应信息接收都可以在这个连接上进行，这些请求之间是相互独立的。

如果前后两次 URL 请求之间需要共享某些数据，例如在第一个页面进行了用户登录，第二个页面的访问就需要以该用户身份进行。更简单地讲，一个客户端访问服务器时，可能会在这个 Web 服务器上的多个页面之间不断刷新、反复连接同一个页面或者向一个页面提交信息。在这种情况下，不同页面之间或同一个页面的不同次访问之间需要保持某种状态，实现这种需求的技术就是状态保持技术。

由于 HTTP 协议本身是无状态的，客户端向服务器发送一个 request，然后服务器返回一个 response，不同 URL 之间的状态无法共享，即状态无法保持。在一个通信系统中要实现状态保持，只能从客户端和服务端两个角度来设计，相应地，这两种状态保持技术就是 Cookie 和 Session。

3.5.1　Cookie

Cookie 是由服务端生成，并在客户端进行保存和读取的一种信息，Cookie 通常以文件形式保存在用户端。查看 Cookie 的方法随着浏览器的不同而不同，图 3-13、图 3-14 分别是在 Chrome 和 IE 中的查看方法。

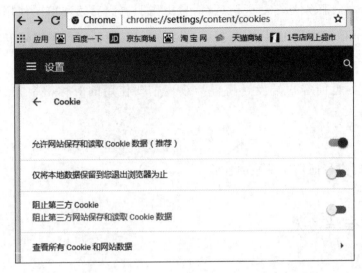

图 3-13　在 Chrome 中查看 Cookie 的方法

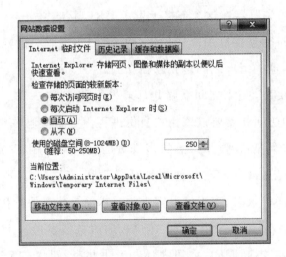

图 3-14　在 IE 中查看 Cookie 的方法

对于 IE 浏览器来说,Cookie 保存在本地计算机的缓存目录中,其默认位置在管理员目录下,例如"C:\Users\Administrator\AppData\Local\Microsoft\Windows\Temporary Internet Files"。单击图 3-14 的"查看文件"按钮,进入该目录中可以看到很多 Cookie 文件,如图 3-15 所示。

名称	Internet 地址	类型
cookie:administrator@acw.elsevier	Cookie:administrator@acw.elsevi...	文本文档
cookie:administrator@acw.evise	Cookie:administrator@acw.evise....	文本文档

图 3-15　Cookie 文件示例

从图中可以看出,Cookie 文件名称的形式为 Cookie：$\$\$\$\$$ @ XXXX,其中$\$\$\$\$$表示系统用户,XXXX 表示生成 Cookie 的网站。每个 Cookie 有 4 个时间,即过期时间、上次修改时间、上次访问时间和上次检查时间。

在文本文件中打开 Cookie 文件,可以发现每个文件中包含一个或多个 Cookie 记录,而每个记录中包含了名字、值、过期时间、路径和域,具体解释如表 3-2 所示。

表 3-2　Cookie 文件内容解释

Cookie 文件中的一个记录	对应行的解释	取 值 样 例
name	Cookie 变量名	uid
value	Cookie 变量值	abcxyz001
domain+path	Cookie 变量所属的域、路径,即作用范围	mail. fudan. edu. cn/
option	可选标志	1600
a	过期时间(FILETIME 格式)的高位整数	1638219776
b	过期时间(FILETIME 格式)的低位整数	36669619
c	创建时间(FILETIME 格式)的高位整数	1256217104
d	创建时间(FILETIME 格式)的低位整数	30651615
*	Cookie 记录分隔符	

在表中名字(name)和值(value)并没有特殊的命名规定,也没有写法上的限定。由于 Cookie 是在服务端生成,最终由浏览器进行解析,所以这些名字和值一般与页面的某些变量有关。

域(domain)是指 Cookie 变量所属的域,也就是该 Cookie 的有效域范围。路径是接在域后面的 URL 路径,最简单的路径是/,也可以是/image 等形式。路径与域合在一起就构成了 Cookie 的作用范围,表示 Cookie 变量在该范围内的网页都有效,不管用户访问该目录中的哪个网页,浏览器都会将该 Cookie 信息附在网页头部中,并发送给服务端。

如果设置了过期时间,浏览器会把 Cookie 保存到硬盘上,当关闭后再次打开浏览器时,这些 Cookie 仍然有效直到超过设定的过期时间。如果没有设置过期时间,则表示这个 Cookie 的生命期为浏览器会话期,只要关闭浏览器窗口,Cookie 就消失了。这种生命期为浏览器会话期的 Cookie 被称为会话 Cookie。会话 Cookie 一般不存储在硬盘上,而是保存在内存里。

这里举一个例子,在一个提供页面登录的 Web 页面(http://mail. fudan. edu. cn/)中勾选了"记住用户名"选项,希望浏览器记住用户名(如图 3-16 所示),之后随便输入一个用户名,例如 abcxyz001,单击"登录"按钮,再重新加载该页面,就会发现浏览器自动填充了用户名。

这时查看 mail. fudan. edu. cn 的 Cookie 文件就会发现,文件中的一个记录如图 3-17 所示,可以看出名字和值分别为 uid、abcxyz001。uid 实际上就是图 3-16 中用户名输入框的名字。

图 3-16 某 Web 页面   图 3-17 Cookie 文件中的一个记录

在了解了 Cookie 文件的内容之后,需要了解 Cookie 的创建和使用方法。Cookie 中记录的内容是在服务器端生成的,然后通过 HTTP headers 从服务器端发送到浏览器上。

浏览器在处理用户输入的 URL 时,根据其中的域名寻找是否有相应的 Cookie 文件,如果有,则进一步检查其中的作用范围。当作用范围大于等于 URL 指向的位置时,浏览器会将该 Cookie 中的内容读出,附在请求资源的 HTTP 请求头上并发送给服务器。

具体的创建和使用方式与 Web 服务的框架和支持的语言有一定关系,但基本原理是一样的。这里以上面的登录处理为例,这是一个 JSP 页面,假如为 Login. jsp,单击"登录"按钮之后,将输入的用户名、密码提交给 action="results. jsp"进行处理。那么在 results. jsp 中,下面的脚本将用户输入的用户名作为 Cookie 的值(value),其对应的名字(name)为"username"。最后通过 response 让浏览器端生成一个 Cookie 文件。

```
String username = request.getParameter("username");
Cookie cookie1 = new Cookie("username",username);   //创建 Cookie
cookie1.setMaxAge(3600);                              //设置过期时间,以秒为单位
cookie1.setPath("/");                                //设置路径
response.addCookie(cookie1);                         //发送到浏览器端执行创建动作
```

在下面的代码段中,服务器获得浏览器发送的 Cookie 内容,并从中取出用户名。这段代码可以嵌入到自动输入用户名的页面中。

```
Cookie cookies[ ] = request.getCookies();
Cookie sCookie = cookies[1];
String username = sCookie.getValue();
```

接着就可以按照下面的方式将 username 变量赋值给输入框,然后发送给浏览器,这样在浏览器上就能看到填充的用户名了。

```
< input type = "text" name = "username" value = < % = username % > size = "44">
```

3.5.2　Session

视频讲解

仅使用 Cookie 来保持状态存在一定的问题,主要表现在以下几个方面:

(1) Cookie 虽然可以灵活地增加名字(name)和值(value),但是每个域名的 Cookie 数量、Cookie 文件大小是受限的,具体数值取决于不同浏览器。例如 Firefox 将每个域名的 Cookie 限制为最多 50 个,每个文件最多 4KB。因此,在一些需要在客户端和 Web 服务器之间进行较多数据交换的应用中,使用 Cookie 就不合适。

(2) Cookie 存在一定的安全风险,Cookie 信息可以很容易被截获,如果是明文,则可能造成信息泄露。但不管是明文还是密文,都可以直接被用来伪造 HTTP 请求,即 Cookie 欺骗,冒充受害人的身份登录网站。

Session 是另一种常见的在客户端与服务器之间保持状态的机制,在一定程度上解决或缓解了上述问题,准确理解其技术原理有利于设计更好的动态爬虫。

Session 可以看作是 Web 服务器上的一个内存块,能够将原本保存在 Cookie 中的用户信息存储在该内存块中,而客户端和服务器之间依靠一个全局唯一标识"Session_id"来访问 Session 中的用户数据,这样只需要在 Cookie 中保存 Session_id 就可以实现不同页面之间的数据共享。可见在 Session 机制下除了 Session_id 以外,其他用户信息并不保存到 Cookie 文件中,这解决了上述两个问题。

虽然 Session_id 也可能会像 Cookie 内容一样被截获,但通常 Session_id 是加密存储的。对于安全性保障更有效的机制是它的动态性,即 Session 是在调用

HttpServletRequest. getSession(true)这样的语句时才被创建,而在符合下面 3 个条件之一时终止:

(1) 程序调用 HttpSession. invalidate()。

(2) 服务器关闭或服务停止。

(3) Session 超时,即在一定的连续时间内服务器没有收到该 Session 所对应客户端的请求,并且这个时间超过了服务器设置的 Session 超时的最大时间。这个最大时长一般是 30 分钟,在服务器上可配置。

因此只要 Session 在内存中的存活时间不是太长,当攻击者截获到某个 Session_id 时其对应的内存 Session 可能已经销毁了,故也就无法获得用户数据。

根据以上描述,可以画出 Session、Cookie、服务器和客户端(浏览器、爬虫)之间的关系,如图 3-18 所示。

图 3-18   Session、Cookie、服务器和客户端的关系图

思考题

1. Web 服务器及应用架构与网络爬虫之间是什么关系?

2. 学习使用 Tomcat 等 Web 服务器软件制作页面,并在浏览器中浏览。

3. 浏览器需要遵守 Robots 协议吗? Robots 协议中主要规定了哪些方面的内容?

4. 不同版本的 HTTP 协议存在的主要区别是什么?

5. 学习使用浏览器的开发者工具查看 HTTP 请求报文、响应报文、状态码和 Cookie。

6. 谈谈 Cookie 的作用。

第三部分

技术与实现篇

第 **4** 章

普通爬虫页面采集技术与Python实现

　　普通爬虫是指能够自动获取页面,并根据一定的策略遍历超链接以获取尽可能多的页面的爬虫。本章对普通爬虫获取一般页面的相关技术进行了介绍,这些技术包括爬虫的体系架构、Web 服务器连接器、链接提取与过滤、爬行策略及实现技术等。

4.1　普通爬虫的体系架构

　　普通爬虫的主要目的在于获取数量尽可能多的页面,而不管这些页面中是什么内容,也不管这些页面是静态页面还是动态页面。为了达到这个目的,需要有合适的体系架构来支持。

　　普通爬虫的体系架构如图 4-1 所示,从整体上看,它包含了 Web 服务连接、URL 提取和过滤、爬行策略等关键部分。这些关键技术有效地保障了爬虫处理流程的实现。

　　具体的流程描述如下:

　　(1) Web 服务器连接器向指定的 Web 服务器发起连接请求,再建立爬虫和 Web 服务器之间的网络连接。该连接就作为后续发送 URL 和接收服务器返回信息的通

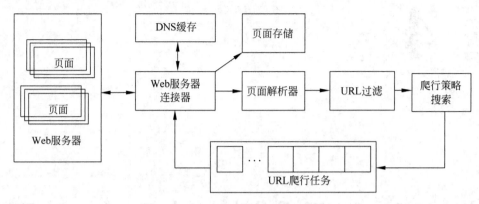

图 4-1　普通爬虫的体系架构

路,直到爬虫或服务器断开该连接。在连接的过程中,为了减小域名到 IP 地址的映射时间消耗,爬虫端需要使用 DNS 缓存。

(2) 在该连接上向 Web 服务器发送 URL 页面请求命令,并等待 Web 服务器的响应。对于一个新的网站,在发送 URL 请求之前应当检查其根目录下是否有 robots.txt 文件。如果有,则应当对该文件进行解析,建立服务器访问要求和 URL 许可列表。同时需要处理各种可能的网络异常、各种可能的 Web 服务器异常,例如 HTTP 404 错误等。当 Web 服务器反馈页面内容后即可保存页面信息,并将 HTML 编码的文本信息送给下一个处理步骤。

(3) 对获取到的 HTML 文件进行 URL 提取和过滤,由页面解析器对 HTML 文本进行分析,提取其中所包含的 URL,并根据 robots.txt 的访问许可列表、是否已经爬行过等基本规则对提取出来的 URL 进行过滤,以排除掉一些不需要获取的页面。

(4) 根据一定的爬行策略将每个 URL 放到 URL 任务中的适当位置。由于一个 HTML 文件中可能包含很多 URL,这样随着 HTML 文件的增多,爬虫需要爬行的 URL 也会越来越多,采用合理的策略来决定爬行这些 URL 的先后顺序就非常重要。策略的设计和实施需要考虑 Web 服务器在访问频率、时间等方面的要求以及连接建立的时间消耗等问题。

(5) 当某个 URL 对应的页面爬行完毕后,Web 服务器连接器从 URL 爬行任务获得新的 URL。上述过程不断重复进行,直到爬行任务为空,或者用户中断为止。

对于该流程中的具体实现细节和关键技术问题,将在后续的各个小节中展开叙述。

4.2 Web 服务器连接器

Web 服务器连接器的输入是一个 URL,输出是该 URL 指向的页面的内容。URL 指向的页面有静态页面和动态页面之分,从客户端的角度看,动态页面的获取需要考虑用户输入的命令参数,而页面内容的获取与静态页面并无区别。因此这里以静态页面的 URL 为主进行讲述,动态页面获取的特殊技术将在后面专门讲解。

4.2.1 整体处理过程

Web 服务器连接器模块主要功能的实现可以用以下流程来描述。

1. 输入:URL

形式为:

```
http(https)://域名部分:端口号/目录/文件名.文件后缀
http(https)://域名部分:端口号/目录/
```

其中,目录可以包含多层子目录。

2. 处理过程

(1) 从 URL 中提取域名和端口号,如果端口号为空,则设置为默认的端口号,即 80;

(2) 以域名和端口号为参数创建 Socket 连接;

(3) 连接建立后检查服务器的根目录中是否存在 robots.txt 文件;

(4) 如果存在则解析 robots.txt 文件,生成许可列表和服务器对访问要求的参数;

(5) 根据许可列表和访问时间限定,如果允许,则向服务器发送 URL 请求;

(6) 等待服务器响应;

(7) 进行异常处理,针对各种已知的 HTTP 标准错误代码做好预案;

(8) 接收服务器返回的数据,把数据保存到文件中;

(9) 断开网络连接。

3. 输出：页面的 HTML 文件

需要指出的是,该流程是针对一个页面的采集过程。如果爬虫抓取一个网站上的多个页面,则 robots. txt 文件只要检查解析一次。同时,一个页面保存到文件之后也不一定要断开网络连接,在第 3 章描述 HTTP 协议时提到了 HTTP 1.0 请求报文中的 Connection 属性如果设置为 keep-alive,表示连接会保持。在 HTTP 1.1 中这个属性默认设置为 keep-alive。服务端并不会主动断开连接,爬虫需要将两次 URL 请求和返回的响应信息对应起来,确保所存储页面文件的正确性。

4.2.2   DNS 缓存

DNS 缓存是一种被高度封装但又对爬虫性能有较大影响的处理模块。DNS 缓存的实现可以在操作系统或虚拟机、解释器以及应用层上进行。例如,Python 解释器、Java 虚拟机自身都可以实现 DNS 缓存。这样对于一个域名,先在应用层上进行解释,找不到再到虚拟机、解释器的缓存中查询,最后到操作系统的缓存中查询(或互联网的 DNS 请求)。

在应用层实现 DNS 缓存,爬虫程序需要管理域名和 IP 地址的对应关系,包括插入、删除、修改或查询等操作。在爬虫层面实现 DNS 缓存可以有针对性地对爬行任务进行管理,提高爬虫程序的灵活性,提高网络连接效率。

在应用层实现 DNS 缓存,可以用 Python 的类来编写,也可以基于 dnspython 工具包进行缓存管理的实现。dnspython 支持几乎所有的记录类型,可以用于查询 DNS。它通过 pip install dnspython 安装完成后即可使用,目前的版本是 dnspython 1.16.0。该模块提供了很多 DNS 处理方法,最常用的方法是域名查询。dnspython 提供了一个 DNS 解析器类——resolver,使用它的 query 方法可以实现域名的查询功能,代替 nslookup、dig 等工具。例子如下:

```
import dns.resolver
a = dns.resolver.resolve("www.fudan.edu.cn")    # 解析主机
ip = a[0].address                               # 获得相应的 IP 地址, '202.120.224.81'
```

在通过这种方式获得域名和 IP 地址的对应关系之后,可以通过 Python 的列表、数组等形式来存储这些关系,按照一定的策略来维护这些关系,这样即可实现爬虫自己的 DNS 缓存。

4.2.3　requests/response 的使用方法

视频讲解

requests 是处理网络连接、请求和响应的 Python 库,利用该库提供的功能可以极大简化爬虫的 Web 服务器连接器的开发过程。requests 库提供了 8 个主要函数,见表 4-1。

表 4-1　requests 库的主要函数

函 数 名	函 数 功 能
requests. request()	用于构造一个请求
requests. get()	获取 HTML 网页的主要方法,对应 HTTP 的 GET
requests. head()	获取 HTML 网页头部的信息方法,对应 HTTP 的 HEAD
requests. post()	向 HTML 网页提交 POST 请求方法,对应 HTTP 的 POST
requests. put()	向 HTML 网页提交 PUT 请求方法,对应 HTTP 的 PUT
requests. patch()	向 HTML 网页提交局部修改请求,对应 HTTP 的 PATCH
requests. delete()	向 HTML 页面提交删除请求,对应 HTTP 的 DELETE
requests. Session()	在不同次请求中 Web 服务器保持某些参数

在这些函数中,爬虫最常用的函数是 get(),该函数的原型如下:

```
get(url, params = None, ** kwargs)
```

其中,url 是要采集的网页地址,params 是请求 url 时的额外参数,可以是字典或者字节流格式。

该函数最简单的使用方式见如下例子:

```
r = requests.get("http://www.fudan.edu.cn/")
```

然后通过 r. text 即可获得指定 url 的页面的 HTML 内容。

get()函数的返回结果,即这个例子中的 r,是一个 requests. Response 对象,该对象的属性及相应的说明见表 4-2。

表 4-2　Response 对象的属性

属 性	说 明
status_code	HTTP 请求的返回状态码,在 3.4.4 节中介绍
text	HTTP 响应内容的字符串形式,即页面内容
encoding	从 HTTP header 中猜测的响应内容编码方式
apparent_encoding	从内容中分析出的响应内容编码方式
content	HTTP 响应内容的二进制形式

get()函数的参数 ** kwargs 是用于控制请求的一些附属特性,包括 headers、cookies、params、proxies 等,总共有 12 个控制参数。带控制参数的页面请求例子如下,表明在请求 url 时将请求头中的 User-Agent 属性值设置为 Mozilla/5.0。

```
http_headers = {
    'User - Agent' : 'Mozilla/5.0',
}
r = requests.get("http://www.fudan.edu.cn/", headers = http_headers)
```

主要的控制参数及功能介绍如下。

(1) headers:Python 中的字典型变量,可以模拟任何浏览器标识来发起 url 访问。完整的头部属性列表已经在 3.4.3 节中介绍过了。

(2) cookies:字典或 CookieJar,指的是从 HTTP 中解析 Cookie。

(3) timeout:用于设定超时时间,单位为秒。当发起一个 GET 请求时可以设置一个 timeout 时间,如果在 timeout 时间内请求内容没有返回,将产生一个 timeout 的异常。

(4) proxies:字典,用来设置访问代理服务器。

(5) params:字典或字节序列,作为参数添加到 url 中,使用这个参数可以把一些键值对以? key1=value1&key2=value2 的模式添加到 url 中。例如:

```
kv = {'key1: ' values, 'key2': values}
r = requests.request('GET', 'http:www.python123.io/ws', params = kv)
```

(6) data:字典、字节序或文件对象,向服务器提供或提交资源时提交,作为 request 的内容。与 params 不同的是,data 提交的数据并不放在 url 链接里,而是放在 url 链接对应位置的地方作为数据来存储。它也可以接受一个字符串对象。

(7) json:JSON 格式的数据,JSON 格式在相关的 HTML、HTTP 相关的 Web 开发中非常常见,也是 HTTP 最经常使用的数据格式,它是作为内容部分向服务器提交。例如:

```
kv = {'key1': 'value1'}
r = requests.request('POST', 'http://python123.io/ws', json = kv)
```

对于网络爬虫程序设计,更多的例子如下:

```
r = requests.get("http://thelion.com/bin/aio_msg.cgi", headers = {'User - Agent' :
'Mozilla/5.0'}, timeout = 10, params = {'cmd':'search','symbol':'APP'})   #同时指定了
headers、timeout 和 params
```

对于该例子，根据 params 的参数值，最终发送的 url 请求是"http://thelion.com/bin/aio_msg.cgi? cmd＝search&symbol＝APP"。

为了正确地从 get()的返回结果中获得页面内容，一个很重要的步骤是检查页面的编码方式，然后设置 requests.Response 对象的 encoding 属性。例如，"http://www.fudan.edu.cn/"页面的编码是 utf-8。

```
r = requests.get("http://www.fudan.edu.cn/", headers = {'User - Agent' : 'Mozilla/5.0'},
timeout = 10)          #同时指定了 headers 和 timeout
r.encoding = 'utf - 8'  #设定为页面的编码,即页面源代码中 charset 的值
r.text                  #此为页面的 HTML 文本信息
```

只有当设定的编码和页面本身的编码方式一致时，通过 Response 对象的 text 属性才能获得没有乱码的 HTML 文本信息。但是编写爬虫程序时，无法检查每个页面的编码。这时，可以使用以下两种方式，但这两种方式不能保证识别出来的编码都是正确的。

第一种方法是通过 2.2.5 节中介绍的自动检测编码的方式来设定，具体如下：

```
import chardet
import requests
r = requests.get("http://www.fudan.edu.cn")
#自动检测页面编码方式
cs = chardet.detect(r.content)
r.encoding = cs['encoding']
print(r.text[0:500])
```

这里需要注意的是，在检测页面编码方式时只能通过响应信息的 content 属性来判断，因为 chardet.detect()要求输入字节型的数据。

第二种方法是通过 Response 对象的 apparent_encoding 属性。对于上述例子，只要设置 r.encoding＝r.apparent_encoding 即可。

4.2.4　错误和异常的处理

1. 错误及错误处理原则

在爬虫连接和请求 URL 的过程中，由于服务器、通信链路等原因

视频讲解

会产生各种错误和异常,例如连接超时、页面不存在、网站关闭、禁止访问等。为了提高爬虫的鲁棒性,在设计时需要考虑各种可能出现的问题,并针对这些问题给出合理的解决方法,避免爬虫程序崩溃或低效率运行。

在 HTTP 协议中规定了 HTTP 请求中的各种状态码,表示服务器处理的结果。在正常情况下服务端给出一个值为 200 的状态码,而错误和异常的情景有很多种,通过不同的 HTTP 状态码来标识。一些比较常见的、需要爬虫处理的错误状态码如下。

(1) 404:代表"NOT FOUND",认为网页已经失效,因此爬虫应当删除它,并且如果爬虫再次发现这条 URL 也不要再抓取。

(2) 503:代表"Service Unavailable",认为网页临时不可访问,通常是网站临时关闭、带宽有限等会产生这种情况。在短期内反复访问几次,如果网页已恢复,则正常抓取;如果继续返回 503,那么这条 URL 仍会被认为是失效链接,从爬行任务中删除。

(3) 403:代表"Forbidden",认为网页目前禁止访问,这条 URL 也应当从爬行任务中删除。

(4) 301:代表"Moved Permanently",认为网页重定向至新 URL。当遇到站点迁移、域名更换、站点改版情况时,使用 301 返回码。

另一种异常是超时,在爬虫获取 Web 页面时可能由于服务器负荷过大,导致响应延缓,因此需要适当考虑超时处理,否则容易使爬虫一直处于等待状态。这也是爬虫程序需要处理的场景异常之一。

当出现异常或不同错误状态码时,爬虫需要进行相应的处理,主要的原则如下:

(1) 确保爬虫不崩溃,爬虫程序不能因为一些错误而停止运行。

(2) 确保爬虫的整体效率不会严重降低,爬虫不会因为一些错误而反复进入长时间的等待。

(3) 确保爬虫能获取到的页面或资源完整,特别是对于一些 Word 文档、PDF 文档、图像等 Binary 类型的文件,只有部分数据是无法进行后续处理的。

2. 错误处理方法

在使用 Python 实现爬虫时,按照 try…except 的形式来捕获错误。具体的例子如下:

```
Prog - 1 - error - handle.py
import requests
```

```
from requests.exceptions import ReadTimeout, ConnectionError, RequestException

try:
    req = requests.get('http://www.fudan.edu.cn/',timeout = 1)
    print(req.status_code)
except ReadTimeout:
    ♯超时异常
    print('Timeout')
except ConnectionError:
    ♯连接异常
    print('Connection error')
except RequestException:
    ♯请求异常
    print('Error')
else:
    if req.status_code == 200:
        print('访问正常!')
        ♯将爬取的网页保存在本地
        fb = open("t.html","wb")
        fb.write(req.content)
        fb.close()
    if req.status_code == 404:
        print('页面不存在!')
    if req.status_code == 403:
        print('页面禁止访问!')
    ♯...
```

4.3 超链接及域名提取与过滤

4.3.1 超链接的类型

超链接是网络爬虫采集 Web 页面的重要依据,Web 页面中的超链接有以下若干种分类方法。

- 按照链接的形式不同可以分为绝对链接、相对链接和书签。
- 按照链接的路径指向不同可以分为 3 种类型,即内部链接、锚点链接和外部链接。
- 按照超链接指向的资源不同可以分为 Web 页面超链接、图片超链接、视频超链接等等。
- 按照链接的存在方式不同可以分为动态超链接和静态超链接。动态链接需要通过 JavaScript 等脚本来获得,将在动态页面采集部分进行讲述。

以下是一些例子:

(1) <li><a href="news/ztbd/" title="专题报道">专题报道</a></li>

这是一个相对链接、内部链接、静态链接、Web 页面超链接。

(2) <a href="http://www.fudan.edu.cn">复旦主页</a>

这是一个绝对链接、静态链接、Web 页面超链接。

(3) <p><img alt=""src="/uploadfile/2018/0802/20180802102933906.jpg"/></p>

这是一个相对链接、内容链接、静态链接、图片超链接。

(4) <a href="#middle">ABC</a>

这是一个书签链接、静态链接,即指向当前页面的 middle 位置。

可以看出,对于网络爬虫而言,不管是采集 Web 页面还是页面上的资源,通常需要处理的是相对链接和绝对链接。

4.3.2 提取方法

视频讲解

虽然采用基于 HTML 结构的各种解析器也能方便地获得超链接,但是超链接与其他 Web 信息不一样,它具有一定的特殊性,因此有必要单独来描述。

与 Web 页面中正文等其他信息的提取不同,超链接具有显著的特征模式:

(1) Tag 标签为 a,属性为 href。

(2) Tag 标签为资源名称,例如 img、audio,属性为 src。

由于具备一定模式,在程序设计中使用正则表达式就会更加容易。正则表达式是一种用来标识具有一定信息分布规律的字符串,常用来进行字符串匹配。在 Web 页面的超链接提取中,基本思路就是把网页作为一个字符流的文件来处理,通过配置合理的正则表达式去匹配待抽取的信息,然后抽取其中的信息。

这种方法的优点是通过正则表达式可以高效地抽取具有固定特征的超链接以及其他信息,准确性高。主流编程语言基本上都提供了操作正则表达式的封装 API,所以可以很方便、快捷地进行 Web 信息提取。但其缺点也是比较明显的,例如不能抽取那些未知特征的网页;必须为每种类型的页面信息编写相应的正则表达式;正则表达式的编写比较复杂,编程人员要有很强的观察能力才能编写出高效的正则表达式。

在 Python 中,re 库提供了对正则表达式的支持。在页面内容中提取超链接的一种正则表达式是"http://[a-zA-Z0-9/\.-]*",用于 re.findall()函数中,但这个表达式只能提取"http://"开始的超链接,可以采用以下完整方法:

```
Prog - 2 - hyper - link - extraction.py
import re
s = '''< li >< a href = "http://news.sina.com.cn/o/2018 - 11 - 06/a75.shtml" target = "_blank">
进博会</a></li >< li >< a href = "http://news.sina.com.cn/o/2018 - 11 - 06/a76.shtml"
target = "_blank">大数据</a></li ><li ><a href = "/o/2018 - 11 - 06/a75.shtml" target = "_
blank">进博会</a></li>'''
urls = re.findall('<a href = "[a - zA - Z0 - 9/\.\ - :]*"', s)
for url in urls:
    print(url[9:len(url) - 1])          #去掉< a href = "和最右边的",输出提取到的超链接
```

这段代码根据超链接的标签特征< a href 来进行字符串的提取,因此可以提取出绝对链接,也可以提取出相对链接。对于图像等其他类型的资源超链接,需要根据相应的特征模式进行修改。同时,相对链接需要转换成为绝对链接,转换的方法是根据当前页面的 URL 所对应的虚拟目录名称提取基准目录。此外,在有的页面中会指出基准目录,可以直接提取。例如在"http://news.fudan.edu.cn/news/xxyw/"的 head 区中有"< base href= "http://news.fudan.edu.cn/"/>",这表明本页面中的所有超链接都以"http://news.fudan.edu.cn/"为基准。因此可以通过以下两个语句来获得基准:

```
base = re.findall('< base href = "[a - z:0 - 9/\.] + ',pt)
#pt 是"http://news.fudan.edu.cn/news/xxyw/"页面的 HTML 内容
base = base[0][12:]      #获得基准
```

4.3.3 遵守 Robots 协议的友好爬虫

视频讲解

从第3章的介绍可以看出,Robots 作为一个 Web 内容访问许可的协议,在互联网数据(特别是 Web 信息共享)中起到了重要作用,遵守该规范有利于行业的健康发展。因此在网络爬虫设计中应当考虑 Robots 协议,具体表现在以下若干个方面。

首先,robots.txt 是网络爬虫采集某个网站 Web 内容之前应当读取并解析的文件。网络爬虫与 Web 服务器建立网络连接之后,应当按照以下流程建立访问许可。

(1) 检查虚拟根目录下是否存在 robots.txt 文件。

(2) 如果服务器返回 404 错误,表明文件不存在,转步骤(6)。

（3）如果存在，则将 robots.txt 文件读回到本地。

（4）解析 robots.txt 文件中的每个记录，如果爬虫的 User-Agent 在这些记录中，则读取记录中的 Disallow 或 Allow 部分。如果是一个未知的 User-Agent，则定位到以"User-Agent：*"为开始的记录，读取该记录的 Disallow 或 Allow 部分。

（5）根据提取到的 Disallow 或 Allow 部分构建许可列表。

（6）结束。

其次，在向 Web 服务器发起 URL 页面内容请求之前，应当根据前面得到的许可列表判断该 URL 的访问是否受限。具体方法是从 URL 中提取路径部分和文件名部分，检索许可列表，判断该 URL 是否为 Disallow，如果是，则爬虫应当放弃本次 URL 的请求。除了这些基本功能以外，上述拓展功能中的抓取延时、访问时段、抓取频率都可以进行解析，并在 URL 请求之前进行必要判断，从而决定是否继续访问。实现了访问许可的爬虫是一个友好爬虫。

开发人员可以使用 Python 中的 RobotFileParser 类对 robots.txt 文件进行解析，并获得访问许可的判断，以下是对该类的说明。

该类的主要方法如下。

- set_url(url)：设置指向 robots.txt 的 URL。
- read()：读取 robots.txt。
- can_fetch(useragent，url)：指定 useragent 及 url，判断 useragent 的爬虫是否可以访问 url，返回值为 True 表示可以访问，为 False 表示不允许访问。
- crawl_delay(useragent)：返回指定 useragent 的爬虫，其抓取延时的值。如果 robots.txt 中没有为 useragent 指定相应的抓取延时，则返回 None。
- request_rate(useragent)：返回指定 useragent 的爬虫，其抓取频率的值。如果 robots.txt 中没有为 useragent 指定相应的抓取频率，则返回 None。

下面的例子展示如何使用该类来设计一个友好爬虫，这里只展示了如何实现 Disallow/Allow，完整的友好爬虫还需要实现访问时段、访问频率的约定。

服务器的 robots.txt(https://item.taobao.com/robots.txt)内容如下：

```
User - Agent: Baiduspider
Disallow:/

User - Agent: Googlebot
Allow:/item.htm
```

```
Prog - 3 - robotparser - demo.py
import urllib.robotparser
import requests

# 读取 robots.txt 文件
rp = urllib.robotparser.RobotFileParser()
rp.set_url("https://item.taobao.com/robots.txt")
rp.read()

# 模拟 Baiduspider
useragent = 'Baiduspider'
url = 'https://item.taobao.com/item.htm? spm = a219r.lm897.14.38.5d2346e28r0731&id =
522811099442&ns = 1&abbucket = 7'
if rp.can_fetch(useragent, url):
    file = requests.get(url)
    data = file.content                    # 读取全部
    fb = open("bd - html","wb")            # 将爬取的网页保存在本地
    fb.write(data)
    fb.close()
```

这段程序模拟 Baiduspider 爬虫,运行发现并不会生成 bd-html 文件,这是因为在 robots.txt 文件中设置了 Disallow:/。而当 User-Agent 设置为 Googlebot 时,运行后会发现生成了文件,该 robots.txt 文件所定义的许可允许 Googlebot 访问/item.htm,因此 can_fetch()解析时获得了 True 的判断。

然而有一些网站,除了一些知名搜索引擎爬虫以外,并不允许不知名的爬虫访问。那么是否可以将自己的爬虫的 User-Agent 设置为知名爬虫呢? 从代码的角度看,没有人会限制使用什么样的 User-Agent,例如上面的例子。实际上,不断变换 User-Agent 的值也是很多不友好爬虫为了躲避服务器的检测而常用的做法。但这种做法是非常不可取的,它扰乱了 Web 服务器的正常判断,可能使某种知名爬虫被检测出来不遵守 Robots 协议而产生纠纷。在这种情况下,Web 服务器就需要花费更多的时间去甄别某个 User-Agent 的爬虫是否真是该知名爬虫本身,检测的方法一般有在 Windows 平台上通过 nslookup ip 命令来解析 ip 是否来自特定的爬虫,在 Linux 平台上通过 host ip 实现,通过命令输出的结果指向的主机名来判断。

4.4 爬行策略与实现

4.4.1 爬行策略及设计方法

对于互联网大数据的采集,通常需要面对海量的 Web 页面,如何对这些页面进

行高效的获取是爬虫遇到的主要难点之一。所谓高效,最基本的要求就是要在尽可能少的时间内获取尽可能多的页面。

爬行策略是指对爬行过程中从每个页面解析得到的超链接进行安排的方法,即按照什么样的顺序对这些超链接进行爬行。在面对大量页面时,按照什么顺序来采集页面尤为重要,对于网络爬虫采集页面而言,爬行策略是解决这个问题的核心技术之一。在高效爬行的目标下,爬行策略的设计需要考虑以下限制:

1. 不要对 Web 服务器产生太大的压力

与使用浏览器访问 Web 服务器不一样,爬虫程序在获取页面时并没有很长的延时,因此大量并发的访问将会对 Web 服务器产生压力。这些压力主要体现在以下方面:

(1) 与 Web 服务器的连接需要占用其网络带宽。

(2) 每一次页面请求,需要从硬盘读取文件。

(3) 对于动态页面,还需要脚本的执行。如果启用 Session,对于大数据量访问需要更多的内存消耗。

2. 不要占用太多的客户端资源

当爬虫程序建立与 Web 服务器的网络连接时,同样要消耗本地的网络资源和计算资源。如果太多的线程同时运行,特别是一些长时间的连接存在,或者网络连接的超时参数设置不合适,很可能导致客户端有限的网络资源消耗。

抽象化是解决很多复杂问题的方法,同样可以把复杂的页面内容及页面之间的链接抽象成为一张图,忽略页面中复杂的结构和内容,只考虑超链接。如图 4-2 所示,圆圈表示一个页面(或网络资源),带箭头的线表示一个节点包含指向另一个节点的超链接。因此互联网上的 Web 页面可以抽象化为一张有向图。抽象化的目的是为了将问题归结到现有的理论或方法所能解决的框架中,从这里可以看出访问每个节点(页面、资源)是一个图的遍历问题。在图理论中,图的遍历就是用来解决节点的访问顺序问题。图的遍历算法有两种,即深度优先算法(DFS)和宽度优先算法(BFS)。

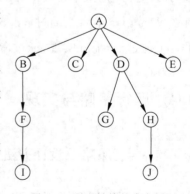

图 4-2　页面链接的有向图

4.4.2　宽度优先和深度优先策略

1. 原理

在爬虫的搜索策略设计中,也可以采用深度优先和宽度优先来决定 URL 的爬行顺序。在某个给定的初始页面情况下,深度优先策略优先搜索沿着该页面上的超链一直走到不能再深入为止,然后返回到上层的某个页面,再继续选择相应的 HTML 文件中的其他超链接。宽度优先策略则优先搜索与某个页面有直接链接的所有页面。

对于如图 4-2 所示的页面链接图,假如从节点 A 开始,则按照这两种遍历方法,页面的访问顺序分别如下。

深度优先：A—B—F—I—C—D—G—H—J—E

宽度优先：A—B—C—D—E—F—G—H—I—J

但是实际中 Web 页面及其链接结构非常复杂,可能指向本站,也可能指向其他网站,页面中包含的链接数量也可能有很大差别。对于如图 4-3 所示的 Web 页面链接,g 和 i 分别又指向了 a 和 f。在具体的策略实现中,如何管理这些数量巨大的 URL? 这就需要有合适的数据结构来存储待访问的页面。

按照宽度优先的策略,可以使用队列作为存储结构。图 4-4 所示为遍历上述页面集时队列中的页面变化情况,粗体黑色字符出队或当前爬行的 URL。粗体黑色字符的顺序就是宽度优先遍历的节点顺序,即 a b c d g e f h i。

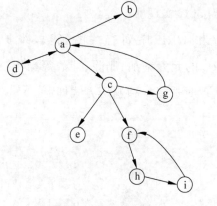

图 4-3　页面链接图

a　b c d
b　c d
c　d g e f
d　g e f
g　e f
e　f
f　h i
h　i
i

图 4-4　队列中的页面变化

按照深度优先的策略,就不能使用队列了,需要使用栈。图 4-5 是遍历上述页面集时栈中页面的变化情况,其中粗体黑色字符代表当前访问的 URL。粗体黑色字符的顺序就是深度优先遍历的节点顺序,即 a b c g f h i e d。

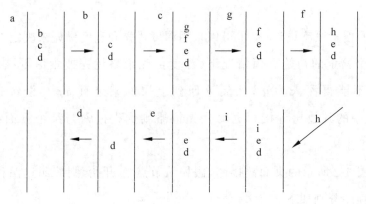

图 4-5　栈中页面的变化情况

2. Python 实现方法

宽度优先遍历(BFS)采用队列来实现是自然的做法,即新抓取到的 URL 放置在队列的末尾,而即将抓取的 URL 从队列头部获得,即先进先出。

深度优先遍历(DFS)可以用递归来实现,直到不再有子链接时返回上一层。当然也可以用栈来实现非递归的算法,即先进后出。

可以看出,DFS 和 BFS 具有高度的对称性,因此在用 Python 实现时并不需要将两种数据结构分开,只需要构建一个数据结构,即本程序中的 UrlSequence。

在 UrlSequence 中设置的未访问序列 self. unvisited 可以完成出队列和栈的操作,前者通过 pop(0)实现,后者通过 pop()实现。

UrlSequence 类中存放了所有和 URL 序列有关的函数,维护了 visited 和 unvisited 两个序列,并实现了对 URL 的元素增加、删除、计数等操作,可以为爬虫的其他模块提供完整的封装,在具体实现时选择一种遍历方式即可。

以下是该类的定义,有详细的备注。

```
UrlSequence.py
class UrlSequence:
    #初始化
    def __init__(self):
        #已经访问过的 URL 列表
```

```
            self.visited = []
            #未访问过的 URL 列表
            self.unvisited = []

        #获得已经访问的 URL 列表
        def getVisitedUrl(self):
            return self.visited

        #获得未访问的 URL 列表
        def getUnvisitedUrl(self):
            return self.unvisited

        #当访问完一个 URL 之后,将它加入到 visited 序列,表示该 URL 已经被访问过了
        def Visited_Add(self, url):
            self.visited.append(url)

        #将一个 URL 从已经访问的列表中删除
        def Visited_Remove(self, url):
            self.visited.remove(url)

#出队列操作, 适合于宽度优先遍历
#pop()函数在默认情况下返回队列最末尾的一个元素,因此要采用 pop(0)
        def Unvisited_Dequeue(self):
            try:
                return self.unvisited.pop(0)
            except:
                return None

        #出栈操作,适合于深度优先遍历
        def Unvisited_Pop(self):
            try:
                return self.unvisited.pop()
            except:
                return None

        #解析出来的新 URL,加入到未访问的 URL 列表中,但要保证它们不在 visited 和 unvisited
列表中,以免重复抓取
        def Unvisited_Add(self, url):
            if url != "" and url not in self.visited and url not in self.unvisited:
                self.unvisited.append(url)

        #返回已访问列表的元素个数
        def Visited_Count(self):
            return len(self.visited)

        #返回未访问列表的元素个数
        def Unvisited_Count(self):
            return len(self.unvisited)
```

```
#判断未访问列表是否为空
def UnvisitedIsEmpty(self):
    return len(self.unvisited) == 0
```

关于该类的调用,完整的 Python 程序代码可以参见 crawler-strategy 子目录中的其他文件。

4.4.3　基于 PageRank 的重要性排序

每个网站都有一个首页,从链接的角度来看,首页最主要的特征就是链接数量大。不管是采用深度优先还是宽度优先,在这种情况下都需要在队列或栈中保存很多 URL。这些 URL 的入队或入栈顺序对于爬虫性能有一定的影响,特别是在大规模分布式的情况下。分布式系统中每个机器的性能好坏不一,设计者总是希望把重要页面的爬行分配给性能好的机器,以提高爬虫的整体性能,因此需要有一种方法来量化页面的重要性。

PageRank 算法是一个经典算法,来自于 Google 搜索引擎,是一种根据网页之间相互的超链接计算页面级别的方法。它由 Larry Page 和 Sergey Brin 在 20 世纪 90 年代后期发明。由于它解决了网络图中每个节点重要性的量化计算方法,所以在许多可以抽象为网络连接图的应用中得到广泛采用,在大数据分析中也得到了广泛应用。一些具有代表性的应用场景如下。

(1) 计算 Web 页面的重要性:将每个页面看作一个节点,页面之间的链接看作节点之间的连接关系,由此构成了一张有向图。PageRank 算法可以在这张图上计算每个节点(Web 页面)的重要性。

(2) 社交网络中的重要人物识别:将社交网络上的每个人看作一个节点,人与人之间的关系就是节点之间的连接关系,而这种人际关系可以是关注、粉丝,由此构成了一张有向图。PageRank 算法计算得到每个人在社交网络中的重要程度。

(3) 文本中的关键词提取:把文本中的每个词汇当作一个节点,词汇和词汇之间的关系(例如在一个句子中的先后等)作为节点之间的连接关系。由此 PageRank 算法可以用来计算词汇的重要性,从而选择特征词。

很多文献资料直接给出了 PageRank 算法的计算公式,公式虽然简单,但是要准确理解并不容易。这里以一个实例来解释。假如有 4 位小朋友分糖果,并假设糖果

可以任意分,分糖果的规则如下:

(1) A 把自己的糖果平均分给 B、C。

(2) B 把自己的糖果全部给 D。

(3) C 把自己的糖果的一半分给 D,另一半自己留着。

(4) D 把自己的糖果平均分给 A、B、C。

要求计算每轮结束后每位小朋友的糖果数量,并判断按照这样的规则不断分下去,最终每位小朋友的糖果数量是否会不再变化。

首先按照构图思想,可以用一个有向图来表示这个游戏中的人和分配规则。将这 4 位小朋友作为图的节点,节点之间的关系是糖果的分配方向和分配的比例,如图 4-6 所示,这是一个有向图。

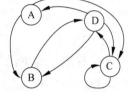

图 4-6　游戏的有向图表示

在图中,节点的连接权重可以用一个矩阵($\boldsymbol{A}$)来表示,即:

$$\boldsymbol{A} = \begin{bmatrix} 0 & 0 & 0 & 1/3 \\ 1/2 & 0 & 0 & 1/3 \\ 1/2 & 0 & 1/2 & 1/3 \\ 0 & 1 & 1/2 & 0 \end{bmatrix} \tag{4-1}$$

矩阵的第一列表示节点 A 把自己的糖果的 1/2 分给 B、1/2 分给 C,依此类推。用 p(x) 表示 x 拥有的糖果数。按照这些规则,在每轮分配结束之后,每个人拥有的糖果数量分别是:

$$p(A) = 1/3 * p(D) \tag{4-2}$$

$$p(B) = 1/2 * p(A) + 1/3 * p(D) \tag{4-3}$$

$$p(C) = 1/2 * p(A) + 1/2 * p(C) + 1/3 * p(D) \tag{4-4}$$

$$p(D) = p(B) + 1/2 * p(C) \tag{4-5}$$

这里需要注意的是,式(4-2)～(4-5)左边的 p 表示某轮迭代之后的值,右边的 p 表示上一轮的值。因此可以把这种迭代写成以下式子,其中 P 表示 p(A)、p(B)、p(C)、p(D) 构成的列向量,P_i 表示第 i 轮的列向量值。

$$P_{i+1} = AP_i \tag{4-6}$$

从形式上看,这是一个典型的 Markov 链模型。

在设定每个人初始的糖果数均为 10 的情况下,经过计算,可以得到迭代过程中 4 位小朋友的糖果数量变化图,如图 4-7 所示,其中系列 1、2、3、4 分别表示 A、B、C、D。

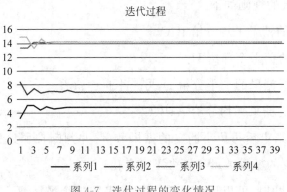

图 4-7 迭代过程的变化情况

可以看出在这里给定转移矩阵 **A** 的情况下,最后每个人得到的糖果数量不再变化,分别是 4.71、7.06、14.12、14.12。此为收敛状态。

根据 Markov 链的性质,在总数 40 不变的情况下,每个人初始的糖果数即使不同,最终经过若干轮重新分配后,每个人的糖果数都会收敛到上述值。这就是这个 Markov 链的第二个特征,即收敛值与初始值无关。

这个例子其实就是 PageRank 算法的最初版本。

将这个实例的思想引入到 Web 页面中,并假设某个页面的重要性平均分配给它所指向的每个页面。对于页面 u,B_u 表示指向 u 的所有页面集合,那么 u 的重要性值(PR 值)可以按照式(4-7)计算:

$$PR(u) = \sum_{v \in B_u} \frac{PR(v)}{L(v)} \tag{4-7}$$

其中,$L(v)$ 表示页面 v 所指向的页面个数。

但是,引入到 Web 页面的链接图分析中,需要考虑一些具体情况:

(1) 用户在浏览 B 页面时,可能会直接输入 C 的网址,虽然 B 没有指向 C 的超链接。

(2) 某个页面除了可以通过指向它的超链接进入外,还有其他途径可以直接访问该页面,例如通过浏览器提供的收藏夹。

因此页面的重要性应当还有一部分要留给这些直接访问方式。在后来的版本中,PageRank 算法给出了新的节点权重计算方法,算法引入了一个参数 d,称之为阻尼因子。这样对于某个页面 u,其 PR 值就可以改写成为:

$$PR(u) = 1 - d + d \sum_{v \in B_u} \frac{PR(v)}{L(v)} \tag{4-8}$$

其中,d 的取值一般设定为 0.85,这样可以认为其他途径的访问占 0.15。

后来有人认为一个页面被访问的随机性应当来自其他所有页面,因此计算公式被修正为式(4-9):

$$PR(u) = \frac{1-d}{N} + d \sum_{v \in B_u} \frac{PR(v)}{L(v)}$$
(4-9)

其中 N 是搜索引擎或爬虫收录的页面总数,把这种随机访问平均分配给所有页面。

对于该式的理解,关键在于阻尼因子的含义和意义,它体现了数学的简洁与高效。以上述例子来说明,实际上可以认为是在图 4-6 中加入一个虚拟节点(x),该节点与其他节点均有双向链接,从而构成新的网络图,如图 4-8 所示。

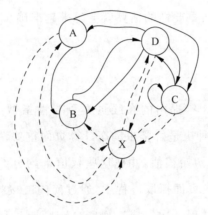

图 4-8　加入虚拟节点后的网络图

对于该网络图,转移矩阵($\boldsymbol{A}$)形式如下:

$$\boldsymbol{A} = \begin{bmatrix} 0 & 0 & 0 & d/3 & (1-d)/4 \\ d/2 & 0 & 0 & d/3 & (1-d)/4 \\ d/2 & 0 & d/2 & d/3 & (1-d)/4 \\ 0 & d & d/2 & 0 & (1-d)/4 \\ 1-d & 1-d & 1-d & 1-d & d \end{bmatrix}$$
(4-10)

因此仍可以归结为式(4-10)表示的 Markov 链。

在式的两边都含有 PR 值,这是一种迭代计算,目前已经证明了这种计算过程的收敛性,与每个节点的初始 PR 值没有关系,收敛时的 PR 值即为每个页面的 PR 值。理论上,PR 算法的收敛性证明是基于 Markov 链,要求它的状态转移矩阵 $\boldsymbol{A}$ 满足以下 3 个条件。

(1) $\boldsymbol{A}$ 为随机矩阵:$\boldsymbol{A}$ 矩阵的所有元素都大于等于 0,并且每一列的元素和都为

1,满足概率定义。

（2）A 是不可约的：当且仅当与 A 对应的有向图是强连通的。对于每一个节点对 u,v，存在从 u 到 v 的路径。

（3）A 是非周期的：非周期性指 Markov 链的状态的迁移不会陷入循环，随机过程不是简单循环。

据此可以判断任意一个网络上 PR 值是否收敛。

实际上，从爬虫获取页面的过程来看，并不是所有页面获取完毕后再去计算它们的 PR 值，而是一个边爬行边进行计算的动态过程。这种动态计算可能产生一定偏差，特别是在爬行的初始阶段。但是，当爬虫采集的页面数量越来越多，页面之间的链接结构趋于稳定，对页面重要性的估算就会越来越准确。

4.4.4　其他策略

Abiteboul 等人于 2003 年提出的在线页面重要性指数（On-Line Page Importance Computation，OPIC）是一种更适合爬虫动态计算页面重要性的方法。在 OPIC 中，每一个页面都有一个相等的初始权值，并把这些权值平均分给它所指向的页面。这种算法与 Pagerank 相似。在页面抓取过程中，通过前向链接将这种权值平均分给该网页指向的所有页面（分配过程一次完成），而爬虫在爬取过程中只需优先抓取权值较大的页面。但是，由于 Web 的实际深度最大能达到 17 层，网页之间四通八达，存在复杂的页面链接结构，所以 OPIC 在线计算仍无法准确地计算每个页面的优先级。如图 4-9 所示，采用宽度优先策略，爬虫从页面 1 开始，图（a）是 t 时刻解析到的 4 个页面链接，这 4 个页面的重要性是相同的。图（b）对应 $t+1$ 时刻，爬虫解析到两个新的指向页面 5 的超链接，从而增加了该页面的重要性。

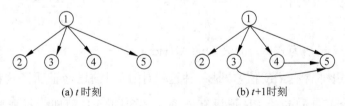

(a) t 时刻　　　　　　(b) $t+1$ 时刻

图 4-9　页面重要性动态更新的情况

除了上述提到的爬虫搜索策略外，还有一种称为合作抓取的策略也经常被采纳。这种方法是由站点主动向爬虫提供站点内各个页面的重要性信息。通过这种信息，网站中新增加或经常更新的页面内容能及时地被前来爬行的爬虫所获取,提高爬虫的执行效率。

这种策略是通过 Sitemaps 协议①来实现的。该协议由 Google 于 2005 年提出,目前已经得到 Yahoo、Bing 等搜索引擎系统的支持,比 Robots 协议更强大一些。Sitemaps 协议是一种网站和搜索引擎之间的网站页面结构共享协议,提供了一种网站告知搜索引擎爬虫系统可供爬行的网址列表,方便搜索引擎爬虫能够快速了解网站的目录结构。

基于该协议,首先由网站向搜索引擎提交 sitemap.xml 文件,它是一个包含了某网站所有页面的 XML 格式文件。搜索引擎在获得该文件后就可以对文件中指定的每个 URL 进行分析,从而决定哪些应当被爬行。这样,搜索引擎的爬虫系统就不必对网站的页面逐一地分析抓取,提高了效率,也降低了对服务器资源的占用。

除了将该文件上传到搜索引擎系统外,也可以放在 Web 站点的根目录下面,这样除了 Google 等大型搜索引擎的爬虫外,其他普通爬虫可以先到根目录下检查并解析该文件,从而可以发现站点管理员的意图。

sitemap.xml 文件是该协议最重要的部分,它是严格按照 XML 语言编写的。在该文件中使用了 6 个标签,其中关键标签包括 URL 地址、更新时间、更新频率和索引优先权。Google 提供了该文件的详细写法。一个样例如下:

```
<?xml version = "1.0" encoding = "utf - 8"?><?xml - stylesheet type = "text/xsl" href =
"http://www.uedsc.com/wp - content/plugins/google - sitemap - generator/sitemap.xsl"?>
< urlset xmlns:xsi = "http://www.w3.org/2001/XMLSchema - instance" xsi:schemaLocation =
"http://www.sitemaps.org/schemas/sitemap/0.9 http://www.sitemaps.org/schemas/sitemap/
0.9/sitemap.xsd" xmlns = "http://www.sitemaps.org/schemas/sitemap/0.9">
  < url >
        < loc > http://demo.nds.fudan.edu.cn/</loc >
        < lastmod > 2013 - 06 - 13 </lastmod >
        < changefreq > always </changefreq >
        < priority > 1 </priority >
  </url >
  < url >
        < loc > http://demo.fudan.edu.cn/channels/view/108 </loc >
        < lastmod > 2013 - 06 - 13 </lastmod >
        < changefreq > always </changefreq >
        < priority > 0.9 </priority >
  </url >
</urlset >
```

①　https://www.xml-sitemaps.com/about-sitemaps.html

在该文件中，指定了 URL 地址；lastmod 指出了该页面文件上次修改的日期，采用 W3C Datetime 格式；changefreq 表示页面可能的更新频率，有效取值为 always、hourly、daily、weekly、monthly、yearly、never；priority 描述的是文件中指定的优先级，相对于网站上的其他页面而言，有效值范围从 0.0 到 1.0。

在 sitemap. xml 文件创建好之后，就可以提交给各个搜索引擎。例如向 Google 提交(https://www. google. com/webmasters/tools/home? hl=zh-cn)，需要申请 Google 账号登录后操作，向 Bing 提交的地址是"http://www. bing. com/toolbox/webmaster"。

4.4.5　爬行策略设计的综合考虑

不同网站上的 Web 页面链接图有自己独有的特点，因此在设计爬行策略时需要进行一定的权衡，考虑多方面的影响因素，包括爬虫的网络连接消耗以及对服务端造成的影响等，一个好的爬虫需要不断地结合 Web 页面链接的一些特征来进行优化调整。

以下是设计高级爬行策略时需要考虑的因素：

(1) 对于爬虫来说，爬行的初始页面一般是某个比较重要的页面，例如某个公司的首页、新闻网站的首页等。根据网页设计部署的用户体验方面的原则，重要的链接大多会放在首页上，由此可以做这样的假设，即与某个页面有直接连接的所有页面相对该页面而言，其重要性要比与该页面没有直接连接的页面大。此外，一般情况下，在进行网站页面结构部署时会将较重要的页面放在离首页较近的层次上，这也是为了避免用户点击很多层页面之后才获得重要的内容。也就是说，在同一个站点内部，每深入一层，页面的价值或重要性就会有所下降。根据这两个合理的假设，采用宽度优先策略，就能快速获得重要页面。

(2) 从爬虫管理众多页面超链接的效率来看，基本的深度优先策略和宽度优先策略都有较高的效率。宽度优先策略可以通过简单的队列来实现，队列的操作非常简单。例如对于图 4-2 所示的结构，在解析完页面 A 之后可以得到 B、C、D、E 几个超链接，即可以将它们放入队列，然后由 Web 服务器连接器从队列的另一端逐个读出需要爬行的页面 URL。当解析到页面 B 时，再把指向 F 的超链接放入队列。这种结构不需要复杂的爬行任务管理，实现方法较为简单、高效，并且也有利于多个爬虫并行爬取的实现。

（3）从页面优先级的角度看，爬虫虽然以某个指定的页面作为爬行的初始页面，但是在确定下一个要爬行的页面时总是希望优先级高的页面先被爬行。对于上述宽度优先策略的例子，B、C、D、E几个页面其实并没有规定它们被爬行的顺序，在页面数量不大的情况下，这种爬行顺序的影响并不大。但是当页面数量很大时，例如对于新闻门户网站，其第二层页面数量就很大，决定爬行顺序对于提高爬虫效率就变得很关键。这时候，就可以综合考虑页面的PageRank排序。

（4）由于页面之间的链接结构非常复杂，可能存在双向链接、环链接等情景。在如图4-10所示的例子中，从页面1开始，采用宽度优先策略的爬行顺序为1263451，而采用深度优先策略的爬行顺序是1234516。不管是宽度优先策略还是深度优先策略，都会在页面内部形成某种环状，称为爬虫陷入（Trapped）。因此，在遍历过程中，对路径上的每个页面节点都需要进行"是否爬行过"的检查。

（5）爬虫在对某个Web服务器上的页面进行爬行时需要先建立网络连接，占用主机和连接资源，因此适当对这种资源占用进行分配是非常必要的。一些提供HTTP访问的API由于做了高层封装，对于每个URL，不管是否来自同一个网站，可能要重新进行Socket连接的整个过程，取决于Web服务器所支持的连接持久化能力。

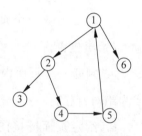

图 4-10　爬虫陷入问题

如图4-11所示，假设爬虫在某个网站上的1页面中，解析出若干个超链接，这些超链接分别指向外部网站A、B、C。在理想情况下，爬虫只要建立4个Socket（即与A、B、C和本网站的连接）即可，然后在相应的Socket连接上发送URL请求。但是，如果使用封装程度过高的API，可能会产生更多的Socket网络连接。在同一个时间段内，这种爬虫端所需要的网络连接个数可能会剧增，从而严重影响爬虫的整体性能。

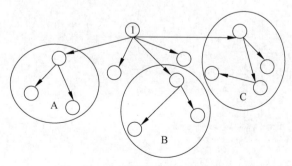

图 4-11　本地网络连接资源的优化

总之,目前宽度优先策略是常用的爬虫搜索策略,各种爬行策略也并非只有优点,没有缺点,因此实际上采用混合策略的情况可能会更普遍。结合优先级排序就是关键的一种途径,考虑客户端网络资源对爬行任务进行优化也是一个值得深入探讨的课题。

思考题

　　1. 描述爬虫的体系架构。

　　2. 学习使用 requests 进行页面抓取的过程。

　　3. User-Agent 的含义是什么？ 在爬虫程序设计中是否可以随便填写 User-Agent 的值？

　　4. 爬虫抓取一个页面时希望控制在两秒之内,如果在两秒之内服务器没有响应,请给出告警。

　　5. 判断一个页面中是否存在 base 属性,如果有,请使用该属性将相对链接转换成为绝对链接。

　　6. 给定页面链接图,写出爬虫在深度优先和宽度优先两种爬行策略下的遍历结果。

　　7. 简述 PageRank 算法的基本思想。

第 5 章

动态页面采集技术与Python实现

5.1 动态页面内容的生成与交互

5.1.1 页面内容的生成方式

动态页面区别于静态页面的最主要特征是页面内容的生成方式,动态页面的内容的生成方式可以分成两类,即服务器端生成、客户端生成。

1. 服务器端生成

采用这种方式进行管理的内容包括新闻信息、通知、广告等,它是 Web 页面内容生成的主要途径。基于这种方式可以很方便地进行内容管理,目前市场上有很多 Web 内容管理系统(Content Management System,CMS)就提供了在后台进行 Web 内容管理的平台。通过这种方式可以方便地应对 Web 内容繁杂、制作发布、扩展性等方面的问题。

在这种内容生成方式中,页面的主要内容与页面的结构和表现方式一般是分离的。页面主要内容可以存储在各种数据库系统中,而决定结构和表现方式的 HTML

标签和语句则是存储在 Web 服务器上,因此在应用架构上采用的是 Client/Server/Database 模式。在 Web 页面中使用脚本语言连接数据库、向数据库发起查询请求、对查询结果进行格式化等,最终生成包含具体内容的页面,并推送给客户端。

在 Web 页面中经常使用的脚本语言有 JSP、ASP、PHP 等,使用这些语言连接数据库、查询数据库、生成给用户的 HTML 文档。一个简单的例子是用户登录,用户访问 login. htm,在输入用户名和密码之后,将这些信息提交给 results. jsp,在该文件中进行脚本的动态执行,从而完成上述过程。

1) login. htm

```
<%@ page contentType = "text/html;charset = gb2312"%>
<html xmlns = "http://www.w3.org/1999/xhtml">
    <head>
        <title>登录</title>
    </head>
    <body>
            <form id = "loginForm" name = "login" action = "results. jsp" method = "get"
target = "_blank">
                <p>用户名</p>
                <input type = "text" name = "username" size = "44">
                <p>密码</p>
                <input type = "text" name = "password" size = "44">
                <input type = "submit" value = "提交" />
            </form>
    </body>
</html>
```

2) results. jsp

```
<%@ page contentType = "text/html;charset = gb2312"%>
<%@ page import = "java. sql. ResultSet, java. sql. Statement, java. sql. SQLException, java.
sql. Connection, java. sql. DriverManager, javax. servlet. *, javax. servlet. http. *, java. io. *,
java. net. URLEncoder"%>
<%
        String username, passwd;
        username = request. getParameter("username");
        passwd = request. getParameter("password");
    String drivername = "com. microsoft. jdbc. sqlserver. SQLServerDriver";
    String uname = "sqlinjection";
    String userpassword = "sql";
    String dbname = "sqlinject";
    String url = "jdbc:microsoft:sqlserver://127.0.0.1:1433;DatabaseName = sql";
    Class. forName(drivername). newInstance();
```

```
Connection conn = DriverManager.getConnection(url,"sqluser", "sql1234");
Statement stmt = conn.createStatement();
ResultSet rs = stmt.executeQuery (""select * from users where username = '" + username + "'
and passwd = " + passwd");
if(rs.next()){
    out.print("<center><h3>登录成功!<h3></center>");
} else {
    out.print("<center><h3>登录不成功!<h3></center>");
}
stmt.close();
conn.close();
%>
```

为了执行这些脚本代码,在数据库中存储有 users 表,该表包含两个字段,即 username 和 passwd。这样可以在后台配置 users 表中的记录,从而来决定返回给浏览器的信息。

另一种在服务器上进行内容生成的途径是在 HTML 文档中嵌入 SSI(Server Side Include)指令。包含这种指令的文件的默认扩展名是. stm、. shtm 或. shtml,这样当客户端访问这类文件时,Web 服务器端会对这些文件进行读取和解析,把文件中包含的 SSI 指令解释出来,最终生成 HTML 文档推送给客户端。与内容生成有关的常见指令是 include,使用方法是在 HTML 文档中的合适位置插入命令:

```
<!-- # include file = "文件名"-->
```

其中,文件名是一个用相对路径表示的文件,例如<!-- # include file = "head_news . htm"-->将 head_news. htm 文件的内容插入到当前页面。

这种通过指令嵌入来生成动态页面的典型场合是当不同 Web 页面包含某些相同的内容时,将这些内容定义为一个独立的文件,然后嵌入到其他 Web 页面中。例如,在新浪新闻页面中都有一个如图 5-1 所示的导航条,就可以将这些内容定义为一个独立的 HTML 文档。这样可以省去在不同新闻页面中编写导航条的麻烦。

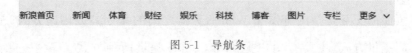

图 5-1 导航条

2. 客户端生成

根据这种内容生成方式,内容是在客户端上生成,而客户端主要是浏览器。受限于浏览器的能力,客户端生成的内容一般是轻量级的、局部的,例如给用户提示警告信息、显示定时时间等。

在这种生成方式下,Web 页面中需要嵌入一定的脚本或插件。常用的脚本语言包括 JavaScript、VBScript、ActionScript 等,插件包括 Active X 控件、Flash 插件等。这些脚本或插件具备对浏览器事件做出响应、读写 HTML 中的元素、创建或修改 Cookie 等功能,这些功能的实现要求客户端具有执行脚本、下载并执行插件的能力。通过在浏览器内执行这些脚本或插件功能,实现 Web 页面内容的生成,并进行动态更新。

由于需要在浏览器的进程空间中执行代码,所以这种方式可能会影响客户端安全。许多恶意的脚本代码就通过这种途径对本地计算机产生安全风险,所以浏览器一般都会提供让用户进行自行配置的界面,如图 5-2 所示。

图 5-2　浏览器执行脚本的配置

5.1.2　动态页面交互的实现

动态页面的交互是指浏览器和 Web 服务器之间的命令参数传递方式,按照命令参数的不同提供方式,主要有用户提供和 Cookie 提供两种方式。不管是哪种方式,通常使用 JavaScript 等脚本语言来生成带参数的 URL,最终发送给服务器。URL 的发送有通过 Ajax 引擎和非 Ajax 引擎两种。下面分别介绍这里提到的一些关键技术。

1. 通过 URL 传递请求参数

URL 即统一资源定位,用来表示资源在互联网上的地址。URL 具有以下的形式:

协议://域名部分:端口号/目录/文件名.文件后缀?参数1=值#标志&参数2=值#标志

其中,对于 Web 页面请求而言,协议可以是 http 或 https。如果使用默认的 80 作为端口号,则可以省略。? 表示第一个参数的开始,起到分隔的作用。URL 可以携带多个参数及其值,在上面给出的形式中包含了两个参数。基本形式是"参数=值",不同参数之间用 & 连接起来。# 标志表示书签,用于访问一个 Web 页面中的特定部分。带参数的 URL 的两个例子如下:

https://search.jd.com/Search?keyword=互联网大数据&enc=utf-8
https://www.baidu.com/s?ie=utf-8&f=8&rsv_bp=0&rsv_idx=1&tn=baidu&wd=bigdata

在用户参与的情况下,生成动态页面所需要的参数一般是通过输入框、下拉列表框、按钮等基本的 HTML 控件来完成。生成 URL 则是浏览器在控件的相关事件中调用 JavaScript 等语言编写的脚本来完成的。

图 5-3 所示为京东的搜索页面部分,它包含了一个输入框和一个按钮,相应的HTML 源代码如下:

```
< div class = "form">
    < input type = "text" onkeydown = "javascript:if(event.keyCode == 13) search('key');"
autocomplete = "off" id = "key" accesskey = "s" class = "text" />
    < button onclick = "search('key');return false;" class = "button cw - icon"><i></i>搜
索</button>
</div>
```

图 5-3 输入搜索

当按下回车键或单击按钮时,浏览器执行相应的脚本,最终生成包含参数的URL,具有如下形式:

https://search.jd.com/Search?keyword=互联网大数据&enc=utf-8

表示搜索的关键词是"互联网大数据",编码方式是 utf-8。

2. 通过 Cookie 获取命令参数

在 Cookie 中记录了一些客户端和服务器之间交互的参数,例如购物网站上用户设定的城市、登录用户名和口令等,这样对于需要用户登录的页面,就可以自动读取 Cookie 内容作为请求的参数。具体过程是这样的,在浏览器的地址栏中输入 URL,浏览器根据域名及作用范围来寻找相应的 Cookie 文件,如果文件存在,则将该 Cookie 中的内容读出,并填充在 HTTP 请求头上发送给服务器。

图 5-4 所示为在 Chrome 浏览器的开发者视图下看到的访问淘宝网时的 HTTP 请求头,可以看出 Cookie 是以"Cookie:name1=value1;name2=value2;..."的形式传递参数给服务器的。

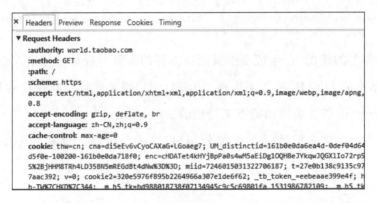

图 5-4 访问淘宝网时的 HTTP 请求头

3. Ajax

Ajax 是一种基于 JavaScript 并整合 XHTML、XML、DOM 等技术实现的客户端/服务器端动态页面编程框架。1999 年微软公司发布 IE5,引入一个新功能,即允许 JavaScript 脚本向服务器发起 HTTP 请求,这个技术在后来被称为 Ajax,其全称是 Asynchronous JavaScript and XML。

支持 Ajax 的浏览器配置有 Ajax 引擎,Ajax 通过 XMLHttpRequest 和 Web 服务器进行异步通信,利用 iframe 技术实现按需获取数据。Ajax 通常用于在后台与服务器进行少量数据交换,在不重新加载整个网页的情况下对网页的局部进行更新,最大程度地减少冗余请求,避免给服务器造成太大的负担,也更有助于提高用户体验。

Ajax 这种类型的动态页面机制通常是在一定条件下触发的,归纳起来主要有以下两种途径。

1) 页面中的定时器

Web 页面按照一定的时间间隔自动执行脚本,从而发起 Ajax 请求。典型的页面例子是包含股票实时行情数据的 Web 页面。图 5-5 所示为新浪股票行情页面,页面上的当前价格等信息按照一定的时间自动更新。

图 5-5 Web 页面中的实时内容显示

2) 鼠标或键盘事件驱动

Web 页面中要显示的内容比较多,但是为了用户体验,一般事先只显示部分内容,随着用户阅读的进行,不断滚动鼠标或按 PgDn 键自动获取更多内容并显示。在这个过程中获取更多内容的方式,通常也是 Ajax 一种请求。在各种新闻网站,例如新浪新闻中,一个典型的页面可参见"http://news.sina.com.cn/o/2018-11-06/doc-ihmutuea7351575.shtml",当用户在浏览器上向下翻页时会不断出现更多的新闻列表。另一个典型的例子是各种电商网站上的商品评论,通常事先显示评论的少数记录,之后随着用户不断按 PgDn 键或向下滚动鼠标,会有更多的评论记录显示出来。

5.2 动态页面采集技术

根据 5.1 节中关于动态网页内容生成与交互方式的叙述,动态网页的采集技术也与交互方式直接相关。采集技术可以归纳为以下 4 种类型。

（1）构造带参数的 URL，利用参数传递动态请求；

（2）构造 Cookie 携带参数，利用 HTTP 头部传递动态请求的参数；

（3）离线分析 Ajax 的动态请求，使用静态页面采集技术或者通过 Cookie、POST 等形式发送请求参数；

（4）模拟浏览器技术。

在这 4 种方式中最简单的是第一种，只要拼接出正确的 URL 即可。当页面本身使用 Cookie 传递参数时，爬虫就可以通过 Cookie 发送请求参数。Ajax 动态请求技术是当前使用最广泛的，其基本步骤包括分析页面、获取 URL、获取动态请求参数以及传递参数。模拟浏览器技术实际上是调用浏览器内核来模拟真实用户的点击和按键等操作，因此在执行效率上要比其他方式低得多，但是能够执行一些比较复杂的脚本，模拟复杂的交互操作。

这 4 种技术手段适用于不同的动态页面交互方式，在进行爬虫程序设计时应当根据页面的具体情况选择。

5.3 使用带参数的 URL

带参数的 URL 具有以下形式：

协议://域名部分:端口号/目录/文件名.文件后缀?参数 1 = 值♯标志 & 参数 2 = 值♯标志

其中，参数 1、参数 2 等多个参数通过 & 连接，参数名称可以通过网页的 HTML 源代码获得，也可以直接观察页面请求时的 URL 获得。这种方法比较简单、直接，但是需要注意参数值的编码方式。

图 5-6 所示为京东的搜索页面部分，它包含了一个输入框和一个按钮，上面是生成的 URL。

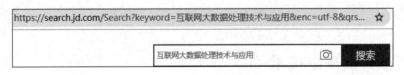

图 5-6 搜索与对应的 URL

"https://search.jd.com/Search? keyword＝互联网大数据处理技术与应用 &enc＝utf-8"表示搜索的关键词是"互联网大数据处理技术与应用"，编码方式是 utf-8。

因此,爬虫在采集类似动态页面时就可以直接填写关键词,构成完整的带参数的URL,然后发送给 Web 服务器。

然而,参数在 URL 中可能是经过编码的,例如同样的搜索命令在当当网中显示查询的关键词是经过编码后的,如图 5-7 所示。

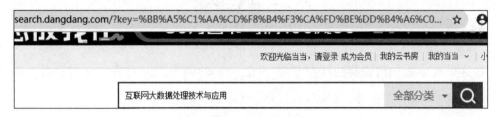

图 5-7　经过编码的带参数 URL

在 2.2 节中对网页字符编码进行了归纳,主要有 utf-8、gbk、gb2312、unicode,这些编码方式同样适用于 URL 的参数。字符串编码的转换方式见 2.2 节所述。通过以下简单的编码测试,可以发现图 5-7 所示的例子对 URL 的参数采用了 gbk 编码,只是 URL 中用百分号(%)代替\x。

```
>>> n = '互联网大数据处理技术与应用'      ♯unicode
>>> n.encode('gbk')
b'\xbb\xa5\xc1\xaa\xcd\xf8\xb4\xf3\xca\xfd\xbe\xdd\xb4\xa6\xc0\xed\xbc\xbc\xca\xf5\xd3
\xeb\xd3\xa6\xd3\xc3'
>>>
```

综合上述内容来看,这种动态页面采集技术比较简单,关键在于构建合适的URL。以下是一个例子,将 URL 的参数存放在字典中,则可以通过字典和字符串的相关运算符来拼接带参数的 URL。

```
url = 'https://search.jd.com/Search'
♯以字典存储查询的关键词及属性
qrydata = {
    'keyword':'互联网大数据',
    'enc':'utf - 8',
}
lt = []
for k,v in qrydata.items():
    lt.append(k + '=' + str(v))
query_string = '&'.join(lt)

url = url + '?' + query_string
print(url)
```

这段程序最终生成的 URL 是"https://search.jd.com/Search? keyword＝互联网大数据 &enc＝utf-8"。

5.4 利用 Cookie 和 Session

视频讲解

在第 3 章对 Cookie 的一些基本知识及其在 HTTP 协议中的使用方法进行了介绍,在这里要掌握如何在爬虫中实现基于 Cookie 的动态交互过程。该过程分为两个环节,一是 Cookie 的获得(或构造),二是将 Cookie 传递到服务器。

由于 Cookie 中的内容通常是由服务器生成的,客户端只是简单地将内容存储到本地。因此,在一般情况下需要通过合适的手段获得 Cookie 内容。最简单、准确的方式是通过浏览器的开发者工具或开发者模式,例如在 Google 浏览器中可以跟踪到访问 thelion.com 时的 HTTP 请求信息,能够看出该网站使用了 Cookie,如图 5-8 所示。只要将 Cookie 的属性值复制出来,保存成文本文件即可,例如 thelion.txt。

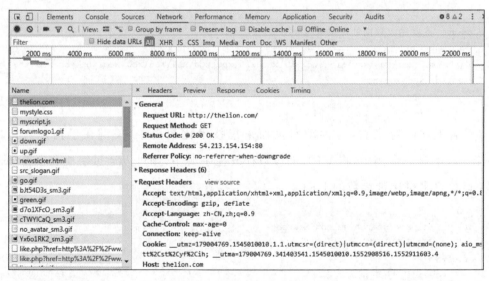

图 5-8　通过浏览器获得 Cookie 内容

从图中可以看出 Cookie 是以"Cookie：name1＝value1；name2＝value2；…"的形式存在的,这里指出了所传递的参数及参数值。因此在 Python 中可以将 Cookie 的内容以字典的形式存储。由于 Cookie 的传递是通过 HTTP 协议的请求头,所以需要在 requests.get()中指定 cookies 的属性值。以下是完整的例子。

```
Prog - 4 - cookie - demo.py
# Python 3.6 环境
import requests

f = open(r'taobao - hk.txt')          # 打开所保存的 cookies 内容文件
cookies = {}                          # 初始化 cookies 字典变量
for line in f.read().split(';'):
# 按照字符进行划分读取.若将其设置为1,就会把字符串拆分成两份
    name,value = line.strip().split(' = ',1)
    cookies[name] = value             # 为字典 cookies 添加内容

r = requests.get("https://www.taobao.com/",cookies = cookies) # cookies 中的内容作为参数
```

如 3.5.2 节所述,Cookie 存在被截获而导致个人敏感信息泄露的风险,此外连续多次访问同一台 Web 服务器时,反复申请与释放资源容易造成时间消耗。为了避免这些问题,在爬虫请求时可以使用 Session 技术。在 Python 中使用 Session 的方法是通过 requests 的 Session 类,以下例子展示了使用 Session 进行页面采集的方法。

```
import requests
def bySession(URL):
    sess = requests.Session()         # 获得 Session 对象
    response = sess.get(URL)          # 使用 get、post 等方法提交请求
    # 后续可以使用 response 对象的各种方法获得响应信息
```

但是也要注意,Session 是由服务器创建,Session 的长时间存在容易增加服务器的存储成本。因此,在设计友好的爬虫时,需要在信息泄露风险、时间消耗和服务器的存储成本之间综合权衡。

5.5　使用 Ajax：以评论型页面为例

Web 页面可以使用 JavaScript 等脚本语言生成带参数的 URL,并最终可能通过 Ajax 引擎发送到服务器上执行,因此可以获得最终发给服务器的 URL 作为爬虫的爬行任务。在这种动态页面访问方式中,最重要的关键技术问题是要寻找到 Ajax 动态加载的请求 URL 地址。此外,如果在向 Web 服务器发送请求,需要携带参数,则可以采取 5.3 节介绍的做法,也有的网页可能要求通过 POST 方式动态提交参数。

同样,上述问题都可以采用最常用的方法,即通过浏览器的开发者工具或开发者模式来检测请求信息。

5.5.1 获取 URL 地址

视频讲解

很多实时性比较强的网站都采用 Ajax 进行内容的动态加载,例如提供实时天气、股票行情等的网站。这类信息的自动获取就需要寻找相应的 URL,以新浪财经的股票实时信息为例,其网址是"https://finance.sina.com.cn/stock/"。在浏览器中输入该网址,进入浏览器的开发者模式。Google Chrome 浏览器提供的分析功能比较合适,在开发者模式下选择 Network、JS,如图 5-9 所示,即可看到页面中加载的 JS。

Name	Status	Type	Initiator	Size	...	Waterfall
rn=15535666452T&list=s_sh000519_i,sh...	200	script	smj.z	2.3 KB	...	
rn=15535666645488&list=s_sh000001,s_s...	200	script	wmt gushou.js:...	406 B	...	
rn=15535666650489&list=s_sh000001,s_s...	200	script	wmt gushou.js:...	405 B	...	
?format=json&list=si_api11	200	script	FN.js:124	2.9 KB	...	
ran=0.7470340533849198&list=s_sh600...	200	script	sff.js:1	1.4 KB	...	
?rn=1553566653825&list=s600519,sh0...	200	script	sff.js:1	2.8 KB	...	
?rn=15535666653827&list=s600519_i,sh...	200	script	sff.js:1	2.5 KB	...	
ran=0.13188700609040538&list=s_sh60...	200	script	sff.js:1	709 B	...	
rn=15535666554489&list=s_sh000001,s_s...	200	script	wmt gushou.js:...	404 B	...	
rn=15535666660490&list=s_sh000001,s_s...	200	script	wmt gushou.js:...	404 B	...	
?rn=15535666663827&list=s600519,sh0...	200	script	sff.js:1	2.8 KB	...	
?rn=15535666663828&list=s600519_i,sh...	200	script	sff.js:1	2.5 KB	...	
rn=15535666665491&list=s_sh000001,s_s...	200	script	wmt gushou.js:...	402 B	...	
ran=0.3558340994231457&format=json...	200	script	FN.js:124	3.5 KB	...	
rn=15535666704496&list=s_sh000001,s_s...	200	script	wmt gushou.js:...	405 B	...	
?format=json&list=si_api11	200	script	FN.js:124	2.9 KB	...	
ran=0.6529679140011488&list=s_sh600...	200	script	sff.js:1	1.4 KB	...	

图 5-9　在开发者模式下查看 JS

如果 JS 是定时重复执行的,可以结合页面数据的更新情况寻找对应的 JS,单击之后,即可看到关于该 JS 发送 URL 的请求头和响应信息,如图 5-10 所示。图中 Request URL 对应的值即为请求数据的 URL。然后直接使用程序模拟请求,就可以从接口获取到返回的数据,一般情况下 Ajax 返回的数据是以 JSON 形式封装的,这样信息提取过程就会比较容易。

第二种获得 URL 地址的方法是通过请求头的 Referer 属性,3.4.3 节中提到,在请求头中该属性表示所请求的 URL 是哪个页面中的链接。当网站信息结构或交互

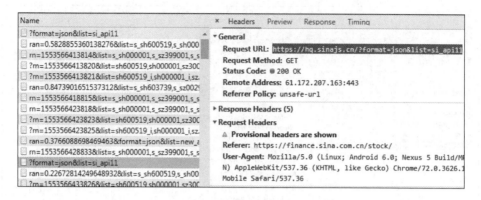

图 5-10　查看 JS 发送的请求信息

过程比较复杂时,通过第一种方法不一定能获得 Request URL,这时可以分析请求头的 Referer 属性。下面以携程酒店评论信息页面的请求为例来说明。

图 5-11 所示为酒店评论的入口页面,页面上提示有 600 条评论,当将鼠标指针移动到"酒店点评"处时可以看出,其超链接指向了"javascript:void(0)"。在其他很多网站的动态页面中都有类似的链接,显然爬虫通过这个链接无法获得真正评论的 URL。

图 5-11　酒店评论的入口页面

如果要获得这些评论,首先要找到请求的 URL。在进入开发者模式之后,通过鼠标点击操作可以在评论信息页面检查对应的请求过程。如图 5-12 所示,通过 Network 下的 XHR 选项可以在请求头的 Referer 属性中找到评论的 URL,即图中选中的部分。这里的 XHR 类型是指通过 XMLHttpRequest 方法发送的请求,可以在这里检查页面中发送的请求。

但是当遇到加密的 JS 时,要分析并找到请求地址就会非常困难,需要耐心寻找

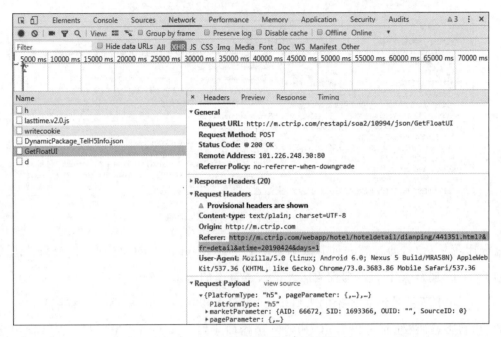

图 5-12   通过 Referer 属性寻找所需要的 URL

页面特征,以及在不同页面交互的过程中寻找动态请求之间的关系,这样就有可能获得最终发送给 Web 服务器的请求信息。

5.5.2   获取并发送动态请求参数

一般情况下,Ajax 的动态请求使用带参数的 URL,这时可以直接使用前面提到的方法来构造 URL。页面还可以通过提交(POST)数据的方式向服务器发送请求的动态参数,在携程、亚马逊等许多存在用户评论的网站上广泛使用这种技术。在这种方式下,最终表现出来的 URL 并不是以"https://search. jd. com/Search? keyword＝互联网大数据 &enc＝utf-8"这种通过关键字-值对表示的 URL,而是通过 POST 的方式提交数据。因此,只要能获得 POST 的数据及形式就可以向服务器发送请求了。

图 5-13 是携程酒店评论页面在浏览器开发者模式下的结果,可以看出在请求时采用了 Payload 的参数传递方式,这是 Ajax 的一种典型方式,在许多类似的动态页面中都存在。从图中可以看出请求的 Content-Type 是 application/json,具体参数在 Payload 中。

因此,只要将这些参数复制出来写到程序中。例子如下:

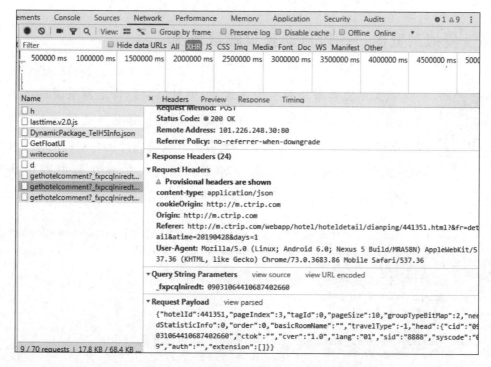

图 5-13　POST 请求参数 Request Payload

```
import requests
import json
# 以下 payload 数据来自浏览器看到的结果
payload = {"hotelId":441351,"pageIndex":2,"tagId":0,"pageSize":10,"groupTypeBitMap":2,
"needStatisticInfo":0,"order":0,"basicRoomName":"","travelType":-1,"head":{"cid":
"09031064410687402660","ctok":"","cver":"1.0","lang":"01","sid":"8888","syscode":
"09","auth":"","extension":[]}}
payloadHeader = {
        'Content-Type': 'application/json',
}
# 封装成为 JSON 形式
dataj = json.dumps(payload)
# 以 post 方法发送 URL 请求，同时指定所携带的参数给函数参数 data
res = requests.post(url, data = dataj, headers = payloadHeader)
data = res.content.decode('utf-8')
```

那么这段程序运行后，即可通过 data 获取到评论记录信息。由于是动态请求，所以在 Payload 中包含了丰富的信息来实现页面的动态内容。在页面没有经过混淆等处理的情况下，可以直接通过参数名称大体判断其含义。但是如果参数经过了混淆处理，则需要通过一定的观察和分析才能具体确定每个参数的含义。

5.6 模拟浏览器——以自动登录邮箱为例

视频讲解

模拟浏览器有 3 种实现方式,一种是以模拟特定浏览器的 header 信息方式来实现对浏览器的模拟;一种是使用浏览器内核(例如 WebKit);还有一种是直接在浏览器上开发组件(Firefox/Chrome)实现动态页面的采集。其中,第一种方式只是简单地在爬虫程序调用 requests.get()时指定 headers 参数,以下例子是一种基本用法。

```
useragent = 'Mozilla/5.0 (Linux; Android 6.0; Nexus 5 Build/MRA58N) AppleWebKit/537.36
(KHTML, like Gecko) Chrome/72.0.3626.121 Mobile Safari/537.36'
http_headers = {
    'User - Agent':useragent,
    'Accept': 'text/html'
    #其他头部属性
}
page = requests.get(url, headers = http_headers)   #URL 要请求的网址
```

其中,useragent 的值可以通过在浏览器的开发者模式下查看请求头,获取对应的 User-Agent。

在页面的 JS 脚本比较复杂、Ajax 交互较多或存在不同页面之间大量数据交换的情况下,使用浏览器组件模拟浏览器进行页面内容的采集比较合适。这里以 Selenium 为例介绍具体方法。Selenium 是一套完整的 Web 应用程序测试系统,包含了测试的录制(Selenium IDE)、编写及运行(Selenium Remote Control)和测试的并行处理(Selenium Grid)。它可以模拟真实浏览器,支持多种浏览器,在爬虫中主要用来解决 JavaScript 渲染问题。

这里以爬虫自动登录邮箱,查看有没有新邮件为例。为达到目的,需要经过安装配置、页面结构分析和程序实现 3 个步骤,以下分别介绍。

1. 安装配置

在 Python 下安装 Selenium,执行 pip install selenium 即可,如图 5-14 所示。安装完成后,下载 chromedriver (http://chromedriver. storage. googleapis. com/index. html),这里以 Chrome 为例。chromedriver 的版本有很多,用户一定要下载与计算机上 Chrome 浏览器版本相对应的版本。在下载 zip 包之后将其解压,发现里面仅有一个 chromedriver. exe 文件,需要放到 Chrome 浏览器安装目录(即 chrome. exe 所在

的目录)里面,如图 5-15 所示。

图 5-14 安装 Selenium

图 5-15 将 chromedriver.exe 放到 Chrome 浏览器安装目录里

最后将 chromedriver.exe 所在的目录名称添加到操作系统的 path 环境变量中,即完成安装配置过程。

2. 页面结构分析

这里以登录邮箱为例(https://mail.fudan.edu.cn/),爬虫自动输入用户名、密码,单击"登录"按钮,相应的页面部分如图 5-16 所示。通过页面的源代码寻找界面控件对应的控件名称,用户名为 uid、密码为 password、"登录"按钮为 Button。

图 5-16 邮箱登录页面的部分

登录以后,通过浏览器开发者模式下的 Source 选项找到信息的位置,即新邮件数,如图 5-17 所示。

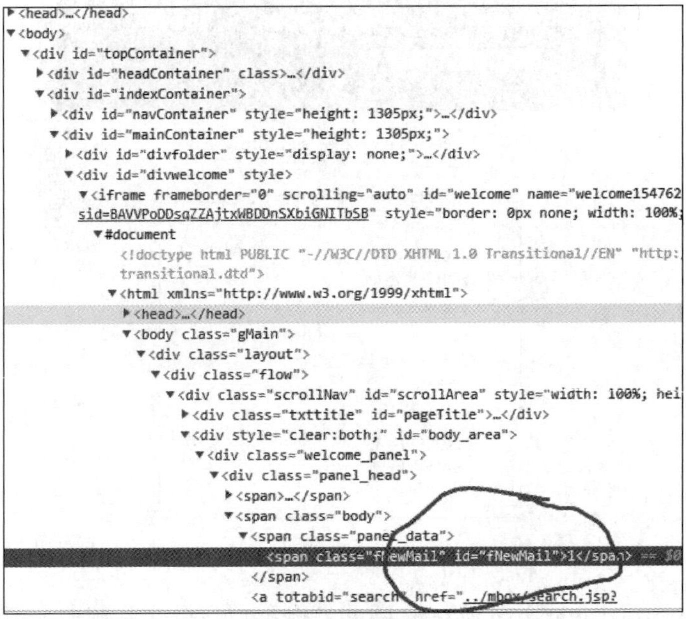

图 5-17　寻找所需要的信息(新邮件数)

3. 程序实现

在上述步骤分析完成之后就可以写出 Python 程序了,以下是主体函数。

```python
from bs4 import BeautifulSoup
from selenium import webdriver
from selenium.webdriver.chrome.options import Options
import time
import getpass

def start_browser(uid, passwd):    #参数为用户 ID 和口令
    #调用图形界面
    chrome_options = Options()
    chrome_options.add_argument('-- headless')
    chrome_options.add_argument('-- disable - gpu')
    browser = webdriver.Chrome(chrome_options = chrome_options)
    browser.get('https://mail.fudan.edu.cn/')    #指定 URL
    time.sleep(2)                                #延迟,等待返回

    #模拟填写登录信息
    browser.find_element_by_id("uid").send_keys(uid)
```

```
browser.find_element_by_id("password").send_keys(passwd)
#模拟单击"登录"按钮
browser.find_element_by_class_name("Button").click()
time.sleep(2)

#登录以后的页面中划分了Frame,切换到相应的Frame中进行信息提取
browser.switch_to.frame('welcome')
html = browser.page_source
#使用BeautifulSoup,具体用法在第6章介绍
soup = BeautifulSoup(html, 'html.parser')
try:
    params = soup.select('.fNewMail')[0].text.strip()
    print("有" + str(params) + "封新邮件!")
except IndexError as e:
    print("没有新邮件!")

#关闭浏览器
browser.quit()
return
```

从这段程序可以看出,通过模拟浏览器获取页面内容的主要步骤是:通过webdriver.Chrome初始化浏览器对象,使用浏览器对象进行URL的访问,根据页面中的输入框或按钮的名称调用send_keys或click方法模拟键盘输入或鼠标点击,接着通过浏览器对象的page_source属性获得页面内容,最后通过quit方法关闭浏览器对象。

通过浏览器组件来模拟浏览器的优点是使用简单,复杂的事都交给框架去处理。但是其缺点也是很明显的,在执行过程中需要启动控制台进程,执行速度慢,需要动态地执行JS,并模拟人的浏览器操作。

思考题

1. 页面内容的生成方式有哪几种?

2. 通过URL传递请求参数时URL的特征是什么? 如何获得实际传递的参数和值?

3. 找一个实际的Web页面,其中包含Ajax请求,并通过浏览器的开发者工具查看请求的URL。

4. 编写程序,实现通过POST发送请求参数。

5. 学习使用模拟浏览器Selenium进行页面内容采集的方法。

第 **6** 章

Web信息提取与Python实现

在各种类型的爬虫及应用中通常都会涉及 Web 信息提取,包括 Web 页面中的 URL、内容等,因此 Web 信息提取技术是爬虫应用的重要基础之一。本章主要围绕爬虫提取信息的需求,介绍 Web 信息提取的技术原理、典型方法和现有各种软件开发库的使用方法。

6.1　Web 信息提取任务及要求

Web 信息提取包含 Web 页面中的超链接提取和 Web 内容提取两大部分,它们都是网络爬虫技术的重要组成部分。前者是找出页面中的所有超链接或符合一定规则的超链接,作为爬虫的爬行任务,在技术实现上比较简单。后者是从 Web 页面中提取信息内容,一般是指页面中有意义的内容,相应的提取技术在实现上比较复杂。

超链接的提取任务比较明确,就是提取页面上的各种超链接。超链接可以指向一个网页,也可以是相同网页上的不同位置,还可以是图片、电子邮件地址、普通文件,甚至是一个应用程序等。在本书 2.3 节已经详细介绍了使用正则表达式进行超链接提取的方法,本章主要针对 Web 页面内容的提取。

Web页面中包含有丰富的信息内容,对互联网大数据分析有用的信息可能是某新闻报道页面中的正文部分,也可能是某网络论坛中的帖子信息、人际关系信息等。从Web页面中提取内容,首先要对Web页面的各种常见版面进行整理归纳。目前Web页面的版式各种各样,但可以归结为以下几种。

一是新闻报道型页面,这类页面上尽管可能会有导航区、外部链接区、版权声明区等区域,但作为新闻正文的文字一般占主要的位置。典型的如图6-1所示参考消息网站的新闻报道,页面的最上面是一些广告、导航条,右边是一些信息推荐。对于这种类型的页面而言,目标就是提取正文部分的内容。

图6-1　新闻报道型页面

二是列表型页面,这类页面为用户提供一种列表式的阅读,一般作为聚集信息的访问入口,比较常用于新闻列表、网络论坛中的讨论区入口等。对于这种类型的页面,通常会遇到翻页,即上一页、下一页等链接,允许用户在不同的列表页面上跳转。图6-2是两种典型的列表型页面,左右两边分别来自网络论坛和新闻网站。对于这种类型的网页而言,目标就是提取列表部分的所有内容。

三是评论型页面,用户在页面中对某个事物、话题发表自己的观点。这种页面从整体上看可以是一种列表型的,但人们更加关心每个评论中的具体信息。一般每个评论会有评论人、评论内容、评论时间、评论对象以及评论的一些量化信息等。图6-3是大众点评网上针对某个菜馆的评论信息。对于这种类型的网页而言,目标就是提取每个评论的各个具体信息。

以上是从浏览器界面的角度来看页面内容提取,而爬虫数据分析更关心程序处

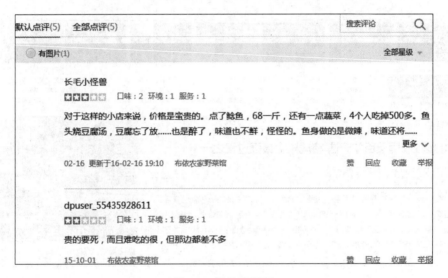

图 6-2 两种列表型页面

图 6-3 评论型页面

理角度的 Web 页面信息提取。

与浏览器界面输出的效果不同，Web 信息提取程序所看到的是 Web 页面对应的 HTML 编码文件。例如对于上面的股票网络论坛的列表型页面，其对应的 HTML 编码文件的内容如下（其中列出了前面两个记录）：

```html
<!DOCTYPE html>
<html lang = "zh - CN">
<head>
    <meta http - equiv = "X - UA - Compatible" content = "IE = edge,chrome = 1">
    <meta name = "renderer" content = "webkit">
    <meta name = "viewport" content = "width = device - width, initial - scale = 1">
    <meta charset = "utf - 8">

    <title>浪潮信息(000977)_浪潮信息股吧_000977 股吧_股吧_东方财富网股吧</title>
```

```
                < meta name = "keywords" content = "浪潮信息_000977_股吧">
                < meta name = "description" content = "浪潮信息(000977)_东方财富网股吧">
    </head >
    < body class = "hlbody">

        ...
        < div class = "articleh">
            < span class = "l1"> 885737 </span >< span class = "l2"> 2890 </span >< span class =
    "l3">< em class = "settop">话题</em> < a href = "news,600258,432898335. html" title = "中鑫
    富盈、吴峻乐操纵特力 A 等股票案罚没金额超过 10 亿元" >中鑫富盈、吴峻乐操纵特力 A 等股票案
    罚没金额超 </a ></span >< span class = "l4">< a href = "http://iguba. eastmoney. com/
    9313013693864916"data - popper = "9313013693864916" data - poptype = "1" target = "_blank">
    财经评论</a ></span >< span class = "l6">07 - 01 </span >< span class = "l5"> 07 - 02 16:41
    </span >
        </div >

        < div class = "articleh">
            < span class = "l1"> 386824 </span >< span class = "l2"> 157 </span >< span class = "l3">
    < em class = "settop">话题</em> < a href = "news,cjpl,433467336. html" title = "证监会三大
    配套措施加强对重组上市监管" >证监会三大配套措施加强对重组上市监管</a ></span >< span
    class = "l4">< a href = "http://iguba. eastmoney. com/9313013693864916"    data - popper =
    "9313013693864916" data - poptype = "1" target = "_blank">财经评论</a ></span >< span class =
    "l6"> 07 - 02 </span >< span class = "l5"> 07 - 02 16:42 </span >
        </div >
        ...
    </body >
    </html >
```

可以看出，两个帖子记录都是由 HTML 的 Tag 标签< div class＝"articleh">和
</div>封装，Web 内容提取需要去寻找能够定位记录的 Tag 标签。当然，这种标签
特征在整个 HTML 文档中也未必具有唯一性，这就要求采用一些程序上的技巧或其
他方式构建记录的定位特征。

6.2　Web 页面内容提取的思路

虽然 Web 页面被编码成为一个文本文件，但是它具有一定的结构，即由 HTML
标签构成的树形结构。在进行内容提取时充分利用这种结构，再结合一定的搜索策
略，可以快速获得所需要的内容。考虑到 Web 页面经常改版，这种基于结构和搜索
策略的方法具有比较高的适应能力，使得程序容易维护。

目前有多种 HTML 解析器的开源框架集成了 DOM 树的解析，并提供了灵活的

方式对树进行遍历和搜索。与简单的 Tag 标签匹配不同,这种方法可以实现基于标签在树中的特征来定位要抽取的信息内容,从而可以方便地完成页面内容的提取。

6.2.1 DOM 树

视频讲解

HTML 文件中的标签构成的树是一种 DOM 树,DOM 是 Document Object Model 的简称,即文档对象模型,它提供了一种面向对象描述文档的方式。DOM 是 W3C 组织(即万维网联盟,World Wide Web Consortium)推荐的处理可扩展标志语言的标准编程接口,是 W3C 制定的标准,该标准包含了通过 DOM 方式访问 HTML 和 XML 文档的方法,分别称为 HTML DOM 和 XML DOM。在 Web 页面提取的应用就是基于前一种标准。

图 6-4 是下面 HTML 编码的页面对应的 DOM 树。< html >、< head >、< meta >、< body >、< title >、< div >、< a >都是 HTML 标签,它们按照嵌套关系组成了一种层次树,标签是树中的非叶子节点,而信息内容存在于叶子节点。

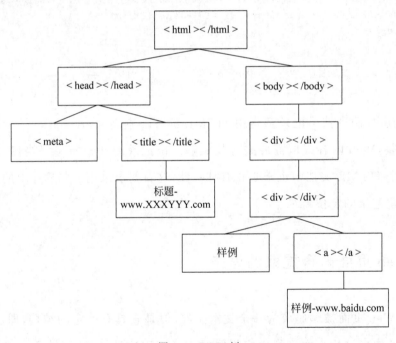

图 6-4 DOM 树

```
<!DOCTYPE html PUBLIC " -//W3C//DTD XHTML 1.0 Transitional//EN" "http://www.w3.org/TR/
xhtml1/DTD/xhtml1 - transitional.dtd">
< html xmlns = "http://www.w3.org/1999/xhtml">
```

```
< head >< meta http - equiv = "Content - Type" content = "text/html; charset = gb2312">< title >
标题 - www.XXXYYY.com </title ></head >
< body >
< div id = "top_frame" class = "name">
    < div id = "logoindex">
        样例
        < a href = "http://www.baidu.com">样例 - www.baidu.com </a>
    </div >
</div >
</body >
</html >
```

在 HTML DOM 树中每个节点都拥有包含关于节点某些信息的属性,这些属性是 nodeName(节点名称)、nodeValue(节点值)和 nodeType(节点类型)。特别地,在基于 DOM 树的节点信息提取中通常需要对节点类型进行判断。W3C 标准中定义了表 6-1 中所列出的 12 种节点类型。

表 6-1　HTML DOM 中的节点类型

	节 点 类 型	描　　述	子 节 点
1	Element	代表元素	Element、Text、Comment、ProcessingInstruction、CDATASection、EntityReference
2	Attr	代表属性	Text、EntityReference
3	Text	代表元素或属性中的文本内容	None
4	CDATASection	代表文档中的 CDATA 部分(不会由解析器解析的文本)	None
5	EntityReference	代表实体引用	Element、ProcessingInstruction、Comment、Text、CDATASection、EntityReference
6	Entity	代表实体	Element、ProcessingInstruction、Comment、Text、CDATASection、EntityReference
7	ProcessingInstruction	代表处理指令	None
8	Comment	代表注释	None
9	Document	代表整个文档(DOM 树的根节点)	Element、ProcessingInstruction、Comment、DocumentType
10	DocumentType	向为文档定义的实体提供接口	None
11	DocumentFragment	代表轻量级的 Document 对象,能够容纳文档的某个部分	Element、ProcessingInstruction、Comment、Text、CDATASection、EntityReference
12	Notation	代表 DTD 中声明的符号	

在 HTML DOM 标准中定义了所有 HTML 元素的对象和属性,以及访问它们的方法(接口),与具体平台和编程语言无关。换而言之,HTML DOM 是关于如何获取、修改、添加或删除 HTML 元素的标准。在该标准中,HTML 的各个组成部分都被定义为节点,并封装成为对象的形式。在表 6-1 所示的各类节点中,文档节点 Document、元素节点 Element、属性节点 Attr 和文本节点 Text 最常用在 Web 信息抽取中。因此可通过若干属性和方法来查找希望操作或提取的元素。一些常用于 Web 信息提取的 HTML DOM 属性和方法如下,更多条目可阅读 W3C 相关页面,https://www.w3.org/DOM/DOMTR。

1. 常用的 HTML DOM 属性

(1) innerHTML:表示节点的 HTML 内容。

(2) parentNode:表示节点(元素)的父节点。

(3) childNodes:表示节点(元素)的子节点列表。

(4) attributes:表示节点(元素)的属性节点集合。

2. 常用的 HTML DOM 方法

(1) getElementById(id):获取带有指定 id 的节点(元素)。

(2) getElementsByTagName(tag):获得指定 tag 的节点(元素)。

(3) appendChild(node):插入新的子节点(元素)。

(4) removeChild(node):删除子节点(元素)。

在信息提取中可以综合使用上述属性与方法,以及 element.nextSibling、element.lastChild、element.firstChild 等,获取某个节点的兄弟、子节点以及 HTML 内容等。例如,可以通过使用一个节点的 parentNode、firstChild 和 lastChild 属性,用 getElementById() 和 getElementsByTagName() 两种方法查找整个 HTML 文档中的任何 HTML 元素或节点,从而完成整个 Web 页面的遍历。

BeautifulSoup 等各种 HTML 解析器对 DOM 标准中的属性和方法进行了实现与封装,为程序开发人员提供 Java、Python 等不同语言的接口调用,使得 Web 信息内容的提取变得更加方便。但是,如果程序开发人员从底层编写 Web 信息提取程序,就需要根据 HTML DOM 定义的这些标准来实现。

6.2.2　提取方法

在进行 Web 页面信息提取时一般有两种场景：一种是针对特定的网站，可以假定页面的标签结构特征是已知的。这种场景一般是爬虫抓取的页面数量不很多或页面版式相同，而且页面不常改版；另一种是不针对特定网站，页面的标签结构是无法事先确定的。对于网络爬虫应用来说，这种场景一般有两种情况：一是爬虫抓取大量不同 Web 页面但无法逐个分析其标签结构；二是 Web 页面经常改版，以至于标签结构需要经常修改。

下面介绍 Web 信息提取的 3 种基本思路。

1. 基于字符串匹配的 Web 信息提取方法

从前面的 HTML 例子可以看出，如果要提取该文件中的正文内容，即字符串"样例"，在程序处理中必须找到该正文字符串的边界特征，即< div id＝"logoindex">和< a href＝"http://www.baidu.com">样例-www.baidu.com </a >，之后才能提取。因此最直接的方法是将整个 HTML 文件内容作为一个字符串，然后根据这些边界特征确定正文内容的起始位置，最后利用字符串函数进行截取。

显然这种方法实现简单，但有时候难以找到一个唯一的边界特征，因此扩展性不好、适应能力很差、缺乏代码的复用能力。

2. 基于 HTML 结构的 Web 信息提取方法

这种方法就是根据 Web 页面的结构组织形式（即标签的 DOM 树）进行正文内容的边界定位。其基本思路描述如下：

（1）通过 HTML 解析器将 Web 文档解析成 DOM 树。

（2）确定要提取的正文在 DOM 树中的哪个节点或哪些节点下。

（3）通过各种方法定位到特征节点，将节点中所包含的内容提取出来。

其中，第（2）步是通过人工方式分析页面结构，例如前面的 HTML 例子中，标题字符串在 title 节点下，而 title 在整个 HTML 文档中具有唯一性，因此可以作为提取的依据。如果无法找到具有标签唯一性的节点，则需要采用各种复杂的搜索策略，如通过DOM 树中的路径。

　　如图 6-5 所示,提取标题可以有两种路径策略。一种策略是从根节点开始,沿着一条合适的路径达到该节点,即(1)和(2)组成的路径。第二种策略是通过 DOM 树的查找功能找到 meta 节点,再通过 element. nextSibling 获得下一个兄弟节点,即路径(3)定位到 title。更复杂的策略可能需要通过寻找父节点、兄弟节点以及子节点之类的操作来提取内容。目前不同的 Web 信息提取库大多提供了灵活的策略定义方法,为信息提取提供了方便。

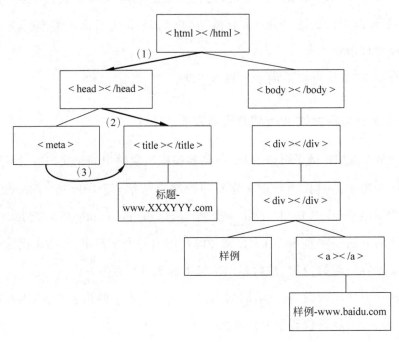

图 6-5　基于 DOM 树进行节点定位的方法

3. 基于统计的 Web 信息提取方法

　　基于统计的 Web 信息提取方法与基于 HTML 结构的提取方法类似,都是先获得 Web 页面对应的 DOM 树,但这个方法基于统计信息。其基本思路是先利用解析器把网页按照 HTML 标记的结构生成对应的 DOM 树,然后基于某种统计信息来获得正文内容。这里的统计信息要求能够把 Web 页面中需要提取的内容和其他内容区分开来,由若干个统计量组成。

　　基于统计的 Web 信息提取方法具有一定的适用性。这种方法对网页正文信息的提取依赖阈值,阈值的设定将影响信息提取的准确性,提取的结果还可能含有噪声。

上述 3 种 Web 信息提取方法并非只能单独使用,可以根据所要处理的任务灵活选择和组合。但相对而言,基于 HTML 结构的 Web 信息提取方法比较灵活,技术上也比较成熟,是当前 Web 信息提取的主流技术。

6.3 基于 HTML 结构的内容提取方法

视频讲解

目前,在 Python 中已经有很多开源库可以用于实现基于 HTML 结构的信息提取。这些开源库完成了 DOM 树的构建,并给开发人员提供了丰富的搜索策略,可以灵活方便地实现 Web 信息提取。这些开源库主要有 html. parser、lxml、html5lib、BeautifulSoup 以及 PyQuery 等。

这些库的功能基本相同,但各有优缺点。表 6-2 给出了这些库的对比。

表 6-2   不同开源库的比较

开 源 库	优 点	缺 点
html. parser	Python 自带的解释器,执行速度适中、文档容错能力强	对某些 Python 版本的兼容性不好
lxml	文档容错能力较好,是唯一支持 HTML 和 XML 的解析器。其大部分源代码基于 C 语言的实现,因此速度快	需要安装 C 语言库
html5lib	兼容性好、容错性好、以浏览器的方式解析文档、生成 HTML5 格式的文档、不依赖外部扩展	速度慢、需要额外的 Python 支持
BeautifulSoup	可以选择最合适的解析器来解析 HTML 文档,使用方便	速度偏慢
PyQuery	比较简单,而且其支持的 CSS 选择器功能比较强大。PyQuery 和 jQuery 的语法很像,易上手	

这 5 种解析器之间存在一定的联系,理解好这些关系,对于选择具体解析器有一定的帮助。图 6-6 所示为 html. parser、lxml、html5lib、BeautifulSoup 以及 PyQuery 之间的联系。一个原始的 HTML 文档经过 DOM/miniDOM 或 etree 解析和逻辑表示之后,可以由 html. parser、lxml、html5lib 解析器进行树的封装,并为用户提供相应的编程接口。此外,BeautifulSoup 和 PyQuery 依赖于其他解析器,可以看作是对其他解析器的进一步封装或集成,最终为用户提供编程接口。其中 BeautifulSoup 试图让自己成为一个集大成者,从而在当前的 Web 信息提取中得到很多人的青睐。该图中的编程接口主要有事件驱动、XPath、css_selector 和类似于 jQuery 的选择器。

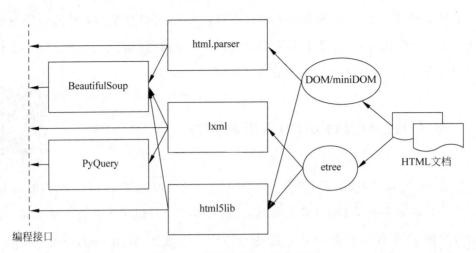

图 6-6 不同解析器之间的联系

在实际编程中应当选择何种开源库进行 Web 信息提取,主要考虑两方面的因素:一是编程效率;二是运行效率。根据这里所描述的各种开源库的关系及优缺点可以看出,BeatifulSoup 由于调用了其他开源库,其运行效率会比较低,但是其编程方式简洁;html.parser、lxml 等提供了事件驱动、XPath、CSS 选择器等方法,在处理复杂页面内容提取任务时有更好的灵活性。

以下 5 个小节分别介绍了这 5 个解析器,从每个解析器定义的 HTML 文档解析方法、程序设计方法和实例 3 个方面进行说明。

6.3.1 html.parser

1. 定义

在 html.parser 中定义了一个名称为 HTMLParser 的类,它是 Python 中自带的标准类,可以用来对 HTML/XHTML 编码的文本文件进行解析。以下是关于类和方法的定义。

该类的定义如下:

```
class html.parser.HTMLParser( * , convert_charrefs = True)
```

其中,参数 convert_charrefs 表示是否将所有的字符(除了 script/style 元素之外)引用自动转化为 Unicode 形式,Python 3.5 以后的默认值是 True。

主要方法(method)的定义如下：

- HTMLParser. feed(data)：接收字符串类型(str)的 HTML 内容，并开始解析。

- HTMLParser. handle_starttag(tag，attrs)：对开始标签的处理方法。其中 tag 是标签名称，attrs 是标签的属性和属性值。例如< div id＝"pbox">这个标签，参数 tag 指的是 div，attrs 指的是(id，pbox)这样的属性和属性值(name，value)所组成的列表。

- HTMLParser. handle_endtag(tag)：表示对结束标签 tag 的处理。HTML 中的结束标签一般都是带/的，例如</div>。

- HTMLParser. handle_data(data)：对开始标签和结束标签之间的数据进行处理。例如对于< div id＝"pbox"> test </div>，这里的 data 就是"test"。

- HTMLParser. handle_comment(data)：对 HTML 中注释的处理方法。

- HTMLParser. handle_decl(decl)：对 HTML 文档类型的处理方法，文档类型一般是由<! DOCTYPE html >)进行声明的。

- HTMLParser. getpos()：返回当前行和相应的偏移量。

- HTMLParser. close()：当遇到文件结束标签后进行的处理方法。

- HTMLParser. reset()：重置 HTMLParser 实例，该方法会丢掉未处理的 HTML 内容。

2. 程序设计方法

使用 HTMLParser 进行 Web 页面信息的提取，其程序设计思路不同于普通的过程式编程方法，不是调用这个类所提供的各种方法，因此很有必要了解 HTMLParser 类与开发者之间的接口方式。

HTMLParser 提供给开发人员的是一种事件驱动的模式，对于给定的 HTML 文本输入，HTMLParser 提供了一系列事件作为编程接口，这些事件就是前面定义的各种方法(method)。事件发生的顺序按如下次序进行：

```
handle_starttag→handle_data→handle_comment→handle_endtag
```

HTMLParser 接收相应的 HTML 内容，并进行解析，对 HTML 标签进行遍历，在遍历过程中遇到每一个标签时会自动调用相应的 handler(处理方法)，即按照上述顺序来处理每一个标签。因此，对于开发者而言，就是通过创建相应的子类来继承

HTMLParser,并且重写相应的 handler 方法来实现信息内容的提取,这充分体现了面向对象编程方法的继承和重写两大思维。

3. 实例

这里看一段简单的程序,展示了从下面这段 HTML 文本中提取出< h1 align= "center">标签中的内容,即"Big data news"和"AI news"。

```
< html >< head >< title > Test </title ></head >< body >< h1 align = "center"> Big data news </h1 >
< h1 align = "center"> AI news </h1 >< h1 align = "right"> 2018.8.1 </h1 ></body ></html >
```

基本思路就是构造一个解析类,该类继承 HTMLParser,重写 handle_starttag、handle_data 和 handle_endtag 方法。在 handle_starttag 中确定要提取的信息所在的标签,在 handle_data 中提取数据。

具体如下。

```
Prog - 5 - HTMLParser - test. py
from html. parser import HTMLParser

class MyHTMLParser(HTMLParser):              # 继承 HTMLParser 类

    ctag = False                             # 当前解析的标签是否为内容所在的标签

    def handle_starttag(self, tag, attrs):
        # print('begin a tag:' + tag)        # 打开后可以跟踪标签处理过程
        if tag == 'h1':                      # 要提取的信息在< h1 >标签中
            for attr in attrs:
                if attr[1] == 'center':      # 要提取的信息的标签具有 center 属性值
                    self.ctag = True         # 找到符合条件的标签
                    break

    def handle_data(self, data):
        # print('handle a tag')              # 打开后可以跟踪标签处理过程
        if self.ctag == True:                # 是否为符合条件的标签
            print("Extracted data   :", data) # 获得数据

    def handle_endtag(self, tag):
        # print('end a tag:' + tag)          # 打开后可以跟踪标签处理过程
        self.ctag = False                    # 一个标签处理完毕后标志位复原

parser = MyHTMLParser()
parser. feed('< html >< head >< title > Test </title ></head >'
        '< body >< h1 align = "center"> Big data news </h1 >< h1 align = "center"> AI news
</h1 >< h1 align = "right"> 2018.8.1 </h1 ></body ></html >')
```

运行后可以看到程序的输出如下：

```
Extracted data : Big data news
Extracted data : AI news
>>>
```

利用 html.parser 进行解析的一个优势是,当输入的 HTML 文档中存在标签不完整或有错误的情况下,它仍然可以正确解释。例如在该例子中,如果< title >缺失或有误,均不会影响正常的解析。当然,如果是提取程序中所用到的标签有误就无法正确解析了。

6.3.2 lxml

1. 定义

lxml 包(package)为开发人员提供了很强的功能来处理 HTML 和 XML 文档,它也是 Python 语言中最容易使用的库之一。lxml 是 libxml2 和 libxslt 两个 C 语言库的 Python 化绑定,它的独特之处在于兼顾了这些库的速度和功能完整性,同时还具有 Python API 的调用。

lxml 中包含了以下重要模块(modules)。

- lxml.etree：该模块实现了文档的扩展 ElementTree API。
- lxml.html：处理 HTML 的工具集。
- lxml.builder：生成 XML 文档的方法。
- lxml.cssselect：基于 XPath 的 CSS 选择器。

此外还有 lxml.ElementInclude、lxml._elementpath、lxml.doctestcompare、lxml.sax、lxml.tests 等模块。

etree 模块为 HTML 的解析提供了丰富的功能,是解析 HTML 文档常用的模块之一,需要重点掌握。在 etree 的 4.2.2 版本中一些主要的类如下。

1) _Element

etree._Element 是对 DOM 树中节点的封装,它的主要方法如下。

- find(self,path,namespaces=None)：通过 tag 名称或路径查找第一个匹配的节点。
- findall(self,path,namespaces=None)：通过 tag 名称或路径查找所有匹配的节点。
- findtext(self,path,default=None,namespaces=None)：通过 tag 名称或路径查找下一个匹配节点的文本信息。

- get(self,key,default＝None)：获得节点的属性。
- getchildren(self)：获得所有直接子节点。
- getnext(self)：获得该节点的下一个兄弟节点。
- getparent(self)：获得该节点的父节点，根节点(root)的父节点为 None。
- getprevious(self)：获得该节点的前一个兄弟节点。

其主要属性有 text、tag、attrib、tail 等，可以获得节点的相关信息。

2) _ElementTree

etree._ElementTree 是对 DOM 树的封装，它的主要方法如下。

- find(self,path,namespaces＝None)：通过给定的 tag 查找第一层的节点，等同于 tree.getroot().find(path)。
- findall(self,path,namespaces＝None)：查找所有与 ElementPath 表达式匹配的节点，等同于 getroot().findall(path)。
- findtext(self, path, default ＝ None, namespaces ＝ None)：查找第一个与 ElementPath 表达式匹配的节点的文本，等同于 getroot().findtext(path)。
- getpath(self,element)：返回一个指向 element 节点的绝对 XPath 路径表达式。
- getroot(self)：获得树的根节点。

在 lxml 中，上述 find、findall、findtext 使用 ElementPath，是一种类似 XPath 的语言，是 XPath 的一个子集。_Element 和_ElementTree 还分别具有 XPath 函数，支持 XPath 语言实现元素的定位。两者的区别如下。

如果是相对路径，_Element.xpath 是以当前节点为参考的，_ElementTree.xpath 以根为参考。

如果是绝对路径，_ElementTree.xpath 是以当前节点的 getroottree 的根节点为参考的。

etree 模块除了提供一些类以外，还提供了丰富的函数用于 Web 信息提取，主要如下。

(1) fromstring(text,parser＝None,base_url＝None)：从文本字符串中解析 HTML 内容，并返回 Element 类型的根节点。

(2) HTML(text,parser＝None,base_url＝None)：从 HTML 文件字符串中解析 HTML 树，返回根节点。与 fromstring 的主要区别是：它对于不规范的 HTML 输入文本有自动纠错能力。

（3）parse(source,parser＝None,base_url＝None)：解析文件类型对象,source为文件名,返回 ElementTree 类型的对象。

此外,XML(text,parser＝None,base_url＝None)可以用于从 text 字符串中解析 XML 文档。

关于 lxml 的 API 的更多介绍可以查阅网站"https://lxml.de/api/"。

2. 程序设计方法

在使用 lxml 进行 Web 信息提取时,最主要的问题是如何进行节点的定位。lxml 提供了三种方式定位节点,一是 XPath,二是树的遍历函数,三是 CSS 选择器。在程序设计中可以根据实际情况单独使用一种方式或多种一起使用。

lxml 库中包含的主要模块有 etree、html、cssselect 等,在程序设计时主要有以下 3 个步骤。

首先利用 etree 提供的 fromstring 等方法读取 HTML 内容,获得 Element 类型的节点或者 ElementTree 类型的对象。

接下来利用解析得到的 Element 或 ElementTree 的 xpath、cssselect、find、findall 等方法来定位要提取信息的节点。

最后从节点中提取信息。

本节介绍 XPath 的方法,CSS 选择器的方法将在 6.3.4 节中介绍。相对于其他 ElementTree 类型的包来说,lxml 包最大的优势在于它支持全部的 XPath 语言。 XPath 是 W3C XSLT 标准的主要元素,并且 XQuery 和 XPointer 都构建于 XPath 表达之上。基于 XPath 语言的表达式提供了一种非常强有力的方法从一个文档中选择所需要的节点。因此,基于 lxml 进行 Web 信息提取的程序设计,需要进行 XPath 表达式的编写。由于 XPath 隶属于 lxml 库模块,所以首先要安装 lxml 库。

XPath 表达式指出了在 DOM 树中从节点 A 开始到节点 B 的一条路径,类似于操作系统中的文件位置描述一样,也可以有绝对路径和相对路径之分。在路径表达式中可以使用的基本元素有基本路径、谓词(Predicates)、运算符以及一些特殊符号。下面分别介绍这些基本元素,完整的介绍可以参考官方网站"https://www.w3.org/TR/xpath/all/"。

1) 基本路径的符号
基本路径的符号如表 6-3 所示。

表 6-3　XPath 中的基本路径符号

表 达 式	描　　述	表 达 式	描　　述
nodename	表示某个具体的节点	.	当前节点
/	根节点	..	当前节点的父节点
//	所有节点,而不考虑它们的位置		

2）谓语

谓语用来查找某个特定的节点或者包含某个指定的值的节点,可以被嵌在方括号中,常用的谓词有 last()、text()、contains()、starts-with()、not()等。

一些带谓词的路径表示的例子如下:

```
/bookstore/book[1]                选取属于 bookstore 子元素的第一个 book 元素
/bookstore/book[last()]           选取属于 bookstore 子元素的最后一个 book 元素
/div[contains(@id,'in')]          选取 id 中包含有"in"的 div 节点
/div[starts-with(@id,'in')]       选取以"in"开头的 id 属性的 div 节点
/input[@name='identity' and not(contains(@class,'a'))]   选取出 name 为 identity 并且
class 值中不包含 a 的 input 节点
```

3）特殊符号

在 XPath 中可以使用的特殊符号有@和 ∗ ,它们的用法如下。

- @:表示选取属性。

- ∗:表示匹配任何元素节点,XPath 通配符可以用来选取未知的 HTML 元素。

以下是若干个典型的例子:

```
//title[@lang]          选取所有拥有 lang 的属性名称的 title 元素
//title[@lang='eng']    选取所有 title 元素,且这些元素拥有值为 eng 的 lang 属性
//∗[@class="main-title"]  选取所有拥有属性名称 class,并且对应的属性值为 main-
title 的元素,而不管节点的标签是什么
//∗[@id="top_bar"]/div/div[2]/span   选取所有拥有属性名 id,并且其属性值为 top_bar
的节点,在这些节点下选择 div 子节点,然后选择该子节点下面的第二个 div 子节点,最后以其下
面的 span 子节点作为最终选取的结果
```

4）运算符号

在 XPath 中可以使用的运算有四则运算(+、-、∗、div)、关系运算(=、!=、<、<=、>、>=)、逻辑运算(and、or),此外还支持求余数(mod)。这些运算作为谓词的一部分,嵌入在方括号中。例子如下:

/bookstore/book[last()-1] 选取属于 bookstore 子元素的倒数第二个 book 元素
/bookstore/book[position()<3] 选取最前面的两个属于 bookstore 元素的子元素的 book 元素
/bookstore/book[price>35.00] 选取 bookstore 元素的所有 book 元素,并且其中的 price 元素的值必须大于 35.00
/bookstore/book[price>35.00]/title 选取 bookstore 元素中的 book 元素的所有 title 元素,并且其中的 price 元素的值必须大于 35.00

3. 实例

```
Prog-6-lxml-test.py
```

【例 6-1】对于给定的 HTML 文档,提取 body 中的 3 行信息。

```
<html><head><title>Test</title></head><body><h1 align="center">Big data news</h1>
<h1 align="center">AI news</h1><h1 align="right">2018.8.1</h1></body></html>
```

基本思路是通过路径"/html/body/h1"定位到这 3 行,再分别对每一行从标签中提取内容,具体说明如下。

```
#coding:utf-8

from lxml import etree                    #加载解析器

html = '<html><head><title>Test</title></head><body><h1 align="center">Big data
news</h1><h1 align="center">AI news</h1><h1 align="right">2018.8.1</h1></body>
</html>'
content = etree.fromstring(html)
rows = content.xpath('/html/body/h1')      #根据路径表达式获得所有符合条件的节点
for row in rows:                           #对每个节点进行处理
  t = row.xpath('./text()')[0]
  print(t)
Big data news
AI news
2018.8.1
>>>
```

【例 6-2】表格数据的提取。

```
html = '<html><head><title>Test</title></head><body><table id="table1"
cellspacing="0px"><tr><th>学号</th><th>姓名</th><th>成绩</th></tr><tr><td>
1001</td><td>曾平</td><td>90</td></tr><tr><td>1002</td><td>王一</td><td>
92</td></tr><tr><td>1003</td><td>张三</td><td>88</td></tr></table></body>
</html>'
content = etree.HTML(html)
rows = content.xpath('//table[@id="table1"]/tr')[1:]
```

```
for row in rows:
    id = row.xpath('./td[1]/text()')[0]
    name = row.xpath('./td[2]/text()')[0]
    score = row.xpath('./td[3]/text()')[0]
    print(id, name, score)

1001 曾平 90
1002 王一 92
1003 张葳 88
>>>
```

在这个例子中,如果只提取表格中的最后一个记录,则将 xpath 改为'//table[@id=
"table1"]/tr[last()]'即可,这里就使用了 last(),表示最后一个 tr 元素(节点)。

6.3.3 html5lib

1. 定义

html5lib 是 Ruby 和 Python 用来解析 HTML 文档的一个类库,支持 HTML 5 以及
最大程度兼容桌面浏览器。html5lib 包中包含了 constants、html5parser、serializer 几个
模块以及 filters、treebuilders、treewalkers 和 treeadapters 几个子包(Subpackages)。
其中,treebuilders 子包提供了对给定 HTML 文档构建不同类型树的模块,包含了
dom、etree、etree_lxml 等重要模块,而 treewalkers 子包中包含了 base、dom、etree、
etree_lxml、genshi 等模块。对于更多说明,读者可以查阅网站(网址为"http://
html5lib.readthedocs.io/en/latest/index.html")。

比较重要的类或模块介绍如下:

1) HTMLParser

html5parser 中定义的 HTMLParser 类对于解析 HTML 而言是比较重要的,它
的声明是"html5lib.html5parser.HTMLParser(tree = None, strict = False,
namespaceHTMLElements=True,debug=False)",其中的参数含义如下。

- tree:决定构造函数要返回的树的类型,是一种 TreeBuilder 类。
- strict:解析时对文本的处理是否严格。
- namespaceHTMLElements:是否产生 HTML 元素的命名空间。

HTMLParser 类的主要方法是 parse,通常使用构造函数对输入的 HTML 文件、
HTML 文本串进行解析,具有多态性。为了方便使用 html5lib 还直接输出了 parse,

因此可以通过 html5lib.parse()来使用。

2）TreeBuilder

在 treebuilders 子包中 base 模块的 TreeBuilder 等类提供了自定义树类型的途径,但是在实际 Web 信息提取的程序设计中使用内置的树就足够了。内置的树类型有以下 3 种。

- dom：DOM 的实现。
- etree：类似于 ElementTree 树。
- lxml：etree 类型的树。

如果将解析 HTML 时的树指定为 lxml,那么就可以利用 lxml 的解析方法来提取 Web 信息。内置树的类型可以通过 treebuilders 的 getTreeBuilder()函数来实现,同样为了方便使用,html5lib 也直接输出了 getTreeBuilder()。

2. 程序设计方法

html5lib 也是采用过程式的程序设计思路,在进行 Web 信息提取时,根据所要提取的内容的不同可以选择合适的方法。对于提取正文内容,可以有多种选择。

（1）直接通过 html5lib 执行 parse 方法,该方法返回一棵解析好的 etree,然后就可以用 etree 的 xpath 方法来指定要提取的内容的路径,从而获取信息。

（2）如果要处理的页面比较多,使用第一种方法需要重复一些与 parse 方法同样的参数,因此可以先使用 html5lib.HTMLParser 构造一个解析器,然后执行该解析器的 parse 方法处理不同页面。

（3）有时候,要提取的信息难以用 xpath 的路径来表达,例如要提取 Web 页面中所有的超链接,针对每个超链接写一个路径当然可以,但是编程效率太低。在这种情况下可以利用 etree 的模式匹配能力,运用 findall 等方法从 HTML 文档中找出所有符合条件的标签。

（4）对于 html5lib 来说,其最大的优势在于可以处理不完整、不规范、有错误标签的 HTML 文档,能够进行自动修复,因此在一些场合下使用 html5lib 进行 Web 页面信息的提取具有一定优势。

3. 实例

在下面的例子中展示了 4 段程序,分别说明了前面提到的 4 种情况,更详细的说明见程序备注。

```
Prog-7-html5lib-test.py
#-*- coding: utf-8 -*-
import html5lib

print('通过指定 treebuilder 来解析：')
document = '<html><head><title>Test</title></head><body><h1 align="center">Big
data news</h1><h1 align="center">AI news</h1><h1 align="right">2018.8.1</h1>
</body></html>'
#直接调用 html5lib.parse()来解析，在解析时采用 lxml 构建树的方法
content = html5lib.parse(document,treebuilder="lxml",namespaceHTMLElements=False)
#指定要提取的内容所在的标签路径
rows = content.xpath('/html/body/h1')
for row in rows:
    t = row.xpath('./text()')[0]      #定位到标签节点后通过 text()提取内容
    print(t)


print('通过指定 tree 来解析：')
document = '<html><head><title>Test</title></head><body><h1 align="center">Big
data news</h1><h1 align="center">AI news</h1><h1 align="right">2018.8.1</h1>
</body></html>'
#构造 HTMLParser 实例,指定构造 lxml 的树
p = html5lib.HTMLParser(strict=False, tree=html5lib.getTreeBuilder('lxml'),
namespaceHTMLElements=False)
#解析 HTML 文档
t = p.parse(document)
rows = t.xpath('/html/body/h1')
for row in rows:
    t = row.xpath('./text()')[0]
    print(t)


print('通过指定 tree 来提取超链接：')
document = '<html><head><title>Test</title></head><body><a href="www.baidu.com">
baidu</body></html>'
p = html5lib.HTMLParser(strict=False, tree=html5lib.getTreeBuilder('lxml'),
namespaceHTMLElements=False)
t = p.parse(document)
#通过 findall()来查找所有标签名称为 a 的节点
a_tags = t.findall(".//a")
for a in a_tags:
    url = a.attrib["href"]    #通过属性名称来获得属性值
    print(url)

print('处理标签不完整或有错误的 HTML：')
#这个 HTML 文档中有不完整的标签：缺少一个</h1>；有错误的标签：</m1>
document = '<html><head><title>Test</title></head><body><h1 align="center">Big
data news</h1><h1 align="center">AI news<h1 align="right">2018.8.1</m1></body>
</html>'
```

```
p = html5lib. HTMLParser ( strict = False, tree = html5lib. getTreeBuilder ( ' lxml ' ),
namespaceHTMLElements = False)
t = p. parse(document)
rows = t. xpath('/html/body/h1')
for row in rows:
  t = row. xpath('./text()')[0]
  print(t)
```

该程序运行后的输出如下,可以看出提取出了正确的结果,特别是对于标签不完整或有错误的 HTML 文档也能获得正确的结果。

```
通过指定 treebuilder 来解析:
Big data news
AI news
2018.8.1
通过指定 tree 来解析:
Big data news
AI news
2018.8.1
通过指定 tree 来提取超链接:
www.baidu.com.
处理标签不完整或有错误的 HTML:
Big dat a news
AI news
2018.8.1
>>>
```

6.3.4　BeautifulSoup

1. 定义

BeautifulSoup 是一个可以从 HTML 或 XML 文件中提取数据的 Python 库,目前最新版本为 BeautifulSoup 4.7.1,简称 bs4,即 BeautifulSoup 4。现在 BeautifulSoup 3 已经停止开发。BeautifulSoup 4 可以用于 Python 2(2.7+)和 Python 3。

bs4 是一个包(package),其中包含了 BeautifulSoup、EntitySubstitution、builder、AnnouncingParser 等类。在这些类中 BeautifulSoup 使用得最多,因此很多人就认为 BeautifulSoup 和 bs4 是一样的,但其实不然。

BeautifulSoup 将 HTML 文档转换成一个树形结构,尽管结构上可能比较复杂,但是从程序设计角度看,只要处理 4 种类型的 Python 对象,即 Tag、NavigableString、

视频讲解

BeautifulSoup 和 Comment。

1) Tag 的具体说明

Tag 对应于 HTML 文档中的 tag 标签,分别用<>和</>表明它的开始和结尾。从下面的程序段可以看出 Tag 的完整名称是 bs4. element. Tag。

```
soup = BeautifulSoup('< b class = "boldest"> Extremely bold </b>','lxml')
tag = soup.b    ♯获得标签 b
type(tag)
♯< class 'bs4.element.Tag'>
```

一个 Tag 可能包含多个字符串或其他的 Tag,这些都是这个 Tag 的子节点。Tag 最重要的属性是 name(名称)和一个或多个 attributes(属性)。BeautifulSoup 提供了许多方法来操作和遍历所有属性。一些在 Web 信息提取中比较重要的 Tag 属性的说明如下。

(1) name:每个标签都有一个名称,可以通过. name 属性获得,例如在上面的例子中通过 tag. name 就可以得到标签名 b。

(2) attributes:每个标签可以有任意多个属性,在上面的例子中标签 b 有一个属性 class,对应的属性值为 boldest。用户可以通过 tag['class']的方式来获得属性值,也可以直接通过 tag. attrs 来获得成对的属性和属性值。

在 HTML 5 中有许多标签的属性值是多值的,例如 class、rel、rev、accept-charset、headers 等,BeautifulSoup 将这种多值属性的值当作 list 处理。大家可以从下面的程序段了解相应的 list。

```
css_soup = BeautifulSoup('< p class = "body strikeout"></p>')
css_soup.p['class']
♯["body", "strikeout"]    ♯属性 class 具有两个值 body 和 strikeout
```

如果一个属性看起来有多个值,但是在任何 HTML 版本标准中都没有把它定义为多值属性,那么 BeautifulSoup 就会保持原样。例如以下的"my id"作为 id 值,并非是多值。

```
id_soup = BeautifulSoup('< p id = "my id"></p>')
id_soup.p['id']
♯ 'my id'
```

（3）children：表示 Tag 的直接子节点，对于 soup ＝ BeautifulSoup('＜head＞＜title＞ The Dormouse''s story＜/title＞＜/head＞')，可以通过如下循环来查看 head 的每个直接子节点。

```
b = soup. head. children
for child in b:
  print(child)
```

（4）contents：一个 Tag 的子节点被放入一个 list，称为 contents。

对于 soup ＝ BeautifulSoup('＜head＞＜title＞The Dormouse''s story＜/title＞＜/head＞')，则 soup. head. contents，值为［＜title＞The Dormouses story＜/title＞］；soup. head. contents［0］，值为＜title＞The Dormouses story＜/title＞；soup. head. title. contents［0］，值为 The Dormouses story。

（5）descendants：这个属性表示 Tag 节点的所有后续节点。对于上面的例子，head 的 descendants 有两个，一个是 title 标签节点、一个是文本节点，也就是＜title＞The Dormouses story＜/title＞、The Dormouses story。

（6）parent：这个属性表示 Tag 节点的父节点，例如 '＜head＞＜title＞The Dormouse''s story＜/title＞＜/head＞'是＜title＞The Dormouse''s story＜/title＞的父节点。

（7）parents：这个属性表示 Tag 节点的父节点到整棵树根节点路径上的所有节点。它类似于 children 属性，可以通过一个循环来查看父节点直到根节点为止。

（8）next_sibling/next_siblings：考虑一个简单的 HTML 文本＜a＞＜b＞text1＜/b＞＜c＞text2＜/c＞＜/b＞＜/a＞，节点 b 的 next_sibling 为＜c＞text2＜/c＞，但是对于节点 c，它没有 next_sibling，即对应的值为 None。next_siblings 则是节点的所有右邻节点。

（9）previous_sibling/previous_siblings：如上面的例子，节点 c 的 previous_sibling 为＜b＞text1＜/b＞。同样，对于节点 b，它的 previous_sibling 值为 None。previous_siblings 则是节点的所有左邻节点。

（10）has_attr：用于判断一个 Tag 是否具有指定的属性，如果有，has_attr 的值为 True，否则为 False。

（11）find、findAllPrevious、findAll、findAllNext 等：这些方法用于为 Tag 节点

查找符合条件的节点。

2) NavigableString 的具体说明

BeautifulSoup 使用这个类封装标签内的非属性字符串，并可以通过< tag >. string 来获取，实际上就是文本节点，这是一种 NavigableString 类型的字符串。NavigableString 支持对字符串的各种导航、搜索操作，因此它具有 parent、findAllPrevious、findAll、findAllNext、next. sibling、previous. sibling、find 等属性和方法。

3) Comment 的具体说明

这是对标签内字符串的注释部分的封装，从下面的程序段可以看出 HTML 中的备注字符串属于 bs4. element. Comment 类型。

```
markup = "<b><!-- Hey, buddy. Want to buy a used parser? --></b>"
soup = BeautifulSoup(markup)
comment = soup.b.string
type(comment)
#< class 'bs4.element.Comment'>
```

4) BeautifulSoup 的具体说明

除了上面 3 种类之外，还有一个重要的类——BeautifulSoup，它是对整个 HTML 文档的封装。

该类具有的属性如下：

(1) tag 的名称，这即是前述的 Tag 类。

(2) name、head、title、body、contents、children、descendants、string、strings、original_encoding 等。

该类具有的方法有 find、findAll、select、select_one、prettify、encode、get_text 等。对于这些方法的典型用法的介绍如下。

(1) 搜索文档树：find()用来搜索单一节点，find_all()用来搜索多个节点。因此，find_all()得到的结果是一个列表，soup. find()只返回第一个符合条件的节点；find()后面可以直接跟. text 或者 get_text()来获得标签中的文本，其使用方法和节点一样。

find 的完整参数形式是 find(name = None, attrs = {}, recursive = True, text = None, ** kwargs)，可以根据标签、标签属性、文本、正则表达式以及函数进行节点匹配。例如：

```
items = soup. find( id = " zwconttbn")      ♯在 HTML 文档中查找标签属性为 id、属性值为
"zwconttbn"的标签
```

通过 items＝soup.find(attrs＝{'id':"zwconttbn"})也可以达到同样的效果,只不过是改成用 attrs 参数来匹配。

findAll 的完整参数形式是 findAll(name,attrs,recursive,text, ∗∗ kwargs),返回的结果是一个列表(list)。其中,name 参数可以查找所有名字为 name 的 tag,例如 soup.findAll('b');recursive 参数表示是否迭代搜索子节点。其允许正则表达式的形式,例如:

```
import re
for tag in soup. findAll(re.compile('^b')):
    print(tag.name)
```

另一种方式是以关键字为参数,例如:

```
♯查找 id 为 link2
soup.findAll(id = 'link2')
♯如果想用 class 过滤,但 class 是 Python 的关键词,需要加一个下画线
soup.findAll('a', class_ = "sister")
```

(2) CSS 选择器:这种方式使用 select 方法,允许通过标签名、类名、id 名以及组合查找、子标签查找。在查找时,最重要的模式是由标签名、类名、id 和子标签组成。标签名不加修饰,类名前加点,id 名前加♯,子标签通过>或空格定义。

与 XPath 相比,CSS 提供了很简洁的选择方式,在 Web 信息提取中广泛应用。
一些例子如下:

```
soup. select('title')               ♯通过标签名查找
soup. select('.sister')             ♯通过类名查找,即匹配具有 class = 'sister'的节点
soup. select('♯link1')             ♯通过 id 名查找
soup. select('p ♯link1')           ♯组合查找,即匹配< pid = 'link1'>的节点
soup. select("head > title")       ♯直接通过子标签查找(>前后加空格)
soup. select('.list > ♯link1')     ♯class 名称为 list 的标签节点下 id 名称为 link1 的子节点
```

select 方法返回的结果是 list 类型,可以通过下标和 text 属性得到内容,例如:

```
soup.select('title')[0].text      ♯这个语句获得页面的 title 内容
```

特别地,如果类名本身带有空格,则应该用点代替其中的空格。例如,对于< div

class="zwli clearfix">的选择,应该使用 soup. select('div. zwli. clearfix')。

2. 程序设计方法

在进行程序设计前,需要通过 pip install beautifulsoup4 安装 BeautifulSoup,这样才能使用。

BeautifulSoup 本身并没有包含解析文档的代码,而只是提供一些简单的、Python 式的函数用来处理导航、遍历、搜索以及修改 HTML 树的功能。解析 HTML 文档的功能是通过现有的各种解析器,包括 Python 标准库中的 HTML 解析器,以及一些第三方的解析器,例如 lxml、html5lib。在默认情况下,BeautifulSoup 4 默认使用标准库中的 html. parser。

BeautifulSoup 对 HTML 文档进行解析时,取决于所指定的解析器,具体方法如下:

```
BeautifulSoup(html, parser)
```

其中 html 是要解析的 HTML 内容(字符串),parser 可以是' html. parser'、'lxml'或'html5lib'。如果采用后面两个,需要先安装相应的解析器。

可以认为,BeautifulSoup 是在各种解析器的基础上封装了一些 HTML 树的操作功能,因此它对 HTML 文档的解析速度一般不会比它所依赖的解析器快。但是,由于它封装后所提供的 API 操作功能比较完整、简洁,所以目前得到了广泛的应用。

从程序设计角度看,需要以下步骤。

(1) 指定解析器,创建 BeautifulSoup 对象。

(2) 使用 select 或 find、findAll 等方法来定位、获取相应的标签内容。

3. 实例

以下一段 HTML 文档取自实际页面中的部分,目的在于提取其中的新闻标题、发布日期、消息来源和消息内容。相关提取方法的调用见标注。

```
Prog - 8 - bs - sinanews.py
#-*- coding: utf-8 -*-
from bs4 import BeautifulSoup

html = '''
< html >< body >< div id = "second-title">访华前 这个国家的总理说"感谢中国体谅"</div>
< div class = "date-source">
< span class = "date">2019 年 03 月 27 日 21:30 </span></div>
```

```
< span class = "publish source">参考消息</span>
< div class = "article">
< p>原标题:锐参考｜访华前,这个国家的总理说:"感谢中国体谅!"</p>
< p>"非常感谢中国的理解!"</p>
< p>在 25 日的新闻发布会上,新西兰总理杰辛达·阿德恩这样说道.</p>
</div>
</body></html>
'''
soup = BeautifulSoup(html, 'lxml')

# id 名前加#
title = soup.select('div#second-title')[0].text

# 类名(class)前加点
date = soup.select('span.date')[0].text

# 类名中的空格用点替换,即 publish.source
source = soup.select('span.publish.source')[0].text

# 子标签通过>定义:p 是 div.article 的子标签
content = soup.select('div.article > p')
contentstr = ''
for i in range(len(content)):
  contentstr += content[i].text + "\n"

print("标题: ",title)
print("发布日期: ",date)
print("消息来源: ",source)
print("消息内容: ", contentstr)
```

以下是输出结果:

```
标题:访华前 这个国家的总理说"感谢中国体谅"
发布日期:2019 年 03 月 27 日 21:30
消息来源:参考消息
消息内容:原标题:锐参考|访华前,这个国家的总理说:"感谢中国体谅!""非常感谢中国的
理解!"
在 25 日的新闻发布会上,新西兰总理杰辛达·阿德恩这样说道.
```

find、findAll 用于节点的选择也非常方便,对于这个例子的 HTML 文档,findAll
的使用方法及效果如下。

```
soup.findAll(attrs = {"class","date"})      # 通过 attrs 参数指定标签的属性名和属性值
[< span class = "date">2019 年 03 月 27 日 21:30 </span>]

soup.findAll(name = "span")                 # 通过 name 参数指定标签的名称
[< span class = "date">2019 年 03 月 27 日 21:30 </span>, < span class = "publish source">参
考消息</span>]
```

6.3.5 PyQuery

1. 定义

PyQuery 是一个主要的 Python 库,它具有类似于 JavaScript 框架——jQuery 的功能。PyQuery 使用 lxml 解析器在 XML 和 HTML 文档上进行操作,并提供了和 jQuery 类似的语法来解析 HTML 文档,它支持 CSS 选择器,使用也非常方便。其官方文档可在"http://packages.python.org/pyquery/"上查阅。

2. 程序设计方法

如果要使用该库,首先要通过 pip install pyquery 安装。安装完成后通过以下语句加载函数:

```
from pyquery import PyQuery
```

在程序设计上,它与其他库一样,主要步骤有初始化、定位(选择或查找)要提取的节点和提取信息 3 个步骤。

1) 初始化

PyQuery 有几种初始化的方法,即可以通过传入 HTML 文档的字符串、指向页面的 URL 或 HTML 文件初始化。例子如下:

```
from pyquery import PyQuery as pq
d = pq("<html>…</html>")          #传入字符串
d = pq(url = 'http://google.com/')   #传入 URL
d = pq(filename = html_file)        #传入文件
```

2) 主要操作

(1) html()和 text():获取相应的 HTML 块或者文本内容。

(2) ('selector'):通过选择器来获取目标内容。

(3) find():查找元素。

(4) filter():根据 class、id 筛选指定元素。

(5) attr():获取、修改属性值。

(6) children():获取子元素。

(7) parents():获取父元素。

（8）next()：获取下一个元素。

（9）nextAll()：获取后面全部元素块。

对于这些操作的详细用法，读者可以参考在线文档，或者在 Python 中通过 help（pyquery.PyQuery)查看帮助和例子的解释。

3. 实例

使用与 6.3.4 相同的 HTML 来展示 PyQuery 的使用。

```
Prog - 9 - pyquery - sinanews.py
# - * - coding: utf - 8 - * -
from pyquery import PyQuery

html = '''
< html >< body >< div id = "second - title">访华前 这个国家的总理说"感谢中国体谅"</div >
< div class = "date - source">
< span class = "date"> 2019 年 03 月 27 日 21:30 </span ></div >
< span class = "publish source">参考消息 </span >
< div class = "article">
< p>原标题：锐参考 | 访华前,这个国家的总理说："感谢中国体谅!"</p>
< p>"非常感谢中国的理解!"</p>
< p>在 25 日的新闻发布会上,新西兰总理杰辛达·阿德恩这样说道.</p>
</div >
</body ></html >
'''
py = PyQuery(html)      #初始化一个 PyQuery 对象,从而可以基于该对象使用上述操作

#id 名前加#
title = py('div # second - title')[0].text          #选择器

#类名(class)前加点
date = py('span.date')[0].text                      #选择器

#类名中的空格用点替换,即 publish.source
source = py('span.publish.source')[0].text          #选择器
#子标签通过 > 定义
content = py('div.article > p')                      #选择器
contentstr = ''
for i in range(len(content)):
  contentstr += content[i].text + "\n"

print("标题: ",title)
print("发布日期: ",date)
print("消息来源: ",source)
print("消息内容: ", contentstr)
```

运行结果如下：

> 标题：访华前 这个国家的总理说"感谢中国体谅"
> 发布日期：2019 月 03 月 27 日 21:30
> 消息来源：参考消息
> 消息内容：原标题：锐参考|访华前,这个国家的总理说:"感谢中国体谅!""非常感谢中国的理解!"
> 在 25 日的新闻发布会上,新西兰总理杰辛达·阿德恩这样说道。

find 用于节点的选择也非常方便,对于这个例子的 HTML 文档,find 的使用方法及效果如下:

```
#通过标签 body 找到 body 节点,在该节点下查找所有标签为 div 的节点 xs = py('body').find('div')
#xs 是一个 PyQuery 对象,可以用 xs 对应的子树继续使用 CSS 选择
d = xs(".date - source .date")
#d 是一个 PyQuery 对象列表,要提取的时间在第一个节点
print(d[0].text)
```

6.4 基于统计的 Web 内容提取方法

对于 Web 爬虫而言,爬取到各种各样的页面,大部分可能是从事先并不知道的 Web 站点,因此在后续的提取过程中无法事先为这些站点上的页面设定正文的特征标志(Tag)或节点在树中的位置,也就不能直接利用前面所提到的方法。另外一种场景是,尽管爬虫爬取固定的某些网站页面,但是网站也会经常升级改版,由此导致写好的程序针对新版失效了。

处理这些场景下的页面内容提取,提取程序就需要有一定的智能性,能够自动识别某个 Web 页面上的正文位置,其前提是在没有人工参与的情况下。一种典型的方法是基于统计的页面信息提取,其基本步骤如下:

(1) 构建 HTML 文档对应的 DOM 树;

(2) 基于某种特征来构建基于 DOM 树的信息提取规则;

(3) 按照规则从 HTML 中提取信息。

在这个处理流程中,最重要的是信息提取规则。规则的制定或生成方法有以下两种。

第一种是通过启发式方法。一般通过人工对 HTML 页面进行观察和总结,以 DOM 树所确定的基本组成单位为规则中的特征,人工估计其对应的特征值,从而形成启发式规则。常用的特征包括每个节点(Node)所包含的文本信息内容的多少(TextSize)、每个节点所包含的标签个数(tagCount)、每个节点内有链接与无链接文

本条内字符总个数的比值(LinkTextCountRatio)、链接锚文本的平均字符个数(LinkAvgCount)。

除此以外,还可以找到更多特征。根据这些特征,制定启发式规则对页面上的内容进行识别和提取。例如:

```
if LinkTextCountRatio(Ni)>2 and LinkAvgCount(Ni)<=6 then Ni 为导航区
```

这个规则对 DOM 树中的节点 Ni 从 LinkTextCountRatio 和 LinkAvgCount 两个特征做了限定,如果符合这个条件,则认为该节点对应一个导航区。

类似地,考虑到页面中的正文区内通常会有较多的字符,即 TextSize 较大,并且所包含的超链接比较少,所以可以根据这些特征制定判断规则。

显然,这种方法的有效性取决于规则的合理性,主要是特征值的具体取值。为了避免启发式规则中的人为因素,另一种方法就是采用机器学习的方法来计算最佳的特征值。

第二种是机器学习方法。这种方法通过人工选择大量的 HTML 页面,并对页面中的正文区域进行标注,再由程序计算正文节点中各种特征对应的特征值,以及其他类型节点对应的特征值,从而将正文节点的判断转换成为一个分类问题,即根据某些特征及特征值判断节点是否为正文。这样的问题显然合适用机器学习方法来解决。

这种方法的优点是可以通过样本和机器学习的方法获得最佳的特征值,从而避免判断上的主观性,提升判断的准确性。其缺点是需要有一定量的人工标注样本。

需要注意的是,前面提到的基于 HTML 结构的信息抽取方法中也涉及抽取规则,但这些是比较简单的规则,例如信息块的位置等,因此其适用性比这里所讨论的基于统计的方法要差一些。

6.5 基于 JSON 的 Web 信息提取

在许多动态网页中,不但浏览器可以以 JSON 的格式发送请求参数给服务器,服务器也可以以 JSON 的格式把数据发送给浏览器。在4.2.3节和5.5.2节介绍了在请求中封装并发送 JSON 参数的方式,本节将介绍爬虫程序处理服务器返回的 JSON 类型数据的方法。

JSON 的全称是 JavaScript Object Notation,它是一种轻量级的数据交换格式。在格式上,JSON 以大括号进行界定,里面每项是一个 key:value 型的元素,其中的

value 可以是字符串、数组、数字、对象等。例如,以下的字符串 diming 包含了 JSON 描述的部分地名数据,其中"province"的值是一个对象,该对象包含了三个 JSON 描述的地名信息,每个地名信息均由 name 和 cities 描述。

```
diming = """
{
    "name": "中国",
    "province": [{
        "name": "福建",
        "cities": {
            "city": ["厦门", "泉州"]
        }
    }, {
        "name": "广东",
        "cities": {
            "city": ["广州", "深圳", "中山"]
        }
    }, {
        "name": "浙江",
        "cities": {
            "city": ["杭州"]
        }
    }]
}
"""
```

从该字符串中提取地名信息的方法如下:

```
>>> import requests
>>> import json
```

首先,通过 loads 方法加载 JSON 数据,加载完成之后得到一个字典对象 jst。

```
>>> jst = json.loads(diming)
>>> jst
{'name': '中国', 'province': [{'name': '福建', 'cities': {'city': ['厦门', '泉州']}}, {'name'
: '广东', 'cities': {'city': ['广州', '深圳', '中山']}}, {'name': '浙江', 'cities': {'city':
['杭州']}}]}
```

按照字典对象的方式,通过指定 key 来获取相应的内容。

```
>>> jst['name']
'中国'
>>> jst['province'] # 获得所有地名信息
[{'name': '福建', 'cities': {'city': ['厦门', '泉州']}}, {'name': '广东', 'cities': {'city':
['广州', '深圳', '中山']}}, {'name': '浙江', 'cities': {'city': ['杭州']}}]
```

```
#对于列表型数据,还可以指定其位置来访问相应的记录信息
>>> jst['province'][0]['name']  #获得第一个'province'的名称
'福建'
>>> jst['province'][0]['cities']['city']  #获得第一个'province'中的城市名称
['厦门', '泉州']
>>>
```

在实际网页中使用 JSON 格式响应客户端请求的情况也很多,例如在 bilibili 上获取标签信息。

```
>>> import requests
>>> import json
>>> url = "https://space.bilibili.com/ajax/member/getSubmitVideos?mid = 349991143&pagesize = 30&page = 1"
>>> html = requests.get(url)
>>> jtext = json.loads(html.text)    #B站返回的 html.text 是 JSON 格式的数据
```

此时获得的 jtext 是一个嵌套的字典类型变量,其内容较多,部分如下:

```
{'status': True, 'data': {'tlist': {'1': {'tid': 1, 'count': 397, 'name': '动画'}, '3': {'tid': 3,
'count': 64, 'name': '音乐'}, '4': {'tid': 4, 'count': 84, 'name': '游戏'}}, 'vlist': [{'comment': 542,
'typeid': 27, 'play': 45182, 'pic': …
```

想要提取其中的信息,只要利用 Python 字典所提供的处理方法即可,例如,可以设计一个列表推导式,通过对该字典项的遍历获得所有标签。

```
>>> [d[1]['name'] for d in jtext['data']['tlist'].items()]
['动画', '音乐', '游戏']
```

思考题

1. 什么是 DOM 树?
2. 各种典型的 Web 信息抽取包之间有什么联系?
3. 谈一谈 html.parser 的事件驱动编程方法。
4. 针对实际网页,使用 BeautifulSoup 进行页面内容抽取。
5. 分析基于 HTML 结构的 Web 页面抽取方法存在的问题。

第 **7** 章

主题爬虫页面采集技术与Python实现

主题爬虫也称为聚焦爬虫(Focused Crawler)。从功能上看与普通爬虫不同,它主要采集与某些预先设定好的主题相关的 Web 页面。在互联网大数据分析中,此类爬虫目标明确,更有价值。本章主要介绍主题爬虫的体系结构和关键技术,包括主题模型、主题相似度及其在主题爬虫中的应用等。

7.1　主题爬虫的使用场景

主题爬虫具有明确的任务,而这种任务是以主题方式定义的。主题爬虫的应用场景主要有以下三大类。

1. 垂直搜索引擎

垂直搜索引擎给用户提供了某个特定领域的全文检索服务,因此其数据通常来自于互联网上与领域相关的页面。各种面向特定领域的爬虫,例如旅游领域爬虫、财经新闻爬虫等,都是属于这一类。这种爬虫对信息的时效性并没有太多要求,可以是新的主题内容,也可以是关于领域的一般知识的话题。

2. 舆情监测

针对当前网络上的热点话题,所抓取的热点话题可以是随时变化的。通常是某一个热点事件,例如"疫苗事件"和"世界杯足球赛"等。其搜索范围一般是新闻网站、社交媒体。这种主题时效性强、蕴含着较为丰富的内容,包含有较多的子话题。

3. 商业情报搜索

互联网上蕴含了各种商机,因此不少公司会到网上寻找商机。例如,关于钢材等大宗商品的需求。针对这种类型的应用,爬虫一般会到一些主要的客户网站去检索是否有相关的需求发布。相比于舆情监测,这种主题并没有太多的子话题,主题也相对比较明确。

7.2 主题爬虫技术框架

图 7-1 是主题爬虫的技术构成,从功能实现的角度看,主题爬虫在普通爬虫的基础上增加了主题定义、链接相关度估算和内容相关度计算三大技术实现。因此,与普通爬虫的体系结构相比,主题爬虫扩展了虚框中的 3 个部分。

在扩展部分,由页面解析器提取得到的超链接需要经过链接相关度的估算,初步估计为可能是与主题相关的超链接之后才进行爬行策略的搜索。同时,页面解析器在主题爬虫中还需要完成一项重要的任务,就是提取页面中的正文部分。再由新增加的内容相关度计算模块对这些正文信息计算主题的相关度,最后将相关度符合要求的页面存储到本地系统。在内容相关度计算和链接相关度估算的过程中都需要利用某个生成好的主题信息。

主题信息是主题爬虫中最为重要的部件,它为两个相关度计算提供衡量标准,因此要求主题信息必须容易被用于相关度计算。在两个相关度计算过程中实际上隐含了某种过滤过程,也就是把不符合相关度要求的页面过滤掉,这种决策通常是由用户来执行,具体可体现为用户设定相关度阈值。因此,这种相关度计算方法要能为阈值的设置提供有效的参考。如果相似度能控制在一定范围内,那么用户在设定这些阈值参数时就会比较心中有数。因此,图 7-1 左上角的"用户"需要完成两项工作,即主题的设定、包括链接相关度和内容相关度在内的主题相关度大小的阈值设定。

在主题爬虫中,主题是核心部分,在具体实现时主题的生成和相关度的计算都需

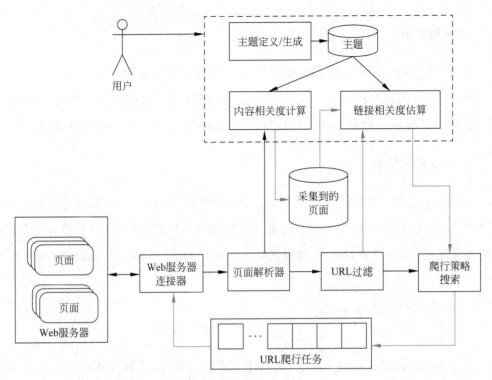

图 7-1   主题爬虫的体系架构

要涉及对文本内容的处理,这个处理过程可以用图 7-2 来表示。在这个流程中,由用户提供一个代表主题的文本集,其中的文档都与主题相关。针对这些文档,经过词汇切分把每个文档中的词汇识别出来,将其中没有实际含义的停用词删除,这些词一般是虚词、代词等,删除之后对主题的表达几乎没有影响。这两个步骤称为文本预处理。然后进行特征选择或特征提取,选择出最能够代表主题的若干词汇,具体词汇的个数取决于用户设定的值。之后就可以用现有的主题模型描述方法来构建主题,常用的有向量空间主题模型、LDA 主题模型等。在完成建模之后将主题模型存储起来,这个过程是在主题爬虫工作之前进行的。

在构建好主题模型之后,可以对某个页面内容进行主题的相关度计算。基本方法是从页面中提取出信息内容,对这些文本信息内容进行同样的预处理,与主题模型进行相关度计算,从而为主题爬虫的主题判断提供依据。将相关度符合要求的页面存储下来,将不相关的页面丢弃。

可以看出,主要技术包括文本预处理、主题及实现技术、主题相关度计算等。本章后续围绕主题模型构建及相关度计算中的主要技术进行介绍,文本预处理、高级主题建模等技术是各类爬虫采集应用的共性技术问题,将在第 11 章进行介绍。

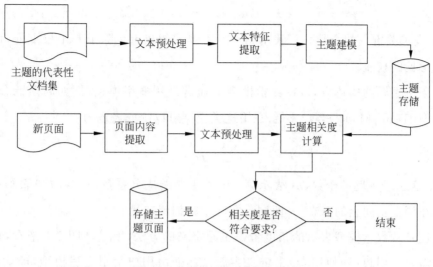

图 7-2　主题模型构建与应用流程

7.3　主题及其表示

　　主题代表着某种叙事范围,爬虫在这个范围内进行页面内容的检测。最大的问题(也是最难的问题)就是如何定义主题,如何描述一个主题。从目前所使用的方法看,主要有以下几种方法。

　　一是采用关键词集来描述一个主题。如果想抓取与"大数据"有关的页面,最简单的方法就是用"大数据"这个词汇作为主题的定义,但不含有大数据的页面也可能是与"大数据"相关的,例如一些讨论数据挖掘技术的页面。因此采用关键词集描述主题时,需要尽可能完整地考虑到所关注的主题可能涉及的关键词。

　　二是对关键词集进行某种划分,通过对子主题的描述来实现对整个主题的定义。例如对于"大数据"这个主题,可以按照交通、金融等应用领域来划分大数据,也可以按照采集、存储、挖掘等技术构成来划分,从而产生不同的子话题。

　　主题的定义,最终要能够方便链接相关度和内容相关度的计算,因此它必须有一种比较明确的数学表达形式。根据上面两种方法的叙述,它们所采用的数学表达方式分别如下,具体的分析说明在本书的后续章节中会展开。

　　对于关键词集合的方式,在数学模型上可以采用向量空间模型来表达。向量空间模型将词汇作为维度,将词汇的权重作为相应的坐标,因此主题就可以表达成为向量空间中的一个点。在这种模型中考虑一种特殊情况,词汇的权重值只有两种取值,即0 或1,这种特殊的向量空间模型称为布尔模型。主题 T 用这类模型可以统一表述为:

$$T = (w_1, w_2, \cdots, w_n) \tag{7-1}$$

其中，n 表示关键词的个数，w_i 表示第 i 个关键词的权重。除了 0、1 权重外，词频也是一种常见的权重。

对于子主题的描述方式，在数学模型上通常采用概率模型，例如高斯混合模型、主题模型(Topic Model)等。主题 T 用这类模型可以统一表述为：

$$P(T) = \sum_{i=1}^{K} \mu_i p(x \mid T_i) \tag{7-2}$$

其中，K 表示子主题的个数，μ_i 表示第 i 个子主题的成分系数，$p(x \mid T_i)$ 表示第 i 个子主题在词汇空间上的分布，x 即词汇空间中的词汇向量。

上述是从数学模型表示的角度考虑主题定义的方法，但是从图 7-1 来看，在主题爬虫中需要由用户(即使用者)来定义主题。然而由用户给出上述模型，即式(7-1)、(7-2)中的参数，这是一件非常困难的事。因此，在实际应用中由用户提供一些能够代表主题的文本集，经过模型的推理后自动产生模型定义，这个推理过程会在第 11 章中进行详细的介绍。加入了这一过程，爬虫看起来具有一定的自学习能力。

7.4 相关度计算

在主题爬虫中，相关度的计算包含了链接相关度和内容相关度计算两大部分。它们在整个主题爬虫的处理流程中起到的作用不同，但不管是哪一个，它们的共性问题都是文本与主题模型的相关度计算。为此，下面先介绍文本与主题的相关度，再分别介绍链接相关度和内容相关度。

7.4.1 主题相关度的计算

显然，主题相关度的计算方法与所选择的主题模型有关。

对于向量空间的特例——布尔模型，主题实际上是用一系列不同的词汇组成，即一个词汇的集合，记为 A。页面的文本内容在经过处理之后，也可以用一个词汇集合来表示，记为 B。两者的相关度可以通过集合相似度来定义，典型的计算方法是 Jaccard 相似系数(Jaccard similarity coefficient)，即：

$$J(A, B) = \frac{\mid A \bigcap B \mid}{\mid A \bigcup B \mid} = \frac{\mid A \bigcap B \mid}{\mid A \mid + \mid B \mid - \mid A \bigcap B \mid} \tag{7-3}$$

当集合 A、B 都为空时，$J(A, B)$ 定义为 1。

例如,对于大数据主题,可以定义该集合为 A={大数据,存储,采集,挖掘,特征,爬虫,平台,分布式},假设有一个页面提取得到对应的词汇集合 B={大数据,爬虫,采集,技术},那么这两个页面的相关度 J(A,B)=3/(8+4−3)=0.33。

对于式(7-1)所描述的向量空间模型,可以采用余弦相似度的计算公式,如下:

$$\cos\theta = \frac{\sum_{i=1}^{n} a_i b_i}{\sqrt{\sum_{i=1}^{n} a_i^2} \sqrt{\sum_{i=1}^{n} b_i^2}} \tag{7-4}$$

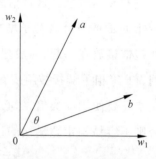

图 7-3 余弦相关度的含义

其中,a_i、b_i 分别是主题向量和正文内容向量的第 i 个维度的权重值,n 是向量空间维数。图 7-3 是余弦相关度含义的示例,这是一个由两个词汇组成的向量空间,a、b 分别是主题向量和页面内容向量。

对于式(7-2)所描述的概率主题模型,最直接的方法就是将相关度用条件概率 $P(d|T)$ 来衡量,其中 d 表示页面内容。具体的关于维度的选择、权重的计算和条件概率计算将在第 11 章中介绍。

上述余弦相似性或条件概率的取值都在[0,1]内,因此用户在设定相关阈值时就会比较方便。

7.4.2 链接相关度估算

主题爬虫目的在于爬取与设定主题相关的页面内容,但是在爬取过程中需要考虑其工作效率。在主题爬虫中可能影响爬行效率的因素有两个方面,一是内容相关度的计算,该计算需要涉及内容的处理,例如 Web 页面提取、中文词汇的切分、主题模型的构建、相似度计算等,需要较多的计算量;二是对页面的爬取,页面的爬取涉及网络连接的建立、URL 命令的发送以及 Web 页面内容的获取等,也需要较多的计算量。

如果能控制进入爬行任务列表的 URL,使得进入该任务列表的 URL 大多是与主题有一定相关的,就能有效地降低后续对内容处理所需要的计算量。因此从提高爬虫系统性能的角度来说,不能把所有互联网页面下载下来之后再去通过内容相关性筛选,而需要在 URL 提取阶段就能够判断某个 URL 对应的页面内容是否与主题相关。

在这个阶段,由于这时候 URL 刚被解析出来,其对应的 Web 页面并没有被获取,所以无法从内容上进行相关度的分析。一些可以被利用的信息以及它们对链接相关度估算的价值分析说明如下。

(1)超链接的锚文本:即一个超链接上显示的文字。这种文本信息一般非常有限,但是锚文本中的关键词在反映真实内容方面通常具有很强的代表性。其缺点是锚文本一般很短,经过词汇提取之后,通常需要进行一定的词汇语义扩展,找到更多可能与主题相关的词汇,这样可以提高与已定义好的主题的链接相关度计算的准确性。

(2)超链接周围的锚文本:也就是某个超链接前后一定范围区域内所有锚文本构成的文本信息。这种信息在进行相关度估算时也具有一定的参考价值,这是由于Web页面的设计者为了增加用户体验度,通常会把一些内容上相似或相关度比较高的超链接放在一起,一般把这种现象称为超链接的主题聚集性。如图7-4所示,互联网、IT等相关链接被组织在一起。设计者可以用周围的文字来扩展某个超链接的锚文本。要使用此类信息,必须对HTML结构进行一定分析,例如同属于一个表格栏,否则不容易确定超链接的计算范围。

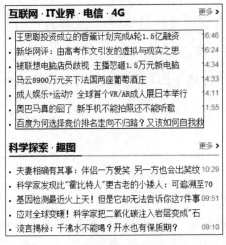

图 7-4　超链接的主题聚集性

(3)超链接结构信息:对于爬虫系统来说,页面超链接是不断累积起来的,因此

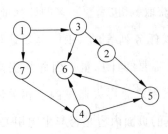

图 7-5　爬虫系统中超链接的价值

在爬虫工作过程中,对于某个页面P,可以使用从已经爬行的页面中提取出来的指向该页面的超链接来进行相关度的估算。例如在图7-5中,从页面1开始进行宽度优先搜索爬行,当解析出2和4所包含的超链接后,就可以对页面5的相关度进行估算了,而且这种估算会随着采集到的页面的增多变得更准确。基

于这种链接结构的一般假设是主题相关度高的页面通常也会比较密集地链接在一起,因此需要在获取新的页面之后对所有页面的主题相关度重新评估。

通过锚文本构造出代表页面的文本,对文本进行处理之后,即可利用7.4.1节介绍的计算方法进行主题相关度的计算。但是,这种方式获得的文本比较少,其代表页面内容的能力小,因此只能称作一种估算。

7.4.3　页面内容相关度计算

内容相关度计算是在实际上已经获得页面内容之后计算它与主题的相关度大小,是控制主题爬虫信息效率的第二个关口。如果要进行内容相关度的计算,需要有两个关键的环节。

一是页面解析器要能正确地把页面的正文提取出来。由于一个 Web 页面通常包含了很多导航条、广告等内容和超链接,而真正页面所要表达的主题内容并不会占据整个页面,所以为了避免无关词汇对后续内容相关度计算造成影响,要求在这个阶段正确地把页面的正文内容提取出来,所采用的技术已在第 6 章的 Web 页面内容提取部分进行了介绍。

二是对提取出来的正文内容进行主题相关度的计算。如前所述,这种相关度计算与主题定义时所采用的模型有关。

视频讲解

7.5　特定新闻主题采集

下面的例子,展示了从新浪新闻列表中抓取与设定主题相关的页面。爬虫首先获取新闻列表(http://roll.news.sina.com.cn/news/gnxw/gdxw1/index.shtml),如图 7-6 所示,然后提取列表中每个新闻的超链接,进入相应的页面,如图 7-7 所示。

在新闻页面的 HTML 中进行文本内容的提取,这里使用了 BeautifulSoup 和 XPath 的信息提取方法。在提取出文本之后进行了文本的切分,获取每个词汇,并进行了停用词过滤,最后以词汇出现的次数和词汇在每个段落中出现的情况来进行特征选择,最终选择出 10 个代表该页面内容的词汇,将这些词汇与事先设定的主题词汇基于 Jaccard 相似系数来计算页面内容与主题的相关度。

具体代码及相关标注说明如下。该例子综合展示了 Robots 规范的使用、页面抓

- 进博会门票网售1500元一张？上海警方：假的 别信 (2018年11月06日 07:45)
- 赣州人大常委会原主任骆炳峰再获减刑八个月 (2018年10月19日 12:27)
- 辽宁越狱事件调查：部分监狱管理人员非在编干警 (2018年10月16日 21:25)
- 中国驻美大使回击白宫指责 坦言不知白宫谁说了算 (2018年10月16日 10:45)
- 扬子鳄保护区遭企业侵占 当地官员辩称:谁说不能 (2018年10月16日 08:33)
- 人民日报钟轩理文章:贸易战阻挡不了中国前进步伐 (2018年10月15日 06:59)
- 瑞媒称中国游客事件或由中方故意导演 中使馆驳斥 (2018年09月18日 04:51)
- 台北捷运传歹徒持刀刺人 女子胸口被划伤15厘米 (2018年09月17日 20:54)
- 滴滴恢复深夜出行第一夜：新司机被刷 考核遭吐槽 (2018年09月16日 05:40)
- 著名表演艺术家朱旭去世 享年88岁 (2018年09月15日 05:10)
- 中国4艘海警船进入钓鱼岛领海巡航 遭到日方监视 (2018年09月12日 14:19)

图 7-6 新闻列表

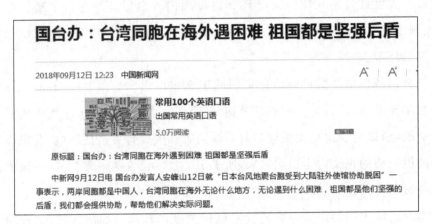

图 7-7 新闻页面

取、解析、超链接提取、内容提取、词汇处理等技术。需要注意的是,这里利用了 gensim. corpora. dictionary 和 jieba 两个开源库,此处只涉及基本操作,更多的使用方法和技术原理将在第 11 章介绍。

```python
Prog - 10 - topic - pages.py
#-*- coding: utf-8 -*-
import urllib.robotparser
import requests
from bs4 import BeautifulSoup
import jieba
from gensim.corpora.dictionary import Dictionary
import os
import re

#保存文件
def savefile(file_dir, content,seq):
    file_path = file_dir + os.sep  + str(seq) + '.html'
    f = open(file_path, "wb")
    f.write(content.encode("utf-8"))   #编码成字节
```

```
        f.close()

#设置 http 头部属性
useragent = 'Mozilla/5.0(Windows NT 10.0; Win64; x64; rv:57.0) Gecko/20100101 Firefox/57.0'
http_headers = {
    'User - Agent':useragent,
    'Accept': 'text/html'
}

#定义主题: 使用关键词集合方式来定义
topicwords = {"网络","安全","法案","预警", "设施","互联网"}

website = 'http://roll.news.sina.com.cn/'
url = 'http://roll.news.sina.com.cn/news/gnxw/gdxwl/indexshtml'
file_dir = 'e:\\xxx'

rp = urllib.robotparser.RobotFileParser()
rp.set_url(website + "robots.txt")
rp.read()

#确保 Robots 中的许可访问
if rp.can_fetch(useragent, url):
    page = requests.get(url, headers = http_headers)
    page.encoding = 'gb2312'
    content = page.text

    #装载停用词列表
    stoplist = open('stopword.txt', 'r', encoding = "utf - 8").readlines()
    stoplist = set(w.strip() for w in stoplist)

    #提 取 形 如 href = "http://news.sina.com.cn/0/2018 - 11 - 06/doc - thmutuea7351575.
shtml"的字符串
    ulist = re.findall('href = "http://[a - z0 - 9/.\ - ] + \.html',content)
    i = 1
    for u in ulist:
        u = u[6:]
        print(u)
        page = requests.get(base + u, headers = http_headers)
        page.encoding = 'utf - 8'
        content = page.text

        #提取内容
        bs = BeautifulSoup(content,'lxml')
        ps = bs.select('div#article > p')
        ptext = ''
        doc = []
        for p in ps:
            p = p.text.strip("\n")
            if p! = "" :
                d = []

                #词汇切分、过滤
```

```
            for w in list(jieba.cut(p,cut_all = True)):
                if len(w)> 1 and w not in stoplist:
                    d.append(w)
            doc.append(d)
    # print(doc)


    # 特征选择,假设依据是词汇至少出现两次,而且词汇所在的段落数/总的段落数<= 1.0
    # 选择符合这两个条件的前 10 个词汇作为页面内容的代表
    dictionary =  Dictionary(doc)
    dictionary.filter_extremes(no_below = 2, no_above = 1.0, keep_n = 10)
    d = dict(dictionary.items())
    docwords = set(d.values())

    # 相关度计算: topicwords 和 docwords 集合的相似度
    commwords = topicwords.intersection(docwords)
    sim = len(commwords)/(len(topicwords) + len(docwords) - len(commwords))

    # 如果相似度满足设定的要求,则认为主题相关,可以保存到文件
    if sim > 0.2:
        print(docwords)
        print("sim = ",sim)
        savefile(file_dir, content,i)

    i = i + 1
else:
    print('不允许抓取!')
```

程序的执行结果如图 7-8 所示,可见过滤出了主题相关的页面。

```
http://news.sina.com.cn/c/nd/2018-09-12/doc-ihiycyfx6699972.shtml
http://news.sina.com.cn/c/nd/2018-09-12/doc-ihiycyfx6559805.shtml
http://news.sina.com.cn/c/nd/2018-09-12/doc-ihiixzkm7682767.shtml
http://news.sina.com.cn/o/2018-09-12/doc-ihiixyeu6466575.shtml
{'法案', '经营', '网络', '营运', '澳门', '经营者', '公共',
'建议', '网络安全'}
sim= 0.23076923076923078
http://news.sina.com.cn/o/2018-09-12/doc-ihiixyeu6461464.shtml
http://news.sina.com.cn/o/2018-09-12/doc-ihiycyfx6170035.shtml
http://news.sina.com.cn/o/2018-09-12/doc-ihiycyfx5700820.shtml
```

图 7-8　程序执行过程和结果

思考题

1. 什么是主题爬虫?它主要使用在哪些场合?
2. 描述主题爬虫的技术框架,并说出与普通爬虫技术框架的区别。
3. 在主题爬虫中有哪几种方法可以用来表示主题?
4. 在使用词汇集合来描述主题时,如何计算页面内容与主题的相关度?
5. 从你学校网站的新闻列表中抓取与校长相关的页面,请编写程序实现。

第 **8** 章

Deep Web爬虫与Python实现

针对互联网上广泛存在的 Deep Web,本章首先介绍了其相关概念,并着重对 Deep Web 数据采集的技术架构、关键技术进行了叙述,然后以图书信息采集为例介绍 Deep Web 数据采集的技术实现方法。

8.1 相关概念

Deep Web 这一概念最初由 Dr. Jill Ellsworth 于 1994 年提出。Deep Web 是 Web 中那些未被搜索引擎收录的页面或站点,也可称为 Invisible Web、Hidden Web,与其相对的是 Surface Web,指的是静态页面。

随着互联网技术和应用的发展,当前互联网与早期的互联网已经呈现出一些差异,尤其是适应搜索引擎和移动终端的快速增长这两个变化导致了当前 Deep Web 与其诞生之时的定义或者表现稍有差异。由于搜索引擎在技术和业务推广之间起到了有力的推动,许多网站都希望其网页能被搜索引擎收录。相对于动态页面来说,静态页面由于不需要处理动态脚本,更易于被搜索引擎处理并收录。因此网站希望用静态页面来代替动态页面,但是这种途径显然不可行,因为有很多的数据仍需要保存在数据库系统中,并通过动态网页来访问。为了平衡这两方面的矛盾,出现了伪静态技术。通过该技术,展现给用户或搜索引擎的是一个静态的 HTML 文件,但是访问该 HTML 文件时由 Web 站点进行后台的动态化访问。通过伪静态技术访问的动态网页能够被搜索引擎收录,因此就不能归属为 Deep Web 了。

对于互联网大数据应用而言,并不关注 Web 页面是 Deep Web 还是 Surface Web,而更关注动态页面所需要访问的数据,这些数据通常保存在数据库服务器(或专门的文件系统)中,是一种重要的大数据源。很多预订网站、电子商务销售网站的动态页面访问的数据都是属于这种类型。

数据库中的数据由于用户、需求相对明确,由专人生产和维护信息,并且难以被复制采集,所以相对 Surface Web 中的数据来说其数据质量往往比较高。但是由于其背后的数据库由不同的组织或个人开发维护,数据库的结构和特性千差万别,不同数据之间的关联也是错综复杂,与行业的业务流程息息相关,故难以直接使用数据库技术管理和查询这些数据。因此,在进行互联网大数据获取时无法忽视这个庞大、高质量的数据源。

与一般的动态网页稍有区别的是,Deep Web 的页面除了内容动态生成之外,往往还要有特定的业务过程或者状态机进行触发,例如成功登录、关键字组合等,因此与普通的动态网页获取相比,在进行 Deep Web 的数据采集时还需要考虑到数据产生的过程、业务流程限制以及数据语义。

8.2　Deep Web 的特征和采集要求

一个网页称被为 Deep Web 网页应当满足两个条件:一是页面上的数据存储于数据库、数据文件等地方,而非直接记录在 HTML 页面文件中;二是为用户提供一定的查询接口,返回符合条件的记录,并生成 HTML 页面。

从整体上看,Deep Web 数据通常以结构化数据为主,最常见的使用场景是商品查询。Web 页面提供了查询商品的各种途径,一般允许用户通过各种商品属性来检索商品记录。例如,在图书查询中可以通过书名、出版社、出版日期、作者等来查询;票务查询允许通过票的面值、票的有效期等属性进行查询。查询结果也有多种不同的展现方式,主要有表格形式、列表形式等。如图 8-1~图 8-3 所示,查询条件分别是股票代码、时间范围和交易日期,输出的是结构化数据,但是在页面中如何组织这些结构化数据可以采取不同的模式,Web 页面设计者也经常会调整这些结构化数据的布局。

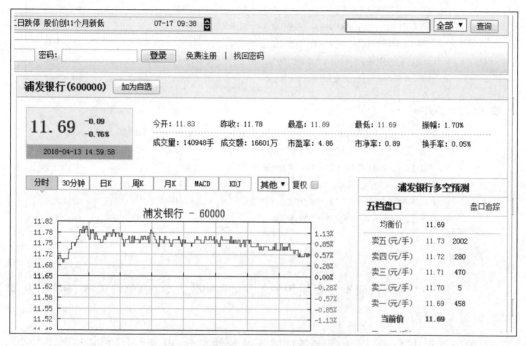

图 8-1　根据股票代码查询交易数据

浦发银行(600000)每日行情　　　　　历史行情 ｜ 每日行情 ｜ 每周行情 ｜ 每月行情

时间区间:2018-02-07 至 2018-08-07　查询

2012 2013 2014 2015 2016 2017 2018

日期	收盘价	涨跌额	涨跌幅	开盘价	最高价	最低价	成交量	成交额
2018-04-02	11.71	0.06	0.52%	11.68	11.82	11.65	277196手	32566万
2018-03-30	11.65	0.03	0.26%	11.63	11.69	11.61	232719手	27098万
2018-03-29	11.62	0.05	0.43%	11.57	11.71	11.45	331088手	38306万
2018-03-28	11.57	-0.05	-0.43%	11.53	11.75	11.52	229112手	26612万
2018-03-27	11.62	0.01	0.09%	11.70	11.77	11.56	273328手	31858万
2018-03-26	11.61	-0.10	-0.85%	11.71	11.75	11.50	364250手	42223万

图 8-2　根据时间范围查询交易数据

交易日期：2016-05-10 ▾

卖出金额最大的前5名

排名	营业部	买入金额	卖出金额	净卖出
1	华泰证券股份有限公司南通通州人民路证券营业部	3.90万元	1662.83万元	1658.93万元
2	光大证券股份有限公司福州湖东路证券营业部	3.00万元	1059.58万元	1056.58万元
3	湘财证券股份有限公司长沙新民路证券营业部	0.00万元	931.09万元	931.09万元
4	信达证券股份有限公司丹东锦山大街证券营业部	7.66万元	688.48万元	680.82万元
5	西南证券股份有限公司北京北三环中路证券营业部	2.90万元	464.54万元	461.63万元

买入金额最大的前5名

排名	营业部	买入金额	卖出金额	净买入
1	海通证券股份有限公司成都人民西路证券营业部	650.02万元	135.74万元	514.28万元
2	长江证券股份有限公司深圳后海海岸城证券营业部	369.83万元	283.45万元	86.38万元
3	恒泰证券股份有限公司长春北京大街证券营业部	330.14万元	0.00万元	330.14万元
4	华泰证券股份有限公司天津勤俭道证券营业部	325.12万元	3.43万元	321.69万元
5	安信证券股份有限公司梅州新中路证券营业部	246.62万元	278.07万元	-31.45万元

图 8-3 根据交易日期查询交易情况

这里以图 8-2 为例说明本章所使用的术语，主要有表单、表单输入项、标签、表单字段、记录和属性。

表单是指提供 Deep Web 查询条件输入的控件集合，图 8-2 中的“时间区间”“至”以及两个输入框和“查询”按钮构成了一个表单，在 HTML 源码中由 form 标签定义。其中，这两个输入框称为表单输入项，而“时间区间”和“至”是与这两个输入项对应的标签。由于在查询时，输入项一般是与数据库表中的相应字段进行匹配，因此，表单输入项也称为表单字段。图 8-2 的查询结果列表中每一行称为一个记录，每个记录由若干个字段组成。因为这些字段共同描述了一个实体信息，即股票在一天的交易信息，因此，从知识库的角度看，这些字段是该实体的属性。

对于 Deep Web 数据采集来说，通常需要考虑以下因素：

(1) 对于每个记录的属性和属性值，属性名称一般是不变的，属性值随查询结果的不同而不同。这里的属性可以理解为字段，属性值就是相应字段的具体内容。

(2) 某个属性在查询结果的页面中显示在哪个位置可能是不固定的，甚至会经常调整。

(3) 各个查询条件的输入值是需要事先确定的，对于图 8-1 来说，所要抓取的股票信息需要用户事先提供。

8.3　深度网页内容获取技术架构

Deep Web 数据库的获取方法中的重点是通过页面表单来实现与后台的数据交互,而表单数据处理可以使用图 8-4 来总结表示,主要分为 3 个功能步骤,即寻找表单、表单处理(包括分析、填写与提交)与表单结果处理。其总体流程从左到右执行,而在每个环节又有内部的处理流程。

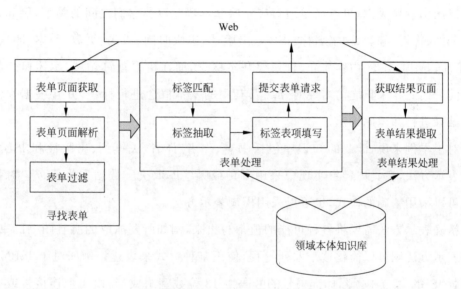

图 8-4　Deep Web 数据采集

前面已经阐述了 Deep Web 与一般动态网页的最大区别在于其页面数据的产生与业务流程紧密相关,而互联网上的业务流程是用户与站点通过各种表单进行交互的结果。在 Deep Web 数据采集过程中通过这样的交互获取到隐藏在后台数据库之中的有效信息资源。

其所需的具体模块主要包括待采集领域的本体知识库模块、表单爬取模块、表单处理模块以及结果分析模块。这些模块之前以待采集领域的本体知识作为采集的知识基础,通过表单交互的方式深入挖掘领域的数据,并更新知识、存储数据到领域本体知识库。

下面以某图书查询页面为例来说明 Deep Web 数据采集技术架构的各个主要环节。

8.3.1　领域本体知识库

领域本体主要包括 5 个基本的建模元语（Modeling Primitives），即类、关系、函数、公理和实例。其中，类也可以理解为概念的集合；关系则是领域中各概念之间的关联关系，基本的关系有 kind-of、part-of、instance-of 和 attribute-of 几种；函数可以视为关系中特殊的一种，函数也可以看作流程的一种固化表达；公理是领域中公认的真理；实例则是对象。

以图书领域为例，可以简单地对应一些基本概念以及它们之间的关系，例如存在图书分类、作者、编者、图书名称、ISBN、出版社、出版时间、版次、页数、开本、印次、包装、纸质、丛书、摘要、内容简介、目录等基本概念，而在机票预订领域，本体概念的范畴不同。因此在采集之前需要对领域及其中的基本概念进行标识，并且根据本体的建模结果进行知识库构建。

对于本例来说，涉及的知识库包括书名、作者/译者、关键词、出版社和 ISBN 的相关表示方法，在具体爬虫实现中采用哪种或哪些库取决于数据采集任务。对各个概念可以采用精确的模式，也可以采用模糊表示方法。

精确表示方法需要将各种可能的值都写出来，例如所要抓取的所有图书的书名。模糊表示方法则可以简化这个罗列过程，使用某种模式来表达。例如对于 ISBN 号，在新版 ISBN 规范中国际标准书号的号码由 13 位数字组成，并以 4 个连接号或 4 个空格加以分割，每组数字都有固定的含义。因此可以在知识库中据此来定义 ISBN 号的组成模式，而不需要罗列所有的 ISBN 号。

对于概念之间的关系以及包含流程的函数需要在厘清本体概念之后进行模型构建，在不同的 Deep Web 采集中根据实际情况定义知识库。在本章的例子中主要包括字段之间的关系、标签与字段之间的对应关系、字段填充的限制与规则、表单填写的顺序规则等。

8.3.2　寻找表单

本体知识库的构建描述了大量的概念和事实以及它们的关系，但同时也需要了解领域内的常见站点以及这些站点的表单内容，因此人工定义的初始 Deep Web 的 URL 可以作为本步骤的输入，放到 URL 集合之中。

通过爬虫采集 URL 集合中的页面可以得到表单页面的集合,同时也可以通过 URL 进一步爬取其他未被收集进来的表单。在 URL 集合变成表单集合之后,首先需要做的是表单的清理与过滤。和大数据分析的原始数据一样,未被清理的表单存在诸多问题,主要是存在并非 Deep Web 的表单,例如登录型表单等。

在清理过滤这一步骤中,可以使用启发式规则去除不符合要求的表单,一些可用的规则如下:

(1) 给定一个阈值区间(可以根据领域中常见的典型表单计算得到),如果需要填写的字段个数超出这个区间范围,表单就忽略或剪除,以免采集到并非期望的表单,例如一些调查问卷或登录、注册表单等。

(2) 对于给定的表单,如果其中含有特定类型的输入控件,例如密码框、Textarea(可以排除问卷),则忽略该表单。

(3) 将表单输入项中的每个标签与本体知识库进行比较,如果不匹配的比例较大,一般也不是该领域的表单页面。

对于符合规则 1 的表单,根据规则还可以进行剪除操作,主要目的是剪除其中的非必须表单项等,而剪除操作一般需要根据数据采集任务的目标以及 Web 站点的领域属性等确定,使得后续表单解析与填写的过程能够聚焦在数据获取的主流程之中。

8.3.3 表单处理

表单处理模块的技术要点有两个:一是能够识别表单字段内容;另外一个是能够匹配所要填写的表单字段,即能够与领域本体知识库中对象属性之间的映射关系产生匹配。

Web 站点为了便于用户使用,在界面、表单元素等交互上均采取了简洁、易懂的模式,同时大部分表单会有对应的文本标签、简要的说明等信息与表单填写项目进行匹配,可能还会有键盘顺序自动化等人性化的提示、帮助信息,因此表单识别可以在领域本体知识库的参与下进行。爬虫对表单项的标签、HTML 编码中的标签进行模式识别,一旦发现与库中的概念相同或者接近的,则可以先与概念关联起来。具体的识别过程可以使用启发式规则,规则依赖于当前中英文的 Web 表单。按照从上往下、从左往右的阅读习惯,可以在表单字段域的左边或者上面获得提示信息和字段标签,当然也会存在字段标签即字段域默认内容的情况。

表单内容填写则是在前述关联的基础之上进行的。在填写的时候,可以按照字段与领域本体知识库中概念的相似程度进行匹配,将本体知识库中的属性值作为表项值。由于表单项一般不会只有一个,所以在填写表单时应当考虑优先选择哪个表单项进行填写。这里需要考虑领域中知识的分类体系,主要目的是要确保提交的表单查询次数尽量少,并且查询到的数据记录之间避免重复。例如对于图书领域,属性有出版社、ISBN、著者、出版日期等,显然在这些属性中出版社是最有效的属性,通过知识库中保存的有效出版社列表逐个提交来达到有效查询的目的。

8.3.4 结果处理

HTTP 的返回内容需要进行格式、结构、关键字校验,如果当前提交的表单预期结果是一个包含搜索结果的页面,那么包含有登录信息的表单页面、不包含有预期的结果关键字的页面、包含无结果等信息的页面均可认为是当前提交表单错误的表现。

如果当前表单提交的期望结果是 JSON 或 XML,那么其返回数据的格式和内容均需要进行校验,以免采集到的是无效的信息。对于待采集目标需要通过较为复杂的多步流程才能获取的情况,在每一步骤中与业务相关知识进行比较分析,以免因某步骤表单错误导致后续采集失败或获取的数据并非期望值。在对返回的结果进行自动提取时,需要将每个记录的内容与字段对应起来。这里可能存在以下处理情况:

(1)记录集的样式判断,因为 Web 页面上记录集可以按照横向、纵向来组织,需要确定字段名称显示在第一行或第一列。

(2)结果集中的字段名称与表单项可能不完全一致,也可能出现新的字段名称,需要对字段标签进行再分析。

8.4 图书信息采集

视频讲解

在 Deep Web 数据采集中一般通过输入相关条件进行查询,提交表单后才能从返回结果中得到对应的信息。在数据爬取的过程中,提交表单多用于实现登录验证和搜索查询。因为提交表单实际上可以视为用户以 GET 或 POST 方式提交 HTTP请求,所以无论网站采用了哪种提交表单的方式,都可以继续使用之前介绍过的requests 模块来实现这个操作。

这里以当当网书籍搜索页面(http://search. dangdang. com/advsearch)作为示例,如图 8-5 所示,下面介绍通过出版社名称查询该出版社出版过的书籍的方法。

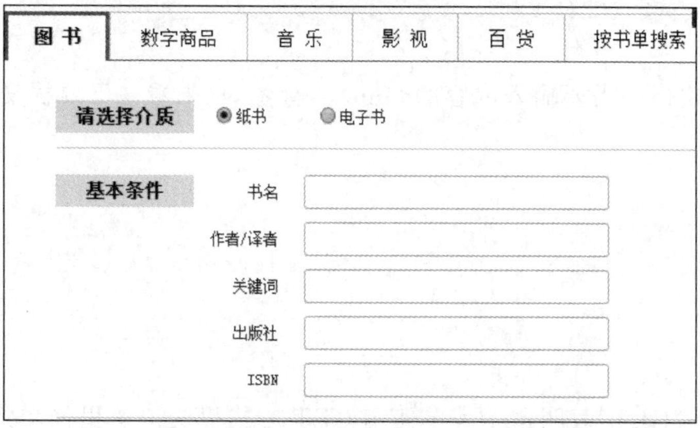

图 8-5 查询页面

相应的 HTML 源代码如图 8-6 所示。先观察一下要填写的表单,由于选择查询出版社,所以要填写的只有出版社的名字,只要定位到出版社对应的< input >标签即可,其他可以忽略。

```
<div class="box box2 clearfix">
        <h4>基本条件</h4>
        <div class="detail_condition">
            <label><span>书名</span><input type="text" name="key1" id="book_key1"
class="checkinput" /><i class="detail_error" id="book_key1_error"></i></label>
            <label><span>作者/译者</span><input type="text" name="key2" id="book_key2"
class="checkinput" /><i class="detail_error" id="book_key2_error"></i></label>
            <label><span>关键词</span><input type="text" name="key" id="book_key" class="checkinput"
/><i class="detail_error" id="book_key_error"></i></label>
            <label><span>出版社</span><input type="text" name="key3" id="book_key3"
class="checkinput" /><i class="detail_error" id="book_key3_error"></i></label>
            <label><span>ISBN</span><input type="text" name="key4" id="book_key4" class="checkinput"
/><i class="detail_error" id="book_key4_error"></i></label>
        </div>
</div>
```

图 8-6 对应的 HTML 源代码

除了通过 name＝"key3"直接定位< input >标签外,还可以通过匹配标签内文本的方式来寻找所需要出版社对应的< input >标签,相对于前者,这样做能够适应查询条件排列顺序或标签的 name 属性发生变化的场景,使得程序具有更好的适应能力。以下自动定位出版社输入标签的方法:

```
#定位< input >标签
input_tag_name = ''
conditions = soup.select('.box2 > .detail_condition > label')
print('共找到%d项基本条件,正在寻找 input 标签' % len(conditions))
for item in conditions:
```

```
        text = item.select('span')[0].string
        if text == '出版社':
            input_tag_name = item.select('input')[0].get('name')
            print('已经找到 input 标签,name:', input_tag_name)
```

现在已经定位到需要输入内容的<input>标签,再来看一下要提交的表单本身的属性:

```
#图书查询表单
< form id = "form1" method = "GET" action = "" name = "form1">
…
</form>
```

其中,method="GET"表明这个表单使用 GET 方式提交。这里简单进行说明,提交表单后实际上有两种方法将信息从浏览器传送到 Web 服务器。

(1) 通过 URL:对应 GET 方式。

(2) 通过 HTTP Request 的 body:对应 POST 方式。

GET 提交表单与 POST 提交表单有一个很大的不同,即 GET 提交表单会将表单内的数据转化为 URL 参数进行提交,这就使得在提交表单后浏览器内的 URL 会显示表单的 name/value 值:

```
#提交前
http://search.dangdang.com/advsearch
#填写"新星出版社"并提交表单后
http://search.dangdang.com/?medium = 01&key3 = % D0 % C2 % D0 % C7 % B3 % F6 % B0 % E6 % C9 %
E7&category_path = 01.00.00.00.00.00
```

这其中,URL 中 key3 的值就是对"新星出版社"编码后的结果。

掌握了这个特点,那么现在就可以将操作简化为两步:

(1) 根据表单参数构造 URL。

(2) 采集信息。

在具体实现上,设计了四个主要函数,分别完成如下功能。

(1) read_list:读取出版社列表。出版社列表存储于文本文件中,属于一种领域知识。

(2) build_form:根据出版社名称构造 URL。在这个过程中进行表单输入项的自动匹配,完成标签匹配、抽取、表项填写,即实现图 8-4 中"表单处理"的功能。

（3）get_info：发送 URL 请求到 Web 服务器，解析返回结果，实现 Deep Web 爬虫的"结果处理"功能。为了增加爬虫采集的适应能力，可以进一步对结果的展示形式进行自动判断，这样不会因为网站修改输出格式而导致信息抽取失效。

（4）save_info：将采集到的图书信息保存到文本文件中。

按照这个思路，最终完整的样例程序如下：

```
Prog-11-book-info.py
#-*- coding: utf-8 -*-
import requests
from bs4 import BeautifulSoup
import traceback
import os
import urllib


# 读取出版社列表
def read_list(txt_path):
    press_list = []
    f = open(txt_path, 'r')
    for line in f.readlines():
        press_list.append(line.strip('\n'))
    return press_list


# 定位 input 标签，拼接 URL
def build_form(press_name):
    header = {'User-Agent': 'Mozilla/5.0 (Windows NT 6.1; Trident/7.0; rv:11.0) like Gecko'}
    res = requests.get('http://search.dangdang.com/advsearch', headers = header)
    res.encoding = 'gb2312'
    soup = BeautifulSoup(res.text, 'html.parser')
    # 定位< input >标签
    input_tag_name = ''
    conditions = soup.select('.box2 > .detail_condition > label')
    print('共找到%d项基本条件，正在寻找 input 标签' % len(conditions))
    for item in conditions:
        text = item.select('span')[0].string
        if text == '出版社':
            input_tag_name = item.select('input')[0].get('name')
            print('已经找到 input 标签，name:', input_tag_name)
    # 拼接 URL
    keyword = {'medium': '01',
                input_tag_name: press_name.encode('gb2312'),
                'category_path': '01.00.00.00.00.00',
                'sort_type': 'sort_pubdate_desc'
                }
    url = 'http://search.dangdang.com/?'
```

```
    url += urllib.parse.urlencode(keyword)
    print('入口地址:%s' % url)
    return url


#抓取信息,参考图8-7所示的图书记录页面的HTML源代码中的相关字段标签
def get_info(entry_url):
    header = {'User-Agent': 'Mozilla/5.0 (Windows NT 6.1; Trident/7.0; rv:11.0) like
Gecko'}
    res = requests.get(entry_url, headers=header)
    res.encoding = 'gb2312'
    #这里用lxml解析会出现内容缺失
    soup = BeautifulSoup(res.text, 'html.parser')
    #获取页数
    page_num = int(soup.select('.data > span')[1].text.strip('/'))
    print('共 %d页待抓取,这里只测试采集1页' % page_num)
    page_num = 1       #这里只测试抓1页


    page_now = '&page_index='
    #书名 价格 出版日期 评论数量
    books_title = []
    books_price = []
    books_date = []
    books_comment = []
    for i in range(1, page_num + 1):
        now_url = entry_url + page_now + str(i)
        print('正在获取第%d页,URL:%s' % (i, now_url))
        res = requests.get(now_url, headers=header)
        soup = BeautifulSoup(res.text, 'html.parser')
        #获取书名
        tmp_books_title = soup.select('ul.bigimg > li[ddt-pit] > a')
        for book in tmp_books_title:
            books_title.append(book.get('title'))
        #获取价格
        tmp_books_price = soup.select('ul.bigimg > li[ddt-pit] > p.price > span.search_
now_price')
        for book in tmp_books_price:
            books_price.append(book.text)
        #获取评论数量
        tmp_books_comment = soup.select('ul.bigimg > li[ddt-pit] > p.search_star_line > a')
        for book in tmp_books_comment:
            books_comment.append(book.text)
        #获取出版日期
        tmp_books_date = soup.select('ul.bigimg > li[ddt-pit] > p.search_book_author >
span')
        for book in tmp_books_date[1::3]:
            books_date.append(book.text[2:])
    books_dict = {'title': books_title, 'price': books_price, 'date': books_date, 'comment':
books_comment}
```

```
            return books_dict

# 保存数据
def save_info(file_dir, press_name, books_dict):
    res = ''
    try:
        for i in range(len(books_dict['title'])):
            res += (str(i+1) + '.' + '书名:' + books_dict['title'][i] + '\r\n' +
                    '价格:' + books_dict['price'][i] + '\r\n' +
                    '出版日期:' + books_dict['date'][i] + '\r\n' +
                    '评论数量:' + books_dict['comment'][i] + '\r\n' +
                    '\r\n'
                    )
    except Exception as e:
        print('保存出错')
        print(e)
        traceback.print_exc()
    finally:
        file_path = file_dir + os.sep + press_name + '.txt'
        f = open(file_path, "wb")
        f.write(res.encode("utf-8"))
        f.close()
        return

# 入口
def start_spider(press_path, saved_file_dir):
    # 获取出版社列表
    press_list = read_list(press_path)
    for press_name in press_list:
        print('------ 开始抓取 %s ------' % press_name)
        press_page_url = build_form(press_name)
        books_dict = get_info(press_page_url)
        save_info(saved_file_dir, press_name, books_dict)
        print('------- 出版社: %s 抓取完毕 -------' % press_name)
    return

if __name__ == '__main__':
    # 出版社名列表所在文件路径
    press_txt_path = r'press.txt'
    # 抓取信息保存路径
    saved_file_dir = r'E:\xxx'
    # 启动
    start_spider(press_txt_path, saved_file_dir)
```

　　样例程序首先读取待查询的出版社列表,对每一个待查询的出版社名称分别根据表单参数构造 URL,然后抓取数据。执行过程如图 8-8 所示。

```
<div class="con shoplist" ddt-area=94003212840 ddt-expose="on" name=m940032_pid0_t12840>          <div id="search_nature_rg" dd_name="普
通商品区域">
     <ul class="bigimg" id="component_0__0__6612">
          <li ddt-pit="1" class="line1" id="p25137790">
               <a title=" 活着（2017年新版）" ddclick="act=normalResult_picture&pos=25137790_0_1_p" class="pic" name="itemlist-
picture" dd_name="单品图片" href="http://product.dangdang.com/25137790.html" target="_blank" ><img
src=" http://img3m0.ddimg.cn/7/27/25137790-1_b_1.jpg" alt=" 活着（2017年新版）" /></a><p class="name" name="title" ><a title=" 活着
（2017年新版）中国作家之一，他的作品成了当代中国的典范。世界华文"冰心文学奖"，入选香港《亚洲周刊》评选的"20世纪中文小说百年百强"等"
href="http://product.dangdang.com/25137790.html" ddclick="act=normalResult_title&pos=25137790_0_1_p" name="itemlist-title" dd_name="单
品标题" target="_blank" > 活着（2017年新版）中国作家之一，他的作品成了当代中国的典范。世界华文"冰心文学奖"，入选香港《亚洲周刊》评选
的"20世纪中文小说百年百强"等</a></p><p class="detail" >余华是我国当代著名作家，也是蜚声国际的小说家，他的作品享誉世界，曾获众多国内外
奖项。其中长篇小说《活着》用独特的表述方式，揭示了在困境中求生的理念，展现了生命的顽强与乐观。这些小说现已有近50个版本在全球近40个国家和
地区出版，并有数种少数民族文字版，以及盲文版在我国出版。自2008年在作家出版社出版以来，数次再版，加印100多次，迄今发行量逾700万册。</p>
<p class="price" > <span class="search_now_price">&yen;26.60</span><a class="search_discount" style="text-decoration:none;">定价: </a>
<span class="search_pre_price">&yen;28.00</span><span class="search_discount"> (9.5折) </span><a
href="http://product.dangdang.com/1900574033.html"
ddclick=act=normalResult_EBookPrice&pos=1900574033_0_1act=ddclicktemplate&pos=25137790_0_1_p class="search_e_price" dd_name="单品电子
书" target="_blank">电子书: </span><i>&yen;4.99</i></a></span><span class="lable_label" class="new_lable" y=""></span></div></p
class="search_star_line" ><span class="search_star_black"><span style="width: 90%;"></span></span><a
href="http://product.dangdang.com/25137790.html?point=comment_point" target="_blank" name="itemlist-review" dd_name="单品评论"
class="search_comment_num" ddclick="act=click_review_count&pos=25137790_0_1_p">595973条评论</a><span class="tag_box"></span><p
class="search_book_author"><span><a href='http://search.dangdang.com/?key2=余华&medium=01&category_path=01.00.00.00.00.00'
name="itemlist-author" dd_name="单品作者" title="余华">余华</a> /2012-08-01</span><a
href='http://search.dangdang.com/?key=&key3=%D7%F7%BC%D2%B3%F6%B0%E6%C9%E7&medium=01&category_path=01.00.00.00.00.00' name='P_cbs'
dd_name="单品出版社" title="作家出版社">作家出版社</a><div class="shop_button" class="bottom_p"><a class="search_btn_cart"
name='Buy' dd_name='加入购物车' href='javascript:AddToShoppingCart(25137790)' ddclick='act=normalResult_addToCart&pos=25137790_0_1_p'>
加入购物车</a><a class='search_btn_cart' target='_blank' name='ebook_buy_button' dd_name='购买电子书'
href='http://product.dangdang.com/1900574033.html' ddclick='act=normalResult_buyEBook&pos=25137790_0_1_p'>购买电子书</a><a
class='search_btn_collect' name='collect' dd_name='加入收藏' id='lcase25137790' href='javascript:void(0);" name="Sc"
ddclick='act=normalResult_favor&pos=25137790_0_1_p'>收藏</a></p></div>                    </li>
```

图 8-7   图书记录页面的 HTML 源代码

```
------ 开始抓取 清华大学出版社 ------
共找到5项基本条件,正在寻找input标签
已经找到input标签，name: key3
入口地址:http://search.dangdang.com/?medium=01&key3=%C7%E5%BB%!
00.00&sort_type=sort_pubdate_desc
共  100 页待抓取，  这里只测试采集1页
正在获取第1页,URL:http://search.dangdang.com/?medium=01&key3=%(
00.00.00.00.00&sort_type=sort_pubdate_desc&page_index=1
------ 出版社: 清华大学出版社 抓取完毕 ------
>>>
```

图 8-8   程序执行过程

思考题

1. 什么是 Deep Web？它与普通的 Web 页面有什么差异？

2. 简述 Deep Web 爬虫的技术体系架构。

3. 什么是领域本体知识库？

4. 编写程序实现一个 Deep Web 信息采集，可以是天气信息、股票信息等。

第9章

微博信息采集与Python实现

微博上聚集了众多用户，涉及各个行业，每天产生大量的信息，通过用户之间的关注等交互行为产生了社交网络。这些信息对于产品营销、商情发现、社团分析、舆情监测等应用具有很高的价值，因此微博信息成为互联网大数据的重要组成部分，其采集技术引起了人们的广泛关注。本章主要介绍微博信息采集的一般方法，以新浪微博为例，对基于API方式和爬虫方式的采集方法进行介绍。

9.1 微博信息采集方法概述

目前，常见的 SNS 平台的信息采集途径主要有两种，即通过平台提供的开放API获取数据和通过爬虫方式采集数据。

微博 API 是微博官方开放的一组程序调用接口，通过这些 API 能够获得微博的博文、用户信息及用户关系信息等数据。其使用非常方便，但是在非商业授权下有较大的使用限制，能够获取的数据量有限。在商业授权下，则需要购买相应的服务。

通过爬虫方式采集数据的方法又可以分为两种，即通过模拟用户行为进行页面分析与数据采集、通过模拟移动终端客户端进行数据采集。

通过平台开放 API 获取数据的方式与爬虫方式的主要区别在于,它需要注册平台开发者身份。在获取数据前使用平台约定的方式进行身份认证,例如新浪微博开放平台使用的认证方式为 OAuth。爬虫方式本质上是模拟终端或者用户的方式,主要思路是通过平台公开的页面编码内容进行请求命令的构造,并对返回的数据进行分析和提取,具体方法与前面第 4、5、6 章介绍的方法类似。因此,本章主要以微博 API 方式为主,介绍相关的基本原理和 Python 实现方法。

9.2　微博开放平台授权与测试

视频讲解

通过调用微博开放接口 API 可以实现很多功能,例如发微博、获取用户基本信息、获取微博内容等。但是在调用之前需要事先获取用户身份认证,这里指在开放平台上的认证,而非普通用户登录微博时的认证。

目前,微博开放平台用户身份鉴权主要采用 OAuth 2.0 认证方式,平台授权的最终结果是获得访问令牌(access_token)。使用该令牌和用户身份(uid)就可以在 Python 程序中调用 API,实现微博信息的采集。

获取 access_token 并不是一件很容易的事,对于新浪微博,具体流程如下:

(1) 创建微博用户,并登录微博(weibo.com)。

(2) 进入“微博接口测试工具”(http://open.weibo.com/tools/console),如果还没有创建应用,则根据页面提示创建一个应用;如果已经有应用,则转步骤(4)。

可以创建的微博应用有移动应用、网站接入到微博、无线游戏以及网页类型应用、浏览器插件或客户端程序。这里以选择客户端程序类型为例,输入和选择应用的其他信息,如图 9-1 所示。

(3) 创建成功后,页面跳转到如图 9-2 所示的应用控制台。

在 OAuth 2.0 授权设置中填写“授权回调页”为“https://api.weibo.com/oauth2/default.html”。当微博用户授权该应用后,开放平台会回调这个地址。如果应用绑定了域名,该域名下的回调页地址都有效。“取消授权回调页”可不必填写。

(4) 在“微博接口测试工具”中,可以看到如图 9-3 所示的 API 测试工具页面。单击“获取 Access Token”按钮可以获得该应用的令牌,即可以用在 Python 程序中,具体使用见后面的例子。

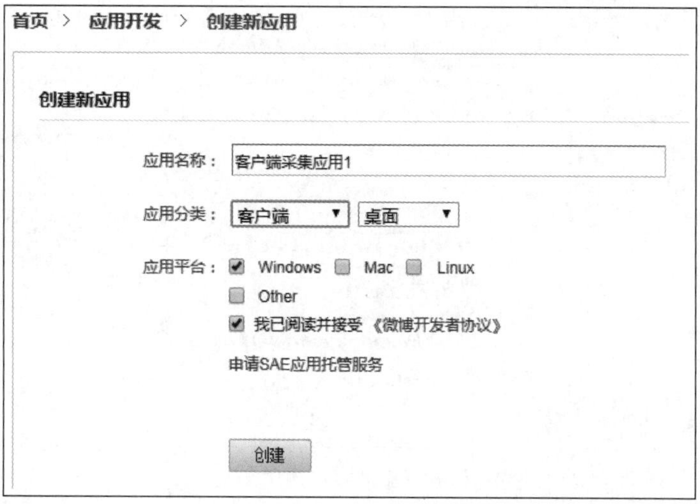

图 9-1　创建一个应用

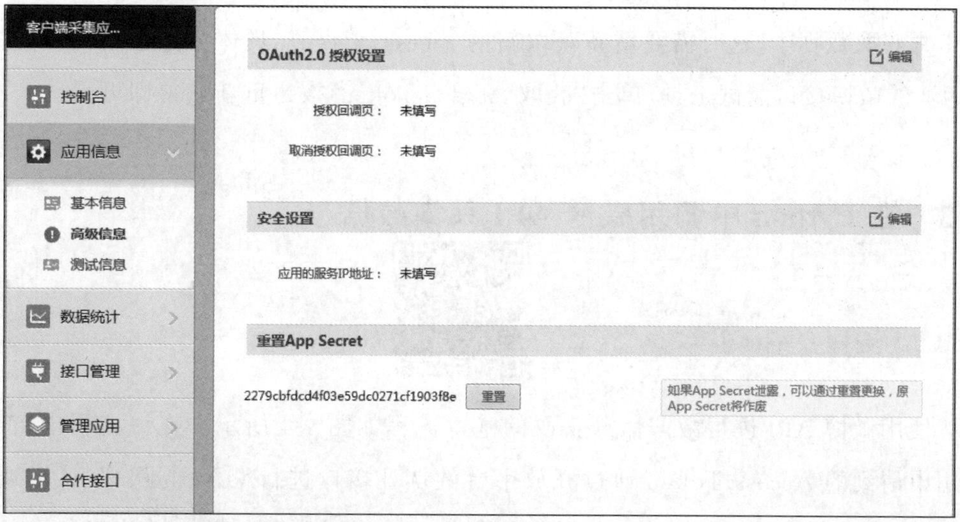

图 9-2　应用控制台

同时，在图 9-3 的左边可以看到"API 分类""API 名称"以及"API 参数"等，通过这些选项和参数的输入可以进行微博 API 的测试；右边则显示相应的请求和返回的内容。例如，图中展示了获取微博用户信息的 API，其对应的 API 是"users/show"，相应的 API 参数要查阅微博 API 文档。这里使用用户的昵称（screen_name）来获取用户信息，单击"调用接口"按钮后可以在窗口的右边看到请求的 URL、参数以及返回的 JSON 数据。

在获得 Access Token 之后就可以进入下一个环节了。

图 9-3　微博接口测试工具

　　需要注意 access_token 的过期问题。access_token 根据开发者的应用的级别有不同的有效期,一般是几周时间。失效后程序就不能通过该 access_token 调用 API来正常获取数据了,这时需要重新获取新的 access_token。具体方法也很简单,进入图 9-3 的微博接口测试工具,单击"获取 Access Token"按钮重新获得即可。

9.3　在 Python 中调用微博 API 采集数据

9.3.1　流程介绍

视频讲解

　　使用微博 API 进行微博信息获取的基本流程如图 9-4 所示。在该流程中,首先使用申请到的 Access Token 通过开放平台的认证接口进行 OAuth 认证,认证通过后,即可通过微博所提供的接口获得各种数据,例如用户数据、博文、关注信息等。

　　在微博 OAuth 2.0 实现中,授权服务器在接收到验证授权请求时会按照 OAuth 2.0协议对本请求的请求头部、请求参数进行检验,若请求不合法或验证未通过,授权服务器会返回相应的错误信息,包含以下几个参数。

- error:错误码。
- error_code:错误的内部编号。
- error_description:错误的描述信息。
- error_url:可读的网页 URI,带有关于错误的信息,用于为终端用户提供与错误有关的额外信息。

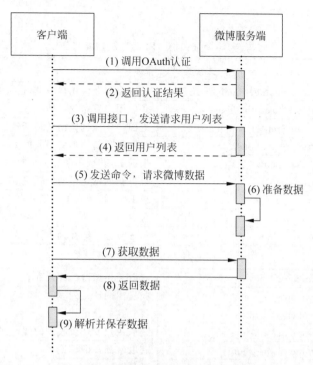

图 9-4　通过新浪开放 API 获取微博数据

　　如果通过认证,则可以调用各种 API。返回的数据按照 JSON 格式进行封装,最后根据 API 文档的说明提取所需要的内容。

9.3.2　微博 API 及使用方法

1. 微博 API 介绍

　　微博 API 是微博官方提供给开发人员的一组函数调用接口,这是一种在线调用方式,不同于普通编程语言所提供的函数。这些 API 能够根据输入的参数返回相应的数据,其范围涵盖用户个人信息、用户的粉丝和关注、用户发布的博文、博文的评论等。只要携带符合要求的参数向接口发送 HTTP 请求,接口就会返回所对应的 JSON 格式数据。

　　新浪微博提供的 API 有九大类,即粉丝服务接口、微博接口、评论接口、用户接口、关系接口、搜索接口、短链接口、公共服务接口和 OAuth 2.0 授权接口。这些接口的名称及功能如表 9-1 所示。需要注意的是,新浪微博 API 会不断升级,最新的接口及功能可以到官方网站查阅,网址为"http://open. weibo. com/wiki/%E5%BE%

AE％E5％8D％9AAPI"。

表 9-1　新浪微博 API 名称及功能列表

微博类 API 名称及功能

读取接口	statuses/home_timeline	获取当前登录用户及其所关注用户的最新微博
	statuses/user_timeline	获取用户发布的微博
	statuses/repost_timeline	返回一条原创微博的最新转发微博
	statuses/mentions	获取@当前用户的最新微博
	statuses/show	根据 ID 获取单条微博信息
	statuses/count	批量获取指定微博的转发数、评论数
	statuses/go	根据 ID 跳转到单条微博页
	emotions	获取官方表情
写入接口	statuses/share	第三方分享链接到微博

评论类 API 名称及功能

读取接口	comments/show	获取某条微博的评论列表
	comments/by_me	我发出的评论列表
	comments/to_me	我收到的评论列表
	comments/timeline	获取用户发送及收到的评论列表
	comments/mentions	获取@到我的评论
	comments/show_batch	批量获取评论内容
写入接口	comments/create	评论一条微博
	comments/destroy	删除一条我的评论
	comments/destroy_batch	批量删除我的评论
	comments/reply	回复一条我收到的评论

用户类 API 名称及功能

读取接口	users/show	获取用户信息
	users/domain_show	通过个性域名获取用户信息
	users/counts	批量获取用户的粉丝数、关注数、微博数

关系类 API 名称及功能

关注读取接口	friendships/friends	获取用户的关注列表
	friendships/friends/ids	获取用户关注对象 UID 列表
粉丝读取接口	friendships/followers	获取用户粉丝列表
	friendships/followers/ids	获取用户粉丝 UID 列表
关系读取接口	friendships/show	获取两个用户之间是否存在关注关系

搜索类 API 名称及功能

搜索话题接口	search/topics	搜索某一话题下的微博

短链类 API 名称及功能

转换接口	short_url/shorten	长链转短链
	short_url/expand	短链转长链
数据接口	short_url/share/counts	获取短链接在微博上的微博分享数
	short_url/comment/counts	获取短链接在微博上的微博评论数

续表

公共服务类 API 名称及功能		
读取接口	common/code_to_location	通过地址编码获取地址名称
	common/get_city	获取城市列表
	common/get_province	获取省份列表
	common/get_country	获取国家列表
	common/get_timezone	获取时区配置表
OAuth2 API 名称及功能		
请求授权	oauth2/authorize	请求用户授权 Token
获取授权	oauth2/access_token	获取授权过的 Access Token
授权查询	oauth2/get_token_info	查询用户 access_token 的授权相关信息
替换授权	oauth2/get_oauth2_token	OAuth 1.0 的 Access Token 更换至 OAuth 2.0 的 Access Token
授权回收	oauth2/revokeoauth2	授权回收接口,帮助开发者主动取消用户的授权
其他接口	account/rate_limit_status	获取当前授权用户的 API 访问频率限制
	account/get_uid	授权之后获取用户的 UID
	account/profile/email	授权之后获取用户的联系邮箱

2. 微博 API 的使用方法

对于每个 API,新浪微博规定了其请求参数、返回字段说明、是否需要登录、HTTP 请求方式、访问授权限制(包括访问级别、是否频次限制)等关键信息。其中,请求参数是 API 的输入,返回字段是 API 调用的输出结果,一般以 JSON 的形式进行封装。HTTP 请求方式支持 GET 和 POST 两种,访问授权限制则规定了客户端调用 API 的一些约束条件。

以 statuses/show 接口为例,其功能是根据微博 ID 获取单条微博内容。请求参数被定义为如表 9-2 所示,其中 access_token 是授权得到的值。

表 9-2 statuses/show 接口的参数

参　　数	必选	类型及范围	说　　明
access_token	true	string	采用 OAuth 授权方式为必填参数,在 OAuth 授权后获得
id	true	int 64	需要获取的微博 ID

返回的字段共有 24 个,在新浪微博的开发文档中对此做了详细的说明,部分字段如表 9-3 所示。

表 9-3　statuses/show 接口返回的部分数据

返回值字段	字 段 类 型	字 段 说 明
created_at	string	微博创建时间
id	int 64	微博 ID
reposts_count	int	转发数
comments_count	int	评论数
text	string	微博信息内容

这些字段被封装为 JSON 格式,以下是一个例子,其他没有列出的字段用省略号表示。

```
{
    "created_at": "Tue Apr 16 14:52:56 + 0800 2019",
    "id": 4361715926064329,
    "text": "居然到现在才开始用微博,哈哈",
    …
    "reposts_count": 0,
    "comments_count": 0,
    …
}
```

使用 Python 进行接口调用类似于普通爬虫,可以使用 requests 发送请求信息,根据该接口的要求,请求信息中包含 access_token 和 id 即可。在请求发送之后可以对返回结果进行 JSON 解析,获得 text 字段的内容,如下:

```
# 接口对应的 URL,每个 API 对应一个 URL,可以在在线开发文档页面中查看
url = 'https://api.weibo.com/2/statuses/show.json'

# 请求参数: access_token 和微博的 ID
url_dict = {'access_token': access_token, 'id': wid}
url_param = parse.urlencode(url_dict)

# 发起请求
res = requests.get(url = '% s% s% s' % (url, '?', url_param), headers = header_dict)

# 解析返回的 JSON
decode_data = json.loads(res.text)

# 提取 text 字段的内容
text = decode_data['text']
```

在设计中,为了让自己的采集程序更加健壮,一般需要进行错误处理。错误信息

也是 JSON 形式,下面是一个样例:

```
{
    "request" : "/statuses/home_timeline.json",
    "error_code" : "20502",
    "error" : "Need you follow uid."
}
```

一些常见的错误代码如表 9-4 和表 9-5 所示。完整的错误代码见 https://open
weibo.com/wiki/Error_code。

表 9-4　系统级错误代码

错 误 代 码	错 误 信 息	详 细 描 述
10002	Service unavailable	服务暂停
10004	IP limit	IP 限制不能请求该资源
10012	Illegal request	非法请求
10013	Invalid weibo user	不合法的微博用户
10022	IP requests out of rate limit	IP 请求频次超过上限
10023	User requests out of rate limit	用户请求频次超过上限

表 9-5　服务级错误代码

错 误 代 码	错 误 信 息	详 细 描 述
20002	Uid parameter is null	uid 参数为空
20003	User does not exists	用户不存在
20008	Content is null	内容为空
20016	Out of limit	发布内容过于频繁
20021	Content is illegal	包含非法内容
20022	Your ip's behave in a comic boisterous or unruly manner	此 IP 地址上的行为异常
21327	Expired token	Token 过期
21502	Urls is too many	参数 urls 太多了
21503	IP is null	IP 是空值
21601	Manage notice error, need auth	需要系统管理员的权限
21602	Contains forbid word	含有敏感词
21603	Applications send notice over the restrictions	通知发送达到限制

9.3.3　采集微博用户个人信息

微博用户的个人信息包括用户昵称、简介、粉丝数、关注数、微博数等,通过调用
微博开发接口 API 可以得到这些个人信息数据。该接口为 users/show,请求参数如
表 9-6 所示,其中参数 uid 和 screen_name 必选其一,且只能选一个。

表 9-6　users/show 的请求参数

参 数 名 称	必选	类型及范围	说　　　明
access_token	true	string	采用 OAuth 授权方式为必填参数,在 OAuth 授权后获得
uid	false	int 64	需要查询的用户 ID
screen_name	false	string	需要查询的用户昵称

该接口返回的信息包含了用户的昵称、省份、头像、粉丝数等,具体见表 9-7。

表 9-7　users/show 的返回信息

返回值字段	字 段 类 型	字 段 说 明
id	int 64	用户 UID
idstr	string	字符串型的用户 UID
screen_name	string	用户昵称
name	string	友好显示名称
province	int	用户所在省级 ID
city	int	用户所在城市 ID
location	string	用户所在地
description	string	用户个人描述
url	string	用户博客地址
profile_image_url	string	用户头像地址(中图),50×50 像素
profile_url	string	用户的微博统一 URL 地址
domain	string	用户的个性化域名
weihao	string	用户的微号
gender	string	性别,m 为男、f 为女、n 为未知
followers_count	int	粉丝数
friends_count	int	关注数
statuses_count	int	微博数
favourites_count	int	收藏数
created_at	string	用户创建(注册)时间
following	boolean	暂未支持
allow_all_act_msg	boolean	是否允许所有人给我发私信,true 为是,false 为否
geo_enabled	boolean	是否允许标识用户的地理位置,true 为是,false 为否
verified	boolean	是否为微博认证用户,即加 V 用户,true 为是,false 为否
verified_type	int	暂未支持
remark	string	用户备注信息,只有在查询用户关系时才返回此字段
status	object	用户的最近一条微博信息字段
allow_all_comment	boolean	是否允许所有人对我的微博进行评论,true 为是,false 为否
avatar_large	string	用户头像地址(大图),180×180 像素
avatar_hd	string	用户头像地址(高清),高清头像原图
verified_reason	string	认证原因
follow_me	boolean	该用户是否关注当前登录用户,true 为是,false 为否
online_status	int	用户的在线状态,0 为不在线,1 为在线
bi_followers_count	int	用户的互粉数
lang	string	用户当前的语言版本,zh-cn 为简体中文,zh-tw 为繁体中文,en 为英语

在理解接口定义之后,可以使用 Python 来实现微博个人信息采集,主要过程包括按照请求参数构造、发起请求和结果的提取与转换。具体的程序代码和解释如下。

```python
Prog - 12 - weiboUserInfo.py
#-*- coding: utf-8 -*-
from urllib import parse
import requests
import json

# 调用 users/show 接口
def get_pinfo(access_token, uid):
    # 用户个人信息字典
    pinfo_dict = {}
    url = 'https://api.weibo.com/2/users/show.json'
    url_dict = {'access_token': access_token, 'uid': uid}
    url_param = parse.urlencode(url_dict)
    res = requests.get(url = '%s%s%s' % (url, '?', url_param), headers = header_dict)

    decode_data = json.loads(res.text)
    pinfo_dict['昵称'] = decode_data['name']
    pinfo_dict['简介'] = decode_data['description']
    # 性别,转换一下
    if decode_data['gender'] == 'f':
        pinfo_dict['性别'] = '女'
    elif decode_data['gender'] == 'm':
        pinfo_dict['性别'] = '男'
    else:
        pinfo_dict['性别'] = '未知'
    # 注册时间
    pinfo_dict['注册时间'] = decode_data['created_at']
    # 粉丝数
    pinfo_dict['粉丝数'] = decode_data['followers_count']
    # 关注数
    pinfo_dict['关注数'] = decode_data['friends_count']
    # 微博数
    pinfo_dict['微博数'] = decode_data['statuses_count']
    # 收藏数
    pinfo_dict['收藏数'] = decode_data['favourites_count']
    return pinfo_dict

if __name__ == '__main__':
    header_dict = {'User-Agent': 'Mozilla/5.0 (Windows NT 6.1; Trident/7.0; rv:11.0) like Gecko'}
    # 填写 access_token 参数 与 uid
    access_token = '*****************'    # 通过 9.2 节的方法获得,每个人不一样
    uid = '7059060320'
    pinfo = get_pinfo(access_token, uid)
```

```
for key, value in pinfo.items():
    print('{k}:{v}'.format(k = key, v = value))
```

在 HTTP 请求中携带 access_token 和 uid 参数访问接口,获得一个 JSON 格式的返回结果,对 JSON 进行解析即可。运行结果如图 9-5 所示。

昵称:互联网大数据IntBigData
简介:专注互联网大数据与安全技术
性别:男
注册时间:Mon Apr 01 17:55:08 +0800 2019
粉丝数:15
关注数:64
微博数:3
收藏数:0

图 9-5　调用微博接口获得微博用户信息

9.3.4　采集微博博文

使用微博 API 获取博文主要涉及两个接口,即 statuses/user_timeline/ids 和 statuses/show。前者用于获取用户发布的微博的 ID 列表,后者是根据微博 ID 获得单条微博信息内容,包括文本内容、图片以及评论转发情况等。以下是这两个接口的详细说明。

(1) statuses/user_timeline/ids:该接口的请求参数包括采用 OAuth 授权后获得的 access_token,以及所需要检索的微博用户 ID,具体定义如表 9-8 所示,有些参数是可选的,采用默认值。如果获取自己的微博,参数 uid 和 screen_name 可以不填。如果获取他人的微博,这两个参数填写一个即可。

表 9-8　statuses/user_timeline/ids 的请求参数

参 数 名 称	必选	类型及范围	说　明
access_token	true	string	采用 OAuth 授权方式为必填参数,在 OAuth 授权后获得
uid	false	int 64	需要查询的用户 ID
screen_name	false	string	需要查询的用户昵称
since_id	false	int 64	若指定此参数,则返回 ID 比 since_id 大的微博(即比 since_id 时间晚的微博),默认为 0
max_id	false	int 64	若指定此参数,则返回 ID 小于或等于 max_id 的微博,默认为 0
count	false	int	单页返回的记录条数,最多不超过 100,默认为 20
page	false	int	返回结果的页码,默认为 1
base_app	false	int	是否只获取当前应用的数据,0 为否(所有数据)、1 为是(仅当前应用),默认为 0
feature	false	int	过滤类型 ID,0 为全部、1 为原创、2 为图片、3 为视频、4 为音乐,默认为 0

该接口只返回最新的 5 条数据,即用户 UID 所发布的微博 ID 列表。格式如下,statuses 中即为记录列表。

```
{
    "statuses": [
        "3382905382185354",
        "3382905252160340",
        "3382905235630562",
        ...
    ],
    "previous_cursor": 0,        //暂未支持
    "next_cursor": 0,            //暂未支持
    "total_number": 16
}
```

(2) statuses/show:该接口的请求参数也包括采用 OAuth 授权后获得的 access_token,另一个就是微博 ID,两个参数均为必选,具体说明如表 9-9 所示。

表 9-9　statuses/show 的请求参数

参 数 名 称	必选	类型及范围	说　明
access_token	true	string	采用 OAuth 授权方式为必填参数,在 OAuth 授权后获得
id	true	int 64	需要获取的微博 ID

该接口返回微博的相关属性值,包括微博创建时间、文本内容等,具体如表 9-10 所示。

表 9-10　statuses/show 的返回字段

返回值字段	字 段 类 型	字 段 说 明
created_at	string	微博创建时间
id	int 64	微博 ID
mid	int 64	微博 MID
idstr	string	字符串型的微博 ID
text	string	微博信息内容
source	string	微博来源
favorited	boolean	是否已收藏,true 为是,false 为否
truncated	boolean	是否被截断,true 为是,false 为否
in_reply_to_status_id	string	(暂未支持)回复 ID
in_reply_to_user_id	string	(暂未支持)回复人 UID
in_reply_to_screen_name	string	(暂未支持)回复人昵称
thumbnail_pic	string	缩略图片地址,没有时不返回此字段
bmiddle_pic	string	中等尺寸图片地址,没有时不返回此字段
original_pic	string	原始图片地址,没有时不返回此字段

续表

返回值字段	字 段 类 型	字 段 说 明
geo	object	地理信息字段
user	object	微博作者的用户信息字段
retweeted_status	object	被转发的原微博信息字段,当该微博为转发微博时返回
reposts_count	int	转发数
comments_count	int	评论数
attitudes_count	int	表态数
mlevel	int	暂未支持
visible	object	微博的可见性及指定可见分组信息。该 object 中 type 的取值:0 为普通微博,1 为私密微博,3 为指定分组微博,4 为密友微博;list_id 为分组的组号
pic_ids	object	微博配图 ID。多图时返回多图 ID,用来拼接图片 URL。用返回字段 thumbnail_pic 的地址配上该返回字段的图片 ID,即可得到多个图片 URL
ad	object array	微博流内的推广微博 ID

下面以 statuses/user_timeline/ids 接口为例来说明具体的调用和处理方法。

(1) 根据接口说明构造正确的 HTTP 请求。

阅读在线接口说明可知,该接口需要以 GET 方式请求,必选参数为 access_token,返回格式为 JSON。其中必选参数 access_token 来源于 OAuth 授权,具体创建方法见 9.2 节。

(2) 向服务端发送 HTTP 请求,并处理返回数据。

在获取了 access_token 之后,就可以使用 Python 内建模块 urllib 构建 HTTP 请求或用 requests 发送请求。可以发现返回的 JSON 中包含了该用户最新 5 条微博的 ID,这是因为由于微博 API 的限制,非商用授权调用微博 API 中的 statuses/user_timeline/ids 接口只能获取已授权用户的最新 5 条博文。

在获得微博 ID 数据集之后,逐条记录调用接口 statuses/show,该接口会返回对应微博 ID 的博文信息。程序解析 JSON 封装的数据,即可实现获取用户博文信息的目标。整个处理过程如图 9-6 所示。

图 9-6 微博信息采集过程

　　基于这样的设计思路，使用 Python 语言可以构造 get_weibo()、get_weiboid()两个函数来获得指定用户的最近博文信息。在程序中需要导入 JSON，具体程序及解释如下：

```
Prog-13-weiboMsgInfo.py
#-*- coding: utf-8 -*-
from urllib import parse
import requests
import json


# 调用 statuses/show 接口
def get_weibo(access_token, wid, header_dict):
    url = 'https://api.weibo.com/2/statuses/show.json'
    url_dict = {'access_token': access_token, 'id': wid}
    url_param = parse.urlencode(url_dict)
    res = requests.get(url = '%s%s%s%s' % (url, '?', url_param), headers = header_dict)
    decode_data = json.loads(res.text)
    text = decode_data['text']
    if 'retweeted_status' in decode_data:
        text += '<--- 原始微博: ' + decode_data['retweeted_status']['text']
    return text


# 调用 statuses/user_timeline/ids 接口
def get_weiboid(access_token, header_dict):
    url = 'https://api.weibo.com/2/statuses/user_timeline/ids.json'
    url_dict = {'access_token': access_token}
    url_param = parse.urlencode(url_dict)
    res = requests.get(url = '%s%s%s' % (url, '?', url_param), headers = header_dict)
    decode_data = json.loads(res.text)
    wid_list = decode_data['statuses']
    return wid_list


header_dict = {'User-Agent': 'Mozilla/5.0 (Windows NT 6.1; Trident/7.0; rv:11.0) like
Gecko'}
# 填写 access_token 参数
access_token = '2.00cDGjhHQUpTpCf203bf4e270j8kfF'
wid_list = get_weiboid(access_token = access_token, header_dict = header_dict)
# 输出博文
for item in wid_list:
    weibo_text = get_weibo(access_token = access_token, wid = item, header_dict = header_
dict)
    print('微博 id:' + str(item) + '--->' + weibo_text + '\n')
print('获取结束\n')
```

　　样例首先使用 get_weiboid()函数调用 statuses/user_timeline/ids 接口，获取最

新 5 条微博的 ID；然后使用 get_weibo()函数调用 statuses/show 接口，传入刚刚得
到的微博 ID，并获得返回的对应 ID 的博文内容。

运行结果如图 9-7 所示，显示了作者发的 3 条博文。

微博id:4361726088018382--->在校大学生，特别是大一、大二的学生每学期都有一些诸如数学分析、线性代数、数论之类数学课程，尽管在课堂上可以听到莱布尼茨和牛顿的纠葛故事、笛卡尔的爱情故事，但是他们往往感到很迷茫，因为不知道所学的数学知识到底有什么用。对于IT公司的研发人员来说，他们在进入大数据相关岗位前，总是觉得要...全文：http://m.weibo.cn/7059060320/4361726088018382

微博id:4361715926064329--->居然到现在才开始用微博，哈哈

微博id:4356328010530343--->haha

获取结束

图 9-7 采集微博博文的输出结果

9.3.5 微博 API 的限制

微博开放接口限制每段时间只能请求一定的次数。限制的单位时间有每小时、
每天；限制的维度有单授权用户和单 IP；部分特殊接口有单独的请求次数限制。但
这些限制值也不是不固定的，不同的应用有不同的限制，取决于应用自身的质量。质
量高的应用这些数值就高，也就是请求限制小。当开发者调用接口不能满足开发需
求，且授权用户数高于 20 万时，可以直接和新浪微博申请合作伙伴洽谈。

目前，微博开放平台的安全机制能非常准确地识别接口访问是用户行为调用
还是机器人程序调用。超过频次限制的过度调用或者是非用户主动频繁调用（即
使未超过频次限制）微博开放接口都会导致应用（appkey）、IP 被微博开放平台的安
全机制识别为机器人程序或者恶意抓取用户数据等违反微博开发者协议的情况，
从而造成该应用、IP 的接口访问权限被封禁，造成所有开放接口的请求都会被
限制。

开发者可以更智能地管理自己的访问频次，例如在最近几次访问数据都没有获
取到新数据的情况下，可以适当减少访问频率。开发者还可以适当在客户端缓存部
分数据，而不是每次都直接调用微博开放接口。需要注意的是，微博开放平台禁止第
三方服务器端存储用户数据，所以采用此方法只能缓存在客户端，不能上传到外部服
务器。

9.4 通过爬虫采集微博信息

通过微博 API 虽然可以很方便地采集到所需要的信息，而不需要像爬虫那样进行大量的页面信息分析和提取，但是微博 API 在调用频次、返回数据记录数等方面有一定限制，所以，如果需要大量地采集微博信息，微博 API 将难以满足需求。

在这种情况下就需要使用爬虫技术来获取博文信息。针对目前一些主流的微博系统架构，爬虫采集微博信息有以下几种方法。

1. 利用微博 PC 版进行命令发送与结果的采集

通常微博 PC 版使用了 Ajax(Asynchronous Javascript And XML)技术。这部分内容需要执行页面中的 JS 进行动态加载，而普通爬虫只能获取第一次抓到的 HTTP 内容，不会执行 JS 脚本，所以通过简单的 HTTP 请求是无法获取需要的信息的。一种途径是找到 Ajax 动态加载的请求地址直接获取 Ajax 内容，但是当遇到加密的 JS 时，要分析并找到请求地址就会非常困难。另一种途径是使用无界面浏览器，基于模拟浏览器方式执行 JS 代码以获取完整 HTML 内容。其缺点是执行速度慢。由于具体的技术运用和实现在本书 5.6 节中已经介绍过，这里不再赘述。

2. 通过微博的移动端网页来采集内容

目前国内外主流的微博都提供了移动端接入方式，移动端网页和 PC 端网页的入口不同，页面结构存在一定差异。在一般情况下，移动端页面并不采用 Ajax 技术，而是可以直接提取，与 PC 版网页相比可能缺失部分内容。

不管是哪种方式，微博都需要先登录才能看到页面信息。在程序实现中，为了能够自动根据设定的用户名和口令登录，可以使用 cookies 技术。实际上，在登录微博之后，服务端会返回 cookies，其中保存了登录信息。该 cookies 信息可以通过浏览器的开发者工具来获得，具体见 5.4 节介绍的方法。但需要注意 Cookie 的时效性，过期后需要重新更换。

一个完整的流程如图 9-8 所示,虚框是爬虫程序可以反复抓取不同页面的过程,但是在这之前需要先获取登录的 Cookie。

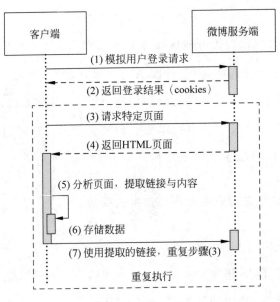

图 9-8 通过抓取 HTML 的方式采集微博信息

登录成功后,采集微博信息实际上就是获取到微博平台返回的 HTML 编码内容后对页面的 HTML 结构进行分析,将其中的信息规格化。采用正则表达式、树形结构特征匹配等方法提取页面中所需要的数据,在具体实现上可以采用 lxml、BeautifulSoup 等 HTML 解析工具解析获取指定位置的数据,同时可以根据页面内的超链接关系进行更多页面的爬取与采集。这些方法与第 4 章、第 5 章介绍的处理方法是一样的,这里不再介绍。

值得一提的是,很多微博使用 Robots 协议限制爬虫方式抓取页面内容,因此可以根据微博的具体情况来选择使用爬虫技术。通常应当减少爬虫对微博网站的影响以及避免被反爬虫机制检测到,例如可以设置一定的随机延时,模仿正常用户的操作行为。延时可通过 time.sleep()实现。

```
#随机休眠 3～10 秒
random_sleep = numpy.random.randint(3, 10)
time.sleep(random_sleep)
```

思考题

1. 简述微博信息采集方法。
2. 学习获得微博开放平台授权的方法。
3. 抓取自己微博的相关个人信息和博文信息。
4. 简述通过 API 方式采集微博的优缺点。

第 **10** 章

反爬虫技术与反反爬虫技术

不管是网站管理员还是爬虫开发人员都迫切需要全面了解反爬虫技术。恶意爬虫访问影响了网站的正常运行,反爬虫技术应运而生,本章介绍了反爬虫技术原理及常见的反爬虫技术。另一方面,爬虫端为了突破网站反爬虫措施,也有对如何突破爬虫限制的需求,为此本章同时介绍了反反爬虫技术。

10.1 两种技术的概述

随着互联网的高速发展,提供公众服务的站点越来越多,能够被公开访问到的Web页面以倍速增加,这些页面之中所包含的信息是普通搜索引擎和其他爬虫采集的目标。由此,互联网上采集数据的爬虫越来越广泛,对于某个Web站点来说,每天可能经常会有不同的爬虫"光顾"。

通常情况下,Web站点会在其根目录下放置一个robots.txt文件,以提醒爬虫遵守Robots协议(Robots Exclusion Protocol)的约束,例如哪些页面可以抓取,哪些页面不能抓取,然而并非所有的采集者都能够遵循该协议。其原因可能是爬虫程序设计得很糟糕,也可能这种爬取本身就是恶意的,一般统称此类爬虫为"不友好的爬虫"

或恶意爬虫。不友好的爬虫往往会导致 Web 站点服务压力陡增，严重时会导致类似的拒绝服务（DOS）攻击。因此，Web 站点的管理者往往需要提防不友好爬虫所导致的各种问题。从这个角度看，反爬虫技术是一种十分必要的技术。

有趣的是，随着反爬虫技术的升级，反反爬虫技术也在不断演进。其主要推动力来自于对互联网大数据的广泛需求，在很多与大数据相关的研究和教学活动中需要大量的数据，然而反爬虫技术限制了数据获取。另一方面的需求则来自于网站的许可爬虫，一个网站的来访爬虫包含 Robots 协议的许可爬虫和非许可爬虫，而网站很难完全准确地区分这两种爬虫，因此统一的反爬虫技术导致许可爬虫无法正常访问。在这种情况下，网站管理者和爬虫设计人员都需要了解反反爬虫技术。

以上两方面的问题导致了网站和爬虫双方的技术博弈不断进行，反爬虫与反反爬虫技术就好像是安全领域的攻击与防御一样，相互矛盾，相互克制，同时也相互促进，应当被认为是互联网技术进步的一种推动力。

10.2　反爬虫技术

当面对不友好的爬虫时，Web 服务器需要主动运用合适的技术进行反爬虫。反爬虫的工作主要包括两个方面，即不友好爬虫的识别与爬虫行为的阻止。识别爬虫的主要任务是区分不友好爬取行为与正常浏览行为及友好爬虫的差异。阻止爬虫则是阻止恶意的爬取，同时能够在识别错误时为正常请求提供一个放行的通道。

10.2.1　爬虫检测技术

友好的爬虫通常是遵守 Robots 协议的，并且爬取频率和策略比较合理，给站点带来的资源压力和安全风险较小，而不友好爬虫会在其爬取的行为上存在不遵守协议以及爬取频率高等问题，这两个问题会对站点服务造成比较大的影响。不遵守协议的爬虫往往意味着不读取 robots.txt，忽略协议文件中的内容，对站点内的敏感信息随便抓取。这些不遵守协议的爬虫同样可能会存在全站爬取的行为，除敏感信息泄露外，还会导致站点的服务器压力增加，对于使用动态网页的站点则会产生大量的服务器资源消耗。

与友好爬虫的合理爬取间隔设置不同，不友好的爬虫会通过较高的并发，以期在短时间内获取到更多的内容,但是这样的行为不仅会导致服务器负载增加,更容易导致正常用户的体验受到影响,严重情况下可以认为站点受到了 DOS 攻击。不过这样的爬虫往往是技术能力较差或忽视行业规范导致的,毕竟数据采集的目标是采集数据而非攻击对方服务器。

正常情况下,在用户通过浏览器与服务器进行 HTTP 访问的过程中,用户访问 Web 站点的行为从发送 Request 请求开始到获取到服务器返回的 Response 结束。一个完整的 HTTP Request 请求由起始行、头部(headers)以及实体(entity-body)构成,具体介绍在本书的 3.4 节。

HTTP Request 的 headers 包含很丰富的信息,通常包括 Host(访问请求的目标主机)、User-Agent(浏览器名、版本号、操作系统名、版本号以及默认语言)、Accept-Language(用户的默认语言)、Accept-Encoding(对数据压缩的支持,一般包括 gzip、deflate)、If-Modified-Since(仅在本地缓存过的页面有此选项,表示最后文件的修改日期)、Cookie(记录 cookies 信息,包括 session id 以及站点自定义的各类信息)、Referer(访问的来源地址,例如从搜索引擎访问的,则是搜索引擎的某个检索页面)、Authorization(对于登录等认证请求动作,一般包含有 Authorization 字段)、下面是使用 requests 库构建 HTTP 请求头的例子,包含了比较完整的头部信息。

```python
import requests
headers = {
    "Host":"net.tutsplus.com",
    "Accept":"text/html,application/xhtml + xml,application/xml; " \
        "q = 0.9,image/webp, * / * ;q = 0.8",
    "Accept - Encoding":"text/html",
    "Accept - Language":"en - US,en;q = 0.8,zh - CN;q = 0.6,zh;q = 0.4,zh - TW;q = 0.2",
    "Keep - Alive": "300",
    "Connection": "keep - alive",
    "Content - Type":"application/x - www - form - urlencoded",
    "User - Agent":"Mozilla/5.0 (X11; CrOS x86_64 6253.0.0) AppleWebKit/537.36 " \
    "(KHTML, like Gecko) Chrome/39.0.2151.4 Safari/537.36",
    "Pragma": "no - cache",
    "Cache - Control": "no - cache",
    "Referer": "http://localhost/test.php"
}
proxies = {
    'http': 'http://127.0.0.1:8087',
    'https': 'http://127.0.0.1:8087',
}
worker_session = requests.Session()
r = worker_session.get(url, proxies = proxies, cookies = cookies, verify = False, stream = True, headers = headers, timeout = 5)
```

其中的 headers 为 HTTP 请求的头,在 Request 的 Session 中被发送给目标 URL,同时发送的还有 cookies。requests 还支持 proxies(代理)、stream(数据流方式)、timeout(超时时间)、verify(认证)等参数。

反爬虫技术应当从爬虫程序设计和浏览器访问差异的角度来分析,一个关键的前提是爬虫程序设计人员或数据采集者的根本目的是提高数据抓取效率、简化程序设计。爬虫在发起 HTTP 请求时头部的属性通常不会填充完整,而使用浏览器访问时 HTTP 请求头的属性值由浏览器自动填充,通常是完整的,因此 Web 服务器可以通过检测 HTTP 请求头来判断是否爬虫访问。

从这个简单的请求头代码中可以看出,在爬虫程序设计中也可以使用代理服务器,如果爬虫端不断变换代理服务器,在 Web 服务器看来这些来自不同 IP 的请求尽管请求头不完整,但也很难非常确切地认为是爬虫访问。除处理 HTTP 请求头外,爬虫的访问行为本身也应当作为一种区别的特征,这样才能提高爬虫检测的准确率。

这里归纳一下正常用户浏览行为与爬虫行为的主要区别,如表 10-1 所示。

表 10-1　正常用户浏览行为与爬虫行为的比较

	正常用户浏览行为	爬虫行为
客户端 IP 地址	同一个用户的 IP 一般不会变化,同一时间段内不同用户之间的 IP 区别比较大,IP 地理分布和请求量分布也比较随机	可能通过单一 IP 或者代理 IP 访问,简单的爬虫往往是通过单一 IP 进行访问,但也可能不断切换使用不同的 IP 地址
HTTP 请求 Headers 数据的完整性	使用流行的浏览器或者站点的客户端,Headers 数据由浏览器自动生成并填充,主要包括 User－Agent、允许的字符集以及本地文件的过期时间等	可能会使用无 Header 浏览器,或者模拟浏览器进行访问,访问请求存在无 Headers 数据和数据内容不完整的情况。由机器生成的 Header 往往内容相对固定,或只是简单替换部分参数
Headers.referer 数据合法性	HTTP 请求的 Headers.referer 是本站点内的页面或者友好网站,例如搜索引擎	HTTP 请求的 Headers.referer 可能不存在或是随意填写的,不在合法范围内
请求中特定的 cookies 数据的合法性	每次访问使用相同的浏览器,自然会调用相同的 cookies	不一定会使用 cookies
请求时间间隔规律性	人需要花费一定的时间浏览页面内容,之后跳转至下一页面,或者同时打开少量的页面进行预缓存	采集页面后提取其中的超链接,即进行下一步采集,每次访问的间隔相对固定(也有爬虫采用增加随机延时的方式模拟自然人访问)

续表

	正常用户浏览行为	爬虫行为
能否通过验证码	能够在页面出现异常时及时进行干预，例如输入验证码或者单击指定的按钮等	难以处理复杂的验证码或验证操作
页面资源加载特征	加载页面时会加载相关的所有JS、CSS等脚本文件和图片等静态资源，这个过程是浏览器自动完成的	大部分只获取 HTML 文件，不一定进行页面中的图片等资源的二次请求，但使用模拟浏览器的爬虫会加载 JS、CSS
页面 JS 执行特征	会访问页面的所有资源，即使在页面上对自然人是不可见的	一般只会执行页面可见的 JS，访问页面上可见的内容

在前面分析的基础上，可以得到这样的结论：一个优秀的 Web 访问行为识别流程应当能区分三种 Web 访问请求，为网站管理者提供有效的信息。在如图 10-1 所示的流程中，首先将爬虫行为与人的浏览行为区分开。而友好爬虫与恶意爬虫的区别会比较容易，主要是看是否遵守 Robots 规范、是否对服务器产生一定的压力。

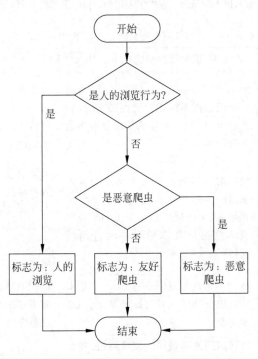

图 10-1　Web 访问行为识别流程

基于正常用户、友好爬虫、恶意爬虫之间的差异，目前使用的反爬虫技术主要有以下几种及其组合。

1. 通过 IP 与访问间隔等请求模式的识别

通过对短时间内出现的大量访问的请求 IP 地址(段)进行分析,对异常的请求 IP 的访问请求要求进行验证或临时封禁 IP 地址(段)。这种方法主要是阻挡大量的请求,减少服务器压力,一般作为反爬虫组合技术的第一步。

在识别出访问请求 IP 与时间间隔的异常后,可以采用更多的方法进一步确认是否为爬虫,也可以为误伤正常访问的情况留一个处理途径。

2. 通过 Header 内容识别

对访问请求的 Headers 信息进行分析,主要是分析来源页面(referer)与客户端标识(User-Agent)是否在合法范围内,也可以分析 Headers 内的其他数据,例如页面有效期、HOST 地址等信息的有效性。

简单的爬虫一般会使用 Headers-Less 浏览器或伪造 Headers 信息来发送页面请求,前者是无 Headers,后者通常是随意设置某些属性值导致的。爬虫的 Header 设置比较简单,一般不会根据访问页面的不同专门切换,因此可能会出现重复等情况,一旦发现 Header 异常,则可以识别为爬虫。

3. 通过 cookies 信息识别

通过在 cookies 中加入多组身份信息,每次请求要求进行验证,可以拦截无 cookies 的爬虫以及采用了随机代理但未正确获取 cookies 的爬虫。当然,cookies 的验证也可能导致正常用户在登录和请求时速度变慢。

4. 通过验证码识别

验证码的形式多种多样,主要的意图是通过验证码的方式判断请求者是人还是机器,也能够通过验证码增加采集的难度、降低采集的频度。通常采用的方式有图形文字验证、行为动作验证、声音验证和第三方验证等。

5. 通过对客户端是否支持 JS 的分析来识别

客户端的 JS 支持情况可以使用<noscript>标签判断,能用于拦截不支持 JS 或者不进行 JS 解析的爬虫。通常的浏览器会加载 JS 脚本,并且不会触发<noscript>标签,而非浏览器模拟的爬虫由于不加载 JS 脚本,所以会导致< noscript >标签被触发,进而使服务器能够判定访问非法。

6. 通过是否遵循 Robots 协议来识别是否为友好的爬虫

通常可以根据 Robots 协议的遵守情况判断是否为友好的爬虫。具体方法比较简单,即在 robots.txt 文件内配置 Disallow 策略,例如"Disallow:/admin/",当爬虫访问"/admin/"中的文件时则可以判断爬虫为不友好的爬虫。同时,根据 3.3 节的描述,可以进一步根据 Robots 规范中的抓取延时(Crawl-delay)、访问时段(Visit-time)和抓取频率(Request-rate)来进一步检查爬虫行为是否友好。

7. 页面资源是否加载

对于只抓取 Web 页面中文本的爬虫而言,它为了提高抓取效率不会再从页面中提取图片等资源的超链接,然后再向服务器请求图片。根据这个特征,Web 服务器可以对某个请求进行跟踪,检测其是否对页面中的图片等资源进行请求。如果没有,则是爬虫的可能性会比较大。

需要进一步说明的是,由于浏览器允许进行个性化配置等原因(例如用户可能会选择只浏览文本,而不在浏览器中显示图片),上面提到的各种检测爬虫的依据实际上都难以获得 100%的准确性。因此也有一些研究使用分类器等高级技术,将这些特征综合起来,同时使用多种特征来刻画一个 HTTP 请求,并在人工标注的基础上使用 SVM、KNN 以及深度学习来训练分类器。这虽然比单个特征更有效,但是这种方法使得服务器端的运营成本和负担增加了很多,中小型 Web 网站是否采纳还需要做更全面的评估。

10.2.2　爬虫阻断技术

通过前面的方法识别并标记爬虫后,网站通常会采取各种策略来阻断恶意爬虫访问,主要的手段有禁止访问、增加采集难度、二次验证、使用动态页面等,以下分别介绍。

1. 通过非 200/304 的 Response Status 禁止访问

例如,返回表示异常的 HTTP Status Code:404/403/500 等,相当于直接告知爬虫已经被封禁。

本方法的实现比较简单,在大部分服务端代码中只需要对标记为恶意爬虫的访问线程的请求 return 相应的 Status Code 即可,例如在 Python 的 django 框架中只需一句 return HTTP 404。

2. 封禁 IP(或 IP 段)的访问权限

目前,服务器的防火墙以及软件环境大部分都具有防止恶意攻击的功能,可以实现在一定时间段内限制特定的 IP(或 IP 段)的访问,或永久禁止某 IP(或 IP 段)的访问。其结果是使用特定 IP 地址段的客户端访问服务器时提示无法连接或连接拒绝。

3. 使用验证码或关键信息图片化增加采集难度

在判断为爬虫的情况下,服务器生成验证码图片并推送给客户端,要求输入验证码进行进一步验证。若在一定时间内不能够通过验证,则确认为爬虫。

有些网站将页面上的重要信息(例如商品价格、型号等信息)以图片形式显示在页面上,而非文字形式,这样爬虫采集这些商品信息时需要进行二次请求,并且需要对采集到的图片使用 OCR 之类的技术识别其中的文字。这使得爬虫程序的复杂度大大增加,让爬虫程序知难而退。

4. 使用页面异步加载增加采集难度

页面异步加载一般采用 Ajax 方式,采用异步加载的方式能够在页面端进行一些内容混淆等操作。这样的方式可以使不支持 JS 的爬虫全部无效,而支持 JS 的爬虫需要解析 Ajax 的代码和执行逻辑,并进行进一步交互,获取展示的数据信息,才能还原出数据。这种方式实际上是通过增加采集过程的复杂度变相降低爬虫采集的频率。

对于服务端的设计,可以通过 Ajax 架构的 JS 框架进行前端页面的架构渲染,再通过异步加载向服务器请求需要展示的数据。

5. 动态调整页面结构

动态调整页面结构的作用是增加采集者进行 Web 页面分析处理的难度,而非禁止爬虫。当存在较高爬虫访问的情况出现时,可以通过动态改变 HTML 页面的文档结构来使采集者设置好的解析策略失效,进而影响其采集进程,甚至令爬虫放弃抓取。

最简单的实现是通过改变、更换 HTML 中的< tab >、< div >、< ul >等标签或者其 ID、CSS 属性等内容,使得爬虫的页面分析逻辑失效。以下是随机生成 DIV 的 id 的样例。

```
import random
div_id = "r_div_" + str(random.randint(0, 65535))
```

6. 设置蜜罐干扰爬虫行为

设置蜜罐的目的是吸引并使用蜜罐干扰采集者,让采集者误以为采集到了数据,而实际上采集到的可能是大量的垃圾数据,这个方法需要有蜜罐服务器的资源和带宽开销。引导爬虫进入蜜罐的方式有很多,例如设置干扰字段、使用放置在不可见 DIV 中的超链接、在验证非人为行为后直接返回垃圾数据等。

此外,还不断有新的反爬虫技术出现,但本质都是验证行为是否来自于人,进而对访问者非人类的行为进行进一步限制,并减少对正常 Web 访问者的干扰。

10.3　反反爬虫技术

在大数据时代,数据信息的来源已经不仅仅是那些门户网站和其中的超链接,而是切切实实的每个用户以及他们在不同站点上留下的各种痕迹和各种类型的数据,这些数据之间有着复杂的逻辑关系,同时还在不断更新变化之中。在这样的环境和前提下,依赖数据提供商提供数据很难满足人们对数据的需求,主动使用爬虫技术进行数据的采集和深入的探索是十分必要和重要的。

数据采集的目标站点众多,它们的数据隐藏深度、方法不尽相同,服务种类、能力和策略也不尽相同,在爬取数据时不免会碰到各种反爬虫技术,尤其是某些信息隐藏在站点比较深的地方,例如涉及社交网络上用户的个人信息或社会关系等方面的内容,某些商业站点上的评论信息等。因此对于采用了反爬虫技术的站点的数据,需要在了解反爬虫的基本技术和思路的前提下,在进行数据采集时通过有针对性的技术手段进行反反爬虫,以获得期望的目标数据。从另一角度看,对于 Web 服务器管理

员和设计人员来说,也非常有必要深入了解爬虫还有哪些突破封禁的手段,以便更好
地优化自己的反爬虫技术。

目前,常见的反反爬虫技术的基本目标是尽可能真实地模拟用户访问,主要有以
下几种技术方法:

1. 针对 IP 与访问间隔限制

不使用真实 IP,爬虫使用代理服务器或者云主机等方式进行 IP 的切换,需要注
意的是,当前有一些站点对云服务或代理的 IP 端已经进行了限制。此外,还要在需
要登录的情况下准备多个账号,以便进行切换。在 Python 中使用 requests 的
session.get 方法调用 proxies 实现通过代理进行采集的基本代码如下:

```python
import random
import requests
proxies = {
    'http': 'http://8.8.8.8:8888',
    'https': 'http://4.4.4.4:8484',
    #可以随机为 Session 分配绑定一个代理服务器
}
worker_session = requests.Session()
r = worker_session.get(url, proxies = proxies, verify = False, stream = True, headers =
headers, timeout = 5)
```

2. 针对 Header 的内容验证

使用 Selenium 或其他内嵌浏览器进行浏览器的访问和模拟,同时构造合理的
Headers 信息,主要包括 User-Agent 和 Hosts 信息。使用 Selenium 会调用浏览器,
在下面的例子中是调用 Chrome 进行访问,浏览器的调用可以实现 Headers 信息的
自动完成。

当然也可以根据规则自行组装 Headers 信息,在爬虫实现中尽可能完整地填写
Headers 的各个属性值。

```python
#coding:utf-8
from selenium import webdriver
from selenium.webdriver.common.action_chains import ActionChains #引入 ActionChains 鼠标
操作类
from selenium.webdriver.common.keys import Keys #引入 keys 类操作
import time
```

```
def s(int):
    time.sleep(int)
browser = webdriver.Chrome()
browser.get('http://www.*****.com')
browser.maximize_window()                    #最大化浏览器
browser.find_element_by_id('r_div').send_keys(u'zeng')
browser.find_element_by_id('r_div').get_attribute('uid')
browser.find_element_by_id('r_div').size       #打印输入框的大小
browser.find_element_by_id('r_div').click()
time.sleep(3)
```

自行组装的 Headers 信息可以通过 Python 的 requests 库发送给服务器。

3. 针对 cookies 验证

使用不同的线程来记录访问的信息,例如 Python 中的 requests.session,为每个线程保存 cookies,每次请求的 Header 均附上正确的 cookies,或者按照站点要求正确使用 cookies 内的数据(例如使用 cookies 内的指定密钥进行加密校验)。

```
#每个线程均保留 cookies 信息
worker_session = requests.Session()
log_in_result = worker_session.post(url, data = login_info, headers = headers)
_cookies = log_in_result.cookies
r = worker_session.get(url, proxies = proxies, cookies = _cookies, verify = False, stream =
True, headers = headers, timeout = 5)
```

4. 针对验证码

当前 Web 网站推送的验证码主要分为 4 类,即计算验证码、滑块验证码、识图验证码、语音验证码,主流的验证码破解主要有两种,即机器图像识别与人工打码,此外还可以使用浏览器插件绕过验证码的类似技术。

识别图像验证码通常包含灰度处理、二值化、去除边框、降噪、切割字符或者倾斜度校正、训练字体库以及识别等步骤。

机器图像识别用到的主要的 Python 库是 Pillow(Python 图像处理库)、OpenCV(高级图像处理库)和 pytesseract(识别库)。其中,Pillow 支持多种格式的图像编码方式,并且可以做一些变形等图像处理;pytesseract 是一个基于 Google's Tesseract-OCR 的独立封装包,它能够识别图片文件中的文字,并作为返回参数返回识别结果。

5. 针对页面异步加载与客户端 JS 支持判断

可以使用 Selenium 或 PhantomJS 进行 JS 解析,并执行页面内容获取所需要的正确的 JS 方法/请求。当然也可以使用真实的浏览器作为采集工具的基础,例如封装一个自定义的 Firefox 浏览器,以插件的形式实现采集工具。

6. 针对动态调整页面结构

对于这种方式的反爬虫技术,最好的办法是先采集页面,然后根据采集到的页面进行分类处理。同时,在爬虫程序设计中,进行必要的异常处理也有助于应对这种阻断措施。动态调整结构的页面也可以采用 Selenium 加载浏览器,按照信息的区域尝试采集。此外还可以尝试使用正则表达式,将结构中的随机因子摒除。

7. 针对蜜罐方式的拦截

在这种情况下只有一个策略,爬虫在解析出一个超链接后不要着急进入超链接。首先分析蜜罐的结构,判断是使用表单隐藏字段、使用隐藏的页面或者是使用其他方法的蜜罐,分析到异常之后,在提交表单和采集页面时绕过蜜罐。

总之,使用了反反爬虫策略和技术后,原来简单的爬虫结构变得复杂了。

思考题

1. 为什么 Web 服务器要反爬虫?
2. 爬虫和浏览器访问可能存在的主要差别有哪些?
3. Web 服务器有哪些检测爬虫请求的方法?
4. Web 服务器有哪些技术可以阻断爬虫请求?
5. 针对 Web 服务器的爬虫检测技术,在爬虫程序设计中需要注意哪些问题?

## 第四部分

大数据挖掘与应用篇

第 **11** 章

文本信息处理与挖掘技术

本章介绍了对采集到的 Web 信息内容进行处理与挖掘所需要的技术,这是爬虫大数据采集应用的基础。本章主要针对文本型这种典型的非结构化信息介绍了各种预处理技术、文本分类、主题建模技术和可视化技术,并介绍了用于这些处理的主要开源库和工具。

11.1 文本预处理

11.1.1 词汇切分

视频讲解

词汇的切分对于中文文本处理来说尤为关键,它是文本处理挖掘的基础。例如在文本分类、文本聚类、话题分析等应用中,分词都是一项基础工作。其目的就是对于给定的一段文本,将词汇逐个切分开来。对于这方面的研究目前也比较成熟,已经形成了两大类主要方法,即基于词典的分词和基于统计的分词。这两种方法定义词的角度完全不同,基于词典的分词方法认为只要将一个字符串放入词典就可以当作词,而基于统计的分词方法认为若干个字符只要按照一定规则结合在一起的使用频率足够高就是一个词。这两种不同的构词观点也就导致了两种方法的实现有很大差异。

1. 词汇切分的一般流程

分词的任务是对输入的句子进行词汇切分,这是对于中文而言。基本的分词工作是切分出每个词汇,但是词对应的属性(例如词性、语义选项等)与词汇关系密切,因此也经常把此类处理在分词处理中一起完成。由于分词过程中会存在一定的歧义,通常需要在切分过程中解决这些歧义问题。总体而言,句子词汇切分的流程包括三大步骤,如图11-1所示。

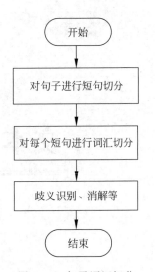

图 11-1　句子词汇切分

第一个步骤是对输入的中文文档进行预处理,得到单个中文短句的集合。这一步主要通过标点符号(例如逗号、句号、感叹号、问号等)将中文文档进行切分,缩小中文分词的句子长度。

第二个步骤对每个短句进行词汇切分,即运用一定的分词算法将其中的词汇切分开来。在这个过程中需要考虑到短句中除了汉字以外,可能存在英文单词(或缩写)、由连字符连接的不同单元、由斜线连接的不同单元、数字等,因此需要考虑这些非词汇信息的判断。

第三个步骤是进行分词结果的优化,主要是考虑到分词中可能存在错误,对此类错误进行识别、纠正。该步的主要任务之一就是歧义的消解。

在大数据背景下文本变得更加复杂,文本中会包含大量的非中文字符,例如中英文混合、包含 HTML 语言文本、新词、繁体简体混合等,所以在文档预处理阶段要将含有 HTML 语言的文本从原始文档中提取出来,将繁体简体字统一转化为简体字,这样才能够更好地提高分词算法的性能。常用的中文字符编码有 gb2312、unicode、utf-8 等,它们之间的转换已经在第 2 章介绍过,这里不再赘述。当然,目前有很多工具实现了字符编码之间的转换,例如可以采用文本编辑器 Notepad++,其中具有 ASCII 码、gb2312、unicode、utf-8 等编码转换的功能。

2. 基于词典的分词方法

基于词典的分词方法,即通过设定词典,按照一定的字符串匹配方法把存在于词典中的词从句子中切分出来。该方法有 3 个基本要素,即分词词典、文本扫描顺序和匹配原则。由于词典中的每一项都是词汇,所以分词词典的项数会非常大,称之为充分大的词典。文本的扫描顺序有正向扫描、逆向扫描和双向扫描,匹配原则主要有最大匹配、最小匹配、逐词匹配和最佳匹配。基于文本扫描顺序和匹配原则可以组合出多种方法,例如正向最大匹配、正向最小匹配、逆向最大匹配、逆向最小匹配等。本节将详细介绍正向最大匹配法,并简单介绍逆向最大匹配法。

所谓最大匹配,就是优先匹配最长词汇,即每一句的分词结果中的词汇总量要最少。正向最大匹配分词在实现上可以采用减字法。

正向减字最大匹配法首先需要将词典中的词汇按照长度从大到小的顺序排列,然后对于待切分的中文字符串做如下处理:

(1) 将字符串和词典中的每个词汇逐一进行比较。

(2) 如果匹配到,切分出一个词汇,转步骤(5)执行。

(3) 否则从字符串的末尾减去一个字。

(4) 如果剩下的字符串只有一个字,则切分出该字。

(5) 将剩下的字符串作为新的字符串,转步骤(1)执行,直到剩下的字符串长度为0。

以字符串"今天是中华人民共和国获得奥运会举办权的日子"为例来说明上述过程。假设词典充分大,每次与词典相比较的字符串 s 依次如下,可见在第 20 次比较时获得词汇"今天",在第 39 次比较时无法匹配而输出单字"是"。

```
[1]s = "今天是中华人民共和国获得奥运会举办权的日子"
[2]s = "今天是中华人民共和国获得奥运会举办权的日"
[3]s = "今天是中华人民共和国获得奥运会举办权的"
...
[20]s = "今天"
[21]s = "是中华人民共和国获得奥运会举办权的日子"
[22]s = "是中华人民共和国获得奥运会举办权的日"
...
[39]s = "是"
[40]s = "中华人民共和国获得奥运会举办权的日子"
...
[51]s = "中华人民共和国"
[52]s = "获得奥运会举办权的日子"
...
[61]s = "获得"
...
```

显然,算法在性能上还有很多需要改进的地方。如果考虑到词典中的词条有一定长度,即可以假设最长词包含的汉字个数是 len,则在最大正向匹配算法过程中就可以每次取 len 长度的字符串来比较。因此每次与词典相比较的字符串 s 依次如下

（假设 len＝7）：

```
[1]s＝"今天是中华人民"
…
[6]s＝"今天"
[7]s＝"是中华人民共和"
…
[13]s＝"是"
[14]s＝"中华人民共和国"
[15]s＝"获得奥运会举办"
…
[20]s＝"获得"
[21]s＝"奥运会举办权的"
…
```

除了正向减字最大匹配法外，还有正向增字最小匹配法等，算法在思路上基本相同，只是采用逐步增加字符的方法构成新的字串，再去匹配。如果词典中的词汇长度大部分都比较短，采用增字法可以在一定程度上减小算法复杂度。

逆向最大匹配法是另一类基于词典的切分方法，该方法的分词过程与正向最大匹配法类似，不同的是从句子末尾开始处理，每次匹配不成功时去掉的是前面或左边的一个汉字。逆向最大匹配法同样也有增字法和减字法两种实现方式。

按照目前基于一些语料的词汇切分实验结果，逆向最大匹配的切分方法得到的错误率是 1/245，而正向最大匹配的切分方法的错误率是 1/169。切分中的错误源于词汇之间字符的重叠，例如对于"局长的房间内存储贵重的黄金"这句文本，采用正向最大匹配扫描得到的结果是"局长/的/房间/内存/储/贵重/的/黄金"，得到了错误的结果，而采用逆向最大匹配扫描得到的结果是"局长/的/房间/内/存储/贵重/的/黄金"，结果正确。

尽管目前在中文文本的切分方面已经能够取得 99% 以上的正确率，但是由于词汇切分并不是数据分析的最终结果，所以词汇切分识别中的错误会在上层应用中得到放大，从而造成更大的错误。例如上面的句子，如果切分出"内存"这个词汇，那么在上层的分析挖掘应用中就可能通过语义拓展发现该句子与"计算机"类的主题相关。目前还有不少研究在试图提升词汇切分的准确性，特别是随着深度学习的流行，各种神经网络结构都可以用来进行中文词汇的切分。

在基于词典的分词方法中，词典对于分词算法有着重要的影响。词典中词汇的完整性、词汇在词典中的排列顺序、专业词汇与大众词汇、词汇的长度、新词以及词典中词汇的使用频率、词汇的索引结构等都会对分词算法的准确性和效率产生很大影响。这些因素的影响及处理说明如下,大家可以进一步探讨。

(1)针对互联网大数据,网络上的新词频繁出现,一些领域专业词汇也都是典型的新词,如果没有及时更新,就会产生很多的单字切分或错误,因此词典的及时更新就变得很重要。

(2)词典中词汇的排列顺序除了按照词汇的长度排列外,还可以按照词汇的使用频率来排列,这就是最佳匹配的方法。统计每个词汇在实际使用中的频率,按照从高到低的顺序排列词典,这样在进行切分时经常使用的词汇就能够被快速匹配到,而不必扫描整个词典。但是使用频率的统计本身也需要有一定的语料,这些语料可以来自人工切分结果或语言学的研究成果。

(3)考虑多种排序规则相结合的可能性,根据语言学的 Zipf 定律,大部分词汇的长度并不长。例如长度为 2 的词汇在实际使用中就很多,这部分词汇如果单纯地按照长度来决定其在词典中的位置,显然是不合适的。因此可以同时考虑其使用频率,在长度相等的条件下按照使用频率进行排序。

在词典的实现层面需要考虑更多因素,例如词典很大以至于无法一次性装载到内存等问题。这里就需要采用适当的索引结构。常用的词典结构为有序线性词典结构、基于整词二分的分词词典结构、基于 Trie 索引树的分词词典结构等。

有序线性词典结构是最简单的词典结构,词典正文是以词为单位的有序表,在初始化时读取到内存中,在词典正文中通过整词二分进行定位。这种词典结构的优点是算法简单、易于实现、有效空间使用率高;缺点是查找效率低,删除或插入的更新代价高。这种词典结构在添加新词时需要移动词典中的词条来保证有序性,当词典相当大时需要花费很长的时间。

基于整词二分的分词词典结构是一种常用的分词词典结构,其结构分为 3 级,前两级为索引,如图 11-2 所示,除了存储词汇字符串外,还需要一些额外的标志信息。

词典正文是以词为单位的有序表,词索引表是指向词典正文中每个词的指针表。通过首字散列表的哈希定位和词索引表确定指定词在词典正文中的可能位置范围,进而在词典正文中通过整词二分进行定位。

基于词典的分词算法具有方法简单、易于实现等优点,同时也存在着较多缺点,例如匹配速度慢、存在歧义和错误切分、没有统一标准的词集、没有自我补充和自我学习的能力,以及不同词典会产生不同的歧义。

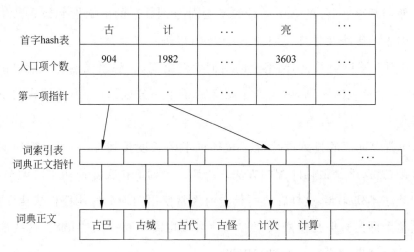

图 11-2　基于整词二分的分词词典结构

3. 基于统计的分词方法

由于基于词典的分词方法尚存在一些问题,目前实际使用的中文分词方法则综合运用了多种算法和模型,其中一类最常用的是基于各种统计模型的分词方法。这种方法利用词汇使用中的统计特性进行分词,归纳起来这些统计特性主要有:字串的使用频率、每个字在词汇中的位置特征等。下面介绍一种典型的基于序列标注的统计分词方法。

与一般的统计分词方法一样,该方法由 3 个步骤组成,分别是构造语料、训练模型和分词。

1) 构造语料

构造语料的目的是为了给后续模型训练提供素材。为此,需要先定义 4 个标签,即:B(Begin)表示一个字位于词的开始;M(Middle)表示一个字位于词的中间;E(End)表示一个字位于词的结尾;S(Single)表示一个单字。

由于是一种统计模型,因此构造的语料规模要尽量大,可以利用现有的一些开放语料。语料的基本形式如下:

复旦大学是一所高等院校	BMMESBEBEBE
大数据技术的重点和难点是非结构化数据处理	BMEBESBESBESSBMEBEBE

其中,每一行右边的编码串是左边汉字串的标注结果,指出每个字对应的标签,

例如"复旦大学"对应的标签是"BMME"。这个步骤主要依赖于人工处理。

2）训练模型

训练模型的目的是获得描述语料中的字和对应标签的统计特征，可以是标签和字的组合概率、上下文的使用情况等。以"大"字为例，这类统计特征包括：该字的标签是 B、M、E、S 的概率；当后一个字是"学"的情况下，"大"字出现的概率；在前两个字是"复旦"的情况下，"大"字出现的概率；当后一个标签是"E"的情况下，"M"标签出现的概率。总之，各种统计特征都可以，但取决于所选择的模型的描述能力。

目前可以采用的模型是隐 Markov 模型（HMM）、条件随机场（CRF）以及可以自动发现特征的 RNN、LSTM 等深度神经网络。对于 HMM 模型，其隐状态是 B、M、E 和 S 4 个，每个隐状态之间存在概率转移，这种概率转移可以从语料的标签序列中得到。模型的输出状态是每个字 W，隐状态和输出状态之间的关系 $p(W|B)$、$p(W|M)$、$p(W|E)$ $p(W|S)$ 也可以从语料中得到，初始状态的分布 $P(B)$、$P(M)$、$P(E)$ 和 $P(S)$ 也可以由语料获得。

3）分词

在模型构建完成之后，就可以使用模型来对输入的句子进行词汇的切分，具体计算方法取决于不同模型。但对于一个给定的句子，模型的输出都是标签序列。对于 HMM 模型来说，可以使用 Viterbi 算法得到输入序列（即句子）对应的最佳隐状态序列（即标签序列），最后根据标签序列进行切分。例如，输入句子是"上海大学学科发展得很快"，假如模型输出的标签序列是"BMMEBEBESBE"，那么相应的切分结果就是"上海大学/学科/发展/得/很快"。

11.1.2 停用词过滤

停用词在不同的文本分析任务中有着不同的定义，在基于词的检索系统中，停用词是指出现频率太高、没有太大检索意义的词，例如一个、一种、因此、否则、其中等；在文本分类中，停用词是指没有意义的虚词和类别色彩不强的中性词；在自动问答系统中，停用词因问题不同而动态变化。所以给定一个目的，任何一类词语都可以被选为停用词。

在文本分析任务中通常会去除停用词，例如在信息检索任务中，对于功能词和一些使用频率高的词，其使用十分广泛，导致搜索引擎无法保证能够给出真正相关的搜索结果,难以帮助缩小搜索范围,还会降低搜索效率,所以去除停用词能够节省存储空间、提高搜索效率。在文本分类任务中,停用词由于出现频率高会导致统计模型选择的特征词难以表示该类别的特征,从而导致分类结果变差。

目前,停用词表有通用停用词表和专用停用词表之分,其生成方法有人工构造和基于统计的方法两种。实际工作中所采用的停用词表通常为通用停用词表或在其基础上进行增减的停用词表。目前网络上有一些公开的停用词表,中文停用词表有哈工大停用词表、百度停用词表等。其中,哈工大停用词表为通用停用词表,其停用词比较全面;百度停用词表为专门进行信息检索的停用词表。对于英文停用词表,可以到"http://www.ranks.nl/stopwords"网站去查找,该网站中有多种语言的停用词表,但只有英文停用词表较全面。

停用词处理在文本分析任务中是基础部分,能够提高分析效率与分析结果。停用词表要根据文本分析任务的特性来选择,并且在实际应用中还要根据任务的特性进行停用词表的增删工作。

11.1.3　词形规范化

英文单词一般由 3 个部分构成,即词根、前缀和后缀,其中词根决定单词意思,前缀改变单词词义,后缀改变单词词性。在进行英文文本处理时,在有些应用中需要对一个词的不同形态进行归并,提高文本处理的效率。例如,词根 run 有 running、ran、runner 等不同的形态,词根处理就是将词根 run 的不同形态 running、ran、runner 还原成词根 run。

词形规范化是指将一个词的不同形式统一为一种具有代表性的标准形式(词干或原型)的过程。它有两种处理方式,即词形还原和词干提取。

词形还原是把一个任何形式的语言词汇还原成一般形式(能够表达完整语义)。例如 did 还原成 do,cats 还原成 cat。词形还原的方法有基于规则的方法、基于词典的方法、基于统计的方法几种,其中基于词典的方法是目前应用中的主流方法。

基于词典的方法主要利用词典中的映射查找对应的词形的原型。其原理较简单,但词形还原时需要更复杂的形态分析,例如需要词性分析和标注。目前大量的词形还原工具均是采用基于词典的方法,借助现有词典进行词性识别、词形和原形映射。基于词典的方法的最大缺点是受限于词典收录词汇数量,对于词典未收录的词无法处理。

词干提取是抽取词的词干或词根形式,不要求一定能表达完整语义。例如 fishing 抽取出 fish,electricity 抽取出 electr。词干提取的方法同样分为基于规则的方法、基于词典的方法、基于统计的方法。其中,基于规则的方法中经典的算法有 Porter 算法、Lancaster 算法、Lovin 算法、Dawson 算法;基于词典的方法则与词形还原中基于词典的方法的原理相同;基于统计的方法主要用于解决对词典中未收录的词进行词形规范的问题,采用的模型有 n-gram 模型、HMM 模型等。

词形还原和词干提取均为将词简化或归并成基础形式,都是一种对词的不同形态统一的过程,但词形还原主要是采用“转化”的方法将词转化为原形,而词干提取主要是采用“缩减”的方法将词转换为词干。在实际应用中,词形还原多用于文本挖掘、自然语言处理,用于更为细粒度、更为准确的文本分析与表达;词干提取被应用于信息检索,用于扩展检索,粒度较粗。

词形规范化是信息检索系统及文本分析过程中必要的基础操作,例如在信息检索系统中对文本中的词进行词干提取,能够减少词的数量,缩减索引文件所占的空间,并使检索不受输入检索词的特定词形限制,扩展检索结果,提高查全率。在英文文本分类任务中,词形还原是一项基本任务,名词的单复数变化、动词的时态变化、形容词的比较级变化等会导致词义相同但词形不同的情况,而这些词不应该作为独立的词来进行存储和参与计算,所以词形还原是进行分类任务中数据预处理的基本操作。

11.1.4　Python 开源库 jieba 的使用

视频讲解

“结巴”(jieba)分词是 Python 的一个中文分词组件,是基于 Trie 树结构实现高速的词图扫描,生成句子中汉字所有可能成词情况构成的有向无环图,然后采用动态规划查找最大概率路径,找出基于词频的最大切分组合。它支持中文分词、用户自定义词典、关键词提取、词性标注、并行分词等。

以下介绍 jieba 的使用方法。

1. 在使用之前先安装

```
pip install jieba
```

2. 分词方法

1) jieba.cut(sentence，cut_all=False，HMM=True)

该方法接受 3 个输入参数，sentence 是需要分词的字符串，其编码可以是 unicode、utf-8 或 gbk；cut_all 参数用来控制是否采用全模式，默认为否；HMM 参数用来控制是否使用 HMM 模型，默认为是。该方法的返回结果是一个 generator 类型的对象，可以通过转换为 list 或者使用 for 循环获取切分结果。例如：

```
import jieba
ds = jieba.cut("这是一本大数据相关专业的教材.")
list(ds)
```

可得到如下切分结果：

```
['这是', '一本', '大', '数据', '相关', '专业', '的', '教材', '.']
```

如果指定为全模式，即 ds=jieba.cut("这是一本大数据相关专业的教材。",cut_all=True)，则切分结果为：

```
['这', '是', '一本', '大', '数据', '相关', '专业', '的', '教材', '', '']
```

可见包含了多余信息。

2) 加载自定义词典

在文本处理中经常会遇到新词、专业词汇，例如上面例子中的"大数据"被切分为"大"和"数据"两部分。这个问题可以通过加载自定义词典来解决，具体方法如下：

先创建一个文本文件，其中每行编写一个词汇，并保存文件，例如保存在"E:\udict.txt"中。需要注意的是，该文件要按照 utf-8 编码。

然后通过 load_userdict 方法加载，即可进行切分。例如：

```
import jieba
jieba.load_userdict(r"E:\udict.txt")
ds = jieba.cut("这是一本大数据相关专业的教材.")
list(ds)
```

输出的结果是：

['这是', '一本', '大数据', '相关', '专业', '的', '教材', '.']

可见,"大数据"已经被当作一个词汇了。

3)切分词汇,同时进行词性标注

带词性的切分需要使用 posseg 库,方法如下。

```
import jieba.posseg
ds = jieba.posseg.cut("这是一本大数据相关专业的教材.")
for p in ds:
    print(p.word + "/" + p.flag, end = ",")
                              # 切分结果中的词汇和词性分别存放在 word 和 flag 中
```

这段程序的输出结果如下:

这/r,是/v,一本/m,大/a,数据/n,相关/v,专业/n,的/uj,教材/n,./x,

其中,词性符号 r 是代词,v 是动词,m 是数词,a 是形容词,n 是名词,x 指非语素字。

11.2 文本的向量空间模型

文本是大数据中的一个重要类型,是一种典型的非结构化数据,是大数据分析的关键。在获得文本中的词汇及其特征之后,需要有一种合适的模型对这些特征进行数学表示,以便基于文本内容的各种分析应用能够有效地展开。此类数学表示模型主要有两大类,即向量空间模型和概率模型。本节主要介绍向量空间模型。

这里应当区分文本的向量表示和文本的向量空间模型两个名称。在许多场合下都是把文本表示成为一个向量,例如 SVD 分解提取后以及 LDA 变换后的文本实际上都是用向量表示文本。向量空间模型简称 VSM,是一种特指,特指维度为词汇的文本表示方法。

11.2.1 特征选择

在大数据分类问题中,数据对象的属性数量通常都很大,特别是文本数据。特征空间是决定如何对一个文本或数据对象进行表示的关键因素之一。这种影响体现在以下两个方面。

一是特征空间的大小。特征空间越大,表示一个对象所需要的维数就越多,在对数据对象进行运算时所需要的各种计算量就相应地增加。特别是在文本中,其维数是不同词汇的个数,对于长文本来说,这种特征空间都很大。

二是特征空间中各个维度所存在的相关性。大数据中数据对象的各个属性之间通常会存在一定的相关性,例如描述个人偏好的性别与兴趣主题,女生更喜欢化妆品之类的主题信息。类似地,在文本信息中各个词汇也会存在很大的相关性。这种相关性的存在使得后续的数学模型表达变得更加复杂,也容易导致分析中的不准确。

特征空间的研究和构建经历了较长的发展历史,并且还在不断发展中。在这个过程中出现了多种经典的特征选择方法,也出现了特征提取这种从另一个角度构建特征空间的思路。同时,随着近年来深度学习研究的深入,深度学习神经网络也被用于作为数据对象,特别是文本信息的特征选择。

在大数据应用系统中,数据样本所包含的属性特征数量一般会很大,特别是文本这种类型的数据。由于构成文本的词汇数量很大,中文文本经过分词、停用词的处理之后,直接选取所得到的词作为文本的特征项是不可取的。因此需要进行的处理是样本的特征选择,即在不削弱样本主要特征或文本内容表示准确性的前提下,从大量的属性或词条中选取那些最能区别不同样本的属性作为特征项,从而降低向量空间的维数,简化计算,提高分类准确性。也就是在获得实际若干具体特征后,由这些原始特征产生对分类最有效的、数目最少的特征。所以,特征选择的目的是对样本进行降维。

目前,特征选择的主要方法有信息增益、卡方统计量、互信息以及专门针对文本内容的 TF-IDF 等方法。这些特征选择方法可分为有监督和无监督两类,其中 TF-IDF、互信息为无监督方法,卡方统计量、信息增益为有监督方法。这些方法制定了一种能够进行特征选择的规则,能够反映各类在特征空间中的分布情况,能够刻画各类特征分量在分类中的贡献。

11.2.2 模型表示

文本的向量空间模型和线性代数中的向量空间模型是相同的,由基向量和坐标构成。在文本表示中,基向量就是特征词汇,坐标就是词汇的权重。

特征词汇是经过适当的特征提取方法选择出来的,根据不同的应用场景有不同的选择方法。假设选择出来的词汇集是 $W = \{w_1, w_2, \cdots, w_n\}$,则表示有 n 个特征词汇,即构成了一个 n 维空间。根据向量空间模型的假设,在文本的向量表示中也就意味着这 n 个词汇之间是相互独立的。实际上,W 对应的基向量是:

$$\overrightarrow{w_1} = (w_1, 0, 0, \cdots, 0)$$
$$\overrightarrow{w_2} = (0, w_2, 0, \cdots, 0)$$
$$\cdots$$
$$\overrightarrow{w_n} = (0, 0, 0, \cdots, w_n)$$

在这些式子中,$w_1 = w_2 = \cdots = w_n = 1$。这样对于任意一个文本,就可以表示成为:

$$\vec{d} = x_1 \overrightarrow{w_1} + x_2 \overrightarrow{w_2} + \cdots + x_n \overrightarrow{w_n} \tag{11-1}$$

其中,x_1、x_2、$\cdots$、x_n 就是文本在每个基向量上的权重,即坐标。通过这种方式可以把一个文本表示为一个特征向量。

坐标或权重常用的计算方法有布尔权重、TF 权重、TF-IDF 权重等。下面分别介绍一些常用的特征向量权重的计算方法。

1. 布尔权重

布尔权重是最简单的权重表示方法,记录特征词是否在文本中出现过。若该特征词在某一文档中出现过,则文档映射到该特征词的维度上的权重为 1;若未出现过,则为 0。

布尔权重只考虑了特征词是否出现过,没有考虑特征词出现的次数对特征词在表达意义上的重要程度的影响。通常意义下,出现次数更多的特征词更能够代表文档所表达的主题。

这种表示方法一般用在搜索引擎系统或不考虑权重的场合,因为在搜索中通常只要求判断关键词是否出现在页面文本中,而不管它出现多少次。

2. TF 权重

TF 权重指特征项频率权重(Term Frequency),其主要思想是将文本中特征词出现的次数或归一化值作为文本向量映射到该特征词的维上的坐标,通过特征词的出现频率来判断文档与特征向量表示的词汇组的相关度。归一化的 TF 权重的定义式为:

$$\mathrm{TF}_{ij} = \frac{n_{i,j}}{\sum_{k=1}^{n} n_{k,j}} \tag{11-2}$$

其中，$n_{i,j}$ 是特征词 t_i 在文档 a_j 中出现的次数，$\sum_{k=1}^{n} n_{k,j}$ 则统计了文档中所有特征词的数量。

显然，TF方法简单、容易理解，基于这种权重计算方法，除了一些常见的停用词外，TF值越大的词汇越能反映文本内容的含义。也就是说，从理解文本内容主题的角度看，TF权重计算方法还是有效的。

然而，如果从多个文档或者一个文档的不同组成段落的可区分度的角度来看，TF方法就会存在较大的局限性。一个在所有文档里面都出现多次的特征词对体现文本的特征基本没有作用，因为所有的文档都包含这些特征词，从而不能通过这些特征词获取关于文档的进一步信息。在某些特定文档里面才会出现的特征词汇则会对不同文本有较好的分辨作用，可以利用这些特征词很快地在文本集中进行一定范围内的定位和分类。

3. TF-IDF 权重

TF-IDF(Term Frequency-Inverse Document Frequency，词频率-逆文档频率)权重同时考虑了特征词出现的频率以及该词在不同文章中出现的篇目数，其主要思想是特征词在文档中的权重为特征词在文档中出现的频数与反比于包含该特征词的文档数目的因子有关，通过文档的区分度来评估特征词的重要程度。基本的 TF-IDF公式如下：

$$\text{TF-IDF}(a_j, t_k) = \frac{n_{k,j}}{\sum_{i=1}^{n} n_{i,j}} * \log \frac{N}{N(t_k)} \qquad (11-3)$$

其中，$n_{k,j}$ 是特征词 t_k 在文档 a_j 中出现的次数，$\sum_{i=1}^{n} n_{i,j}$ 是文档中出现的特征词的总数，N 是文本总个数，$N(t_k)$ 是包含该词语 t_k 的文档总数。公式中的因子 $\log \frac{N}{N(t_k)}$ 就是 IDF 的值，可见，如果一个词在所有文档中都出现，则 IDF＝0。在有的实现中，为了避免这个问题导致某个维度的权重值与 TF 无关，可以进行平滑处理。此外，考虑到某些特征词在所有文档中都不出现的情况，而导致被零除，因此，平滑度的计算方法是：

$$\text{IDF} = \log((1+N)/(1+N(t_k))) + 1 \qquad (11-4)$$

为了避免词汇权重值的差异，通常进行归一化，计算方法如下：

$$\text{TF-IDF}(a_j, t_k) = \frac{\text{TF-IDF}(a_j, t_k)}{\sqrt{\sum_{k=1}^{n}\text{TF-IDF}(a_j, t_k)^2}} \tag{11-5}$$

其中，n 是文档 a_j 中的特征词的个数。

TF-IDF 权重体现了以下两个特征词评判思路：

（1）一个词在一个文本中出现频繁，能有效代表文本内容。例如系统安全方向的学术论文，"权限"和"身份"等词语会使用得很频繁，而网络安全方向的论文常用"协议"和"连接"等词汇。这些词由于只在特定文本中频繁出现，在其他类型的文本中出现得很少，所以可以起到有效地表征文档内容的作用。

（2）从整个文本集的角度看，一个词在多个文本中均出现得较频繁，对于这些文本来说该词含有较少的信息量；反之，如果一个词在少数文本中出现，那么它对于在该文本集中进行不同文本的区分就具有显著作用。

下面的表 11-1 是一个 TF-IDF 权值计算的例子，已知有 3 篇文档（A、B、C）和对应维度的特征词（w_1、w_2、$\cdots$、w_7），表格中的数值表示每个词汇在文档中出现的次数。按照 TF-IDF 来进行文本的向量表示，要按照确定维度（词汇）、确定权重、写成向量形式 3 个步骤来完成。

表 11-1　TF-IDF 计算的例子

维度	文档		
	A	B	C
w_1	2	1	0
w_2	0	0	1
w_3	0	1	0
w_4	1	1	0
w_5	0	0	0
w_6	1	1	0
w_7	1	0	1

在表 11-1 中，首先观察每个词汇的特点，特别注意到词汇 w_5 在整个文档集中并不出现，因此如果使用基本的 TF-IDF，应当先排除掉这种词汇，否则 IDF 无法计算，也没有实际意义。

通过扫描文档内容获得该文档中各个特征词出现的频率，之后计算文档 A 的 TF-IDF 值。根据基本的 TF-IDF 的公式，若考虑特征词 w_1，该词在文档 A 中出现了两次（$n_{i,j}=2$），文档 A 中的特征词一共出现了 5 次（$\sum_{i=1}^{n} n_{i,j}=5$），则（$N=3$）：

$$\text{TF-IDF}_{A,w_1} = \frac{2}{5} \times \log \frac{3}{2}$$

考虑特征词 w_4 时,这个词在 A 中出现了一次,共有两篇文章($N(t_i)=2$)出现了这个特征词,则可得:

$$\text{TF-IDF}_{A,w_4} = \frac{1}{5} \times \log \frac{3}{2}$$

$$\vec{A} = \left[\frac{2}{5} \times \log \frac{3}{2}, 0, 0, \frac{1}{5} \times \log \frac{3}{2}, \frac{1}{5} \times \log \frac{3}{2}, \frac{1}{5} \times \log \frac{3}{2} \right]$$

$$= [0.1622, 0, 0, 0.0811, 0.0811, 0.0811]$$

同理可得 B、C 两文档的向量化权值,需要注意的是这里使用以 e 为底的对数。

TF-IDF 方法的局限性为其适用于长文章而不适用于较短的文字段落(例如微博或单一的论坛回帖等),因为段落长度过短时,其中包括的特征词数量也较少,这样不同段落不容易包含相同的特征词,从而导致 IDF 值总体偏大,权重的区分度较低,量化映射的效果比较差。

11.2.3　使用 Python 构建向量空间表示

视频讲解

对于给定的原始文本集合,可以使用 Python 开源库 sklearn 和 gensim 中的相关类或函数来构造相应的向量空间表示。sklearn 和 gensim 除了处理向量空间以外还有很多功能,将在本章介绍。

以下是构建向量空间的例子,具体见其中的标注。

```
Prog-14-doc-vectors.py
#-*- coding: utf-8 -*-
import jieba
from gensim.corpora.dictionary import Dictionary
from sklearn.feature_extraction.text import TfidfVectorizer

#将原始的4篇文档保存到列表中
docs = ["新型互联网大数据技术研究",
        "大数据采集技术与应用方法",
        "一种互联网技术研究方法",
        "计算机系统的分析与设计技术"
        ]

#装载停用词列表
stoplist = open('stopword.txt', 'r', encoding = "utf-8").readlines()
stoplist = set(w.strip() for w in stoplist)
```

```
#加载自定义词典
jieba.load_userdict("userdict.txt")

#分词、去停用词
texts = []
for d in docs:
    doc = []
    for w in list(jieba.cut(d,cut_all = False)):
        if len(w)>1 and w not in stoplist:
            doc.append(w)
    texts.append(doc)

#特征选择,假设依据是在 texts 中至少出现两次,而且词汇所在的文档数/总的文档数<=1.0,
#并选择符合这两个条件的前 10 个词汇作为文本内容的代表
dictionary = Dictionary(texts)
dictionary.filter_extremes(no_below = 2, no_above = 1.0, keep_n = 10)
d = dict(dictionary.items())
docwords = set(d.values())
print("维度词汇是: ",docwords)   #得到向量空间的维

#将 texts 中的每个文档按照选择出来的维度词汇重新表示文档集,并转换成为
#TfidfVectorizer 所需要的格式
corpus = []
for text in texts:
    d = ""
    for w in text:
        if w in docwords:
            d = d + w + " "
    corpus.append(d)

#使用 TfidfVectorizer 计算每个文档中每个词汇的 TF-IDF 值
vectorizer = TfidfVectorizer()
tfidf = vectorizer.fit_transform(corpus)
words = vectorizer.get_feature_names()
for i in range(len(corpus)):
    print('----Document % d----' % (i))
    for j in range(len(words)):
        print( words[j], tfidf[i,j])
```

需要说明的是,TfidfVectorizer 在计算 TF-IDF 值时使用式(11-4)来计算 IDF,并使用式(11-5)的归一化方法对每个词汇的权重进行处理,对数的底取为 e。

该程序的运行结果如下,构建了一个五维的向量空间,4 个文档分别是该向量空间中的一个向量。输出结果中给出了每个文档在 5 个维度上的权值。

```
维度词汇是: {'技术','方法','研究','大数据','互联网'}
----Document 0----
互联网 0.5393129779747295
大数据 0.5393129779747295
```

```
技术 0.35696573415957816
方法 0.0
研究 0.5393129779747295
---- Document 1 ----
互联网 0.0
大数据 0.6404340540779521
技术 0.4238967383155449
方法 0.6404340540779521
研究 0.0
---- Document 2 ----
互联网 0.5393129779747295
大数据 0.0
技术 0.35696573415957816
方法 0.5393129779747295
研究 0.5393129779747295
---- Document 3 ----
互联网 0.0
大数据 0.0
技术 1.0
方法 0.0
研究 0.0
```

附录 A 提供了一个文件"TF-IDF 的计算.xlsx",文件中详细给出了这个例子计算 TF、IDF 及其归一化,以及 TF-IDF 权重的方法。

11.3　文本分类及实现技术

11.3.1　分类技术概要

视频讲解

文本分类有两种方法,即基于规则的方法和基于机器学习的方法。基于规则的方法是采用语言学的知识对文本进行分析后,人工定义一系列启发式规则,用于文本分类;基于机器学习的方法是对文本进行特征提取,然后采用分类器进行分类。目前的主流研究方法是采用基于机器学习的方法。

在分类中涉及的概念有分类器、训练、训练样本、测试样本等。

分类器是在数据挖掘中对样本进行分类的总称,分类的概念为在训练数据的基础上学会一个数学函数或数学模型,而这个数学函数或数学模型就是分类器。

训练是指对模型的参数进行优化,选取最优的模型参数,使得算法能够建立具有很好泛化能力的模型,也就是建立能够准确地预测未知样本类别的模型。

训练样本是由类别已知的样本组成,用于模型的训练。

测试样本是由类别未知的样本组成,用于测试模型的性能。

一个文本分类的基本流程如图 11-3 所示,图中包含了分类器训练和样本分类两个过程,分别用实线和虚线表示相应的流程。可以看出这两个过程对文本有相同的处理步骤,包括文本预处理、特征选择/特征提取、文本表示。

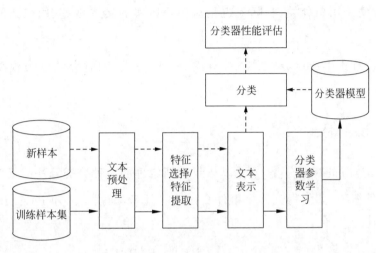

图 11-3　分类流程

基于该流程,文本分类的主要处理环节介绍如下。

(1) 文本预处理:处理文本信息的最初步骤,包括分词(中文切词)、去除停用词、词形规范化等。

(2) 特征选择和特征提取:文档表示成计算机能理解的形式后,由于高维特征的冗余和噪声,会严重影响分类的准确性,不能直接用于训练分类器,所以要从向量空间中抽取最有效的、最具代表性的词汇作为文档的特征向量。

(3) 文本表示:文本内容在计算机中的表示方法,主要有空间向量模型、布尔模型、概率检索模型等。

(4) 分类器参数学习:运用目前流行的分类方法(例如贝叶斯、KNN、SVM、决策树、神经网络等分类方法)进行分类,基于给定样本调整模型参数。

(5) 分类:利用训练好的分类器对待分类样本的归属类别进行计算。

(6) 分类器性能评估:为了判断分类器的好坏,必须有衡量分类器性能的指标,例如准确率、召回率、F 值等。同时,分类器性能评估也是优化分类器参数的一种判断方法。

11.3.2　分类器技术

本节以文本分类为背景介绍经典的分类方法,当然这些分类方法并不局限于文本分类领域。文本分类应该是最常见的文本语义分析任务了。对于一个类目标签达几百个的文本分类任务而言，90%以上的准确率、召回率依旧是一个很困难的事情。这里说的文本分类指的是泛文本分类，包括 query 分类、广告分类、page 分类、用户分类等，因为即使是用户分类，实际上也是对用户所属的文本标签、用户访问的文本网页做分类。

以下介绍朴素 Bayes 分类、KNN 分类、SVM 分类，同时介绍分类模型的性能评估方法。

1. 朴素 Bayes 分类

Bayes 分类即贝叶斯分类，它是基于贝叶斯定理的一种分类算法。贝叶斯定理就是已知某条件概率，如何得到两个事件交换后的概率，也就是已知 $P(A|B)$ 如何得到 $P(B|A)$，即：

$$P(B \mid A) = \frac{P(A \mid B)P(B)}{P(A)} \tag{11-6}$$

在贝叶斯分类中，假设训练样本集为 M 类，记为 $C = \{c_1, c_2, \cdots, c_M\}$，每类的先验概率为 $P(c_i), c = 1, 2, \cdots, M$，当样本集非常大时，可以认为：

$$P(c_i) = \frac{c_i \text{ 类样本数}}{\text{总样本数}} \tag{11-7}$$

对于一个样本 x，将其归为类 c_i 的概率为 $P(c_i|x)$，这是一个后验概率则根据贝叶斯定理，可得：

$$P(c_i \mid x) = \frac{P(x \mid c_i)P(c_i)}{P(x)}, \quad i = 1, 2, \cdots, M \tag{11-8}$$

$P(c_i)$ 可以从数据中获得，如果文档集合 D 中属于 c_i 的样例数为 n_i，则

$$P(c_i) = \frac{n_i}{|D|} \tag{11-9}$$

假设 x 可以表示为特征集合 $\{w_1, w_2, \cdots, w_t\}$，$t$ 为特征的个数，如果特征之间存在关联，则需要估计大量的概率值，如果特征之间相互独立，则只需要每个特征和每个类别 $P(w_j|c_i)$。在朴素贝叶斯分类中假设各个特征之间相互独立，因此有：

$$P(x \mid c_i) = P(w_1, w_2, \cdots, w_t \mid c_i)$$

$$= \prod_{j=1}^{t} P(w_j \mid c_i) \tag{11-10}$$

最后,通过最大后验概率判定准则来选择样本的类别标签,如果
$$k = \mathrm{argmax}_j P(c_j \mid x), \quad j = 1, 2, \ldots, M$$
则 x 属于 c_k 类。

在实际应用中,贝叶斯方法的类别总体的概率分布和各类样本的概率分布常常是未知的,所以要求样本足够大。同时为了方便计算,在实际应用中多为朴素贝叶斯分类。

2. KNN 分类

KNN 算法的思想比较简单,即如果一个样本(向量)在特征空间中的 K 个最近邻样本(向量)中的大多数属于某一个类别,则该样本(向量)也属于这个类别。对文本分类而言,在给定新文本后,考虑在训练文本集中与该新文本距离最近的 K 篇文本,根据这 K 篇文本所属的类别判断新文本所属的类别。

KNN 分类的示意图如图 11-4 所示,显示了一个二维词汇空间上的分类方法,当 $K = 1$ 时,最近的邻居样本都属于 A 类,因此将该文本标志为 A 类;而当 $K = 9$ 时,最近邻居中属于 B 类的个数更多,因此将该新文本分为 B 类。

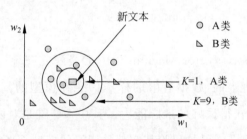

图 11-4 KNN 分类的示意图

KNN 分类算法具体步骤的描述如下:

(1) 根据特征项集合重新描述训练文本向量。

(2) 对于一个新文本,根据特征词分词,确定新文本的向量表示。

(3) 在训练文本集中选出与之最相似的 K 个文本,并放入集合 S 中。

文本间的距离可以采用夹角余弦计算:

$$\mathrm{Sim}(D_1, D_2) = \cos\theta = \frac{\sum\limits_{k=1}^{n} w_{1k} w_{2k}}{\sqrt{\sum\limits_{k=1}^{n} w_{1k}^2 \sum\limits_{k=1}^{n} w_{2k}^2}} \tag{11-11}$$

K 值的计算目前没有很好的办法,一般先定一个初始值,然后根据实验测试结果调整 K 值,可根据样本规模将初始值设定在几十到几百之间。

(4) 在新文本的邻居中,以此计算每类的权重:

$$p(x,C_j) = \sum_{d \in S} \text{Sim}(x,d_i) y(d_i,C_j) \tag{11-12}$$

$$y(d_i,C_j) = \begin{cases} 1, & d_i \in C_j \\ 0, & d_i \notin C_j \end{cases} \tag{11-13}$$

其中,x 为新文本的向量,y 为类别属性函数,表示如果 d 属于类别 C,则函数值为 1,否则为 0。然后比较类别的权重,将文本分到权重最大的类别中。

KNN 方法的不足之处是计算量大,因为对每一个待分类的文本,都要计算它到全体已知样本的距离,这样才能求得它的 K 个最近邻点。常用的减少计算量的方法为:

(1) 事先对已知样本点进行剪枝,去除对分类作用不大的样本。

(2) 利用空间换时间的方法,事先将所有样本点的两两距离计算出来并存入相应的位置以备索引。

第一种方法容易产生新的误差,第二种方法将占用过多的存储空间。

3. SVM 分类

支持向量机(Support Vector Machine,SVM)是建立在统计学习理论的 VC 维理论和结构风险最小原理上的,根据有限的样本信息在模型的复杂性和学习能力之间寻求最佳折中,以期望获得最好的推广能力。其中 VC 维是对函数类的一种度量,VC 维越高,一个问题就越复杂;结构风险其实就是假设的模型与真实模型之间的误差。

在设计分类器时经常会出现这样的现象,即对一个给定的样本集而言,有时用非常简单的分类器进行分类,效果反而比用复杂算法好,这种现象是过学习问题,即在某些情况下训练误差过小反而会导致推广能力下降。这是分类器选取了一个足够复杂的分类函数(VC 维很高),能够精确地记住每一个样本,但其泛化能力(推广能力)很差,除了样本中的数据,其他数据都分类错误,而 SVM 就是期望获得最优推广能力的方法。图 11-5 展示了一个线性分类器在处理复杂样本分类时的推广能力,得到了更高的分类准确性。对训练样本采用图 11-5(a)的非线性分类器进行训练,在分类时两个新样本产生了误分;而采用图 11-5(c)的线性分类器时,尽管在训练时产生了一定误差,但对同样的新样本进行分类时却能得到正确结果。

假设给定训练样本 $\{(x_1,y_1),\cdots,(x_i,y_i),\cdots(x_n,y_n)\}$，$x_i\in R_n$，$y_i\in\{+1,-1\}$，$i=1,2\cdots,n$，要寻找一个分类规则 $I(x)$，使它能对未知类别的新样本做尽可能正确的划分。可以用一个线性判别函数来做介绍：

$$g(x)=w^Tx+w_0 \tag{11-14}$$

假设这是一个二维空间中仅有两类样本的分类问题，其中 C_1 和 C_2 是要区分的两个类别，中间的一条直线是分类函数。线性函数就是在一维空间中的一个点、二维空间中的一条线、三维空间中的一个平面，它们统称为超平面，如图 11-6 所示。

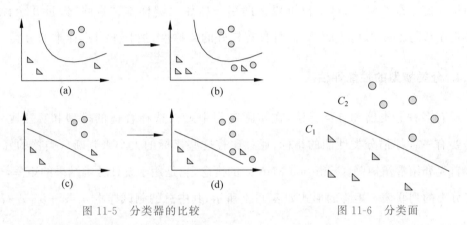

图 11-5　分类器的比较　　　　　　　图 11-6　分类面

对于一个两类问题，决策规则为：

如果 $g(x)>0$，则判定 x 属于 C_2；

如果 $g(x)<0$，则判定 x 属于 C_1；

如果 $g(x)=0$，则可以将 x 分为任意一类，或者拒绝判定。

并且称公式中的 w 为支持向量，就是需要的特征样本。

在 SVM 中核函数是一个重要概念。核函数的作用是接受两个低维空间中的向量，能够计算出经过某个变换后在高维空间中的向量内积值。常用的核函数有线性核函数、多项式核函数、径向基核函数、Sigmoid 核函数和复合核函数。在文本分类中，常用的核函数为线性核函数，但目前核函数选择没有指导原则，某些问题选用某个核函数会效果很好，而另一些则很差。

在 SVM 方法中，非线性映射是 SVM 方法的理论基础，SVM 利用内积核函数代替向高维空间的非线性映射。SVM 方法的目标是对特征空间划分找到其最优超平面，其核心思想是最大化分类边际。支持向量是 SVM 的训练结果，在 SVM 分类决策中起决定作用的是支持向量。

SVM 在应对多类情况下常用的方法是将 K 类问题转化为 K 个两类问题,其中第 i 个问题是用线性判别函数把属于 C_i 类与不属于 C_i 类的点分开。更复杂的方法是利用 $\dfrac{K(K-1)}{2}$ 个线性判别函数,把样本分为 K 个类别,每个线性判别函数只对其中的两个类别分类。

SVM 的最终决策函数只由少数的支持向量所确定,计算的复杂性取决于支持向量的数目,而不是样本空间的维数,这在某种意义上避免了"维数灾难"。并且少数支持向量决定了最终结果,这不仅可以帮助用户抓住关键样本、"剔除"大量冗余样本,还注定了该方法不但算法简单,而且具有较好的鲁棒性,适合于对小样本的分类。

4. 分类模型的性能评估

现有多种分类器和分类算法,在实际应用中怎么选择合适的模型和算法呢？这就需要有一种评估分类性能的指标,通过比较这些指标的大小来判断分类器的好坏。

首先介绍混淆矩阵(Confusion Matrix)的概念,它是用于统计分类结果的矩阵,也称为二分类的列联表。矩阵的形式如表 11-2 所示,其中总的测试样本 $n=a+b+c+d$。

表 11-2　混淆矩阵

	真实类别为正例	真实类别为负例
算法判断为正例	a	b
算法判断为负例	c	d

基于这个表中的统计信息定义两个分类性能指标,即查全率(召回率,Recall,简记为 r)和查准率(准确率,Precision,简记为 p),计算方法分别为:

$$r = \frac{a}{a+c} \tag{11-15}$$

$$p = \frac{a}{a+b} \tag{11-16}$$

显然在评价性能时 r、p 值必须成对出现,否则就会得到片面的结论。基于 p 和 r 值定义一个新的指标 F_1,这样在比较性能时更方便。

$$F_1 = \frac{2pr}{p+r} \tag{11-17}$$

F_1 实际上是一般化指标 F_β,$\beta=1$ 时的结果。F_1 的值越大,分类算法的性能就越好。

对于多分类系统来说,评价其分类性能时需要对每个类别计算对应的 p、r、F_1 值,即把当前类别当成正例,其他的为反例,统计得到混淆矩阵,再按照公式计算结果值。对于类别比较多的分类问题,需要有较多的指标,为了更好地进行评价,引入宏平均和微平均。

- 宏平均:将某个类看作正例,其他类别看作负例,每个类都这样处理后可以得到多个混淆矩阵,再统计每个类别的 r、p 值,然后对所有的类求 r、p 的平均值,分别称为宏观查全率、宏观查准率和宏观 F_1。即:

$$\text{Macro\_}r = \frac{\sum_i r_i}{|C|} \tag{11-18}$$

$$\text{Macro\_}p = \frac{\sum_i p_i}{|C|} \tag{11-19}$$

$$\text{Macro\_}F_1 = \frac{\sum_i F_{1i}}{|C|} \tag{11-20}$$

或

$$\text{Macro\_}F_1 = \frac{2 \times \text{Macro\_}r \times \text{Macro\_}p}{\text{Macro\_}r + \text{Macro\_}p} \tag{11-21}$$

其中,$|C|$ 表示分类系统的类别数。

- 微平均:先建立一个全局列联表,即对数据集中的每一个样本不分类别进行统计建立全局混淆矩阵,然后根据这个全局混淆矩阵进行计算。即:

$$\text{Micro\_}r = \frac{\sum_i a_i}{\sum_i a_i + \sum_i c_i} \tag{11-22}$$

$$\text{Micro\_}p = \frac{\sum_i a_i}{\sum_i a_i + \sum_i b_i} \tag{11-23}$$

$$\text{Micro\_}F_1 = \frac{2 \times \text{Micro\_}r \times \text{Micro\_}p}{\text{Micro\_}r + \text{Micro\_}p} \tag{11-24}$$

除了基于查全率和查准率的这一系列指标外,还有 ROC、ROC-p 等衡量分类算法性能的指标。这些分类性能指标的选择和运用应当根据具体的分类问题,例如对于非平衡分类情况,可能会更加关注少数类的分类效果。

11.3.3 新闻分类的 Python 实现

视频讲解

本节介绍了基于 SVM 分类器进行新闻文本分类的 Python 实现方法,总体实现流程如图 11-7 所示。数据集中包含 3 个新闻类别,分别是汽车类、财经类、科技类。训练集中每个类别有 130 个训练样本、测试集中每个类别有 20 个样本。每个样本都单独保存到一个文本文件中。

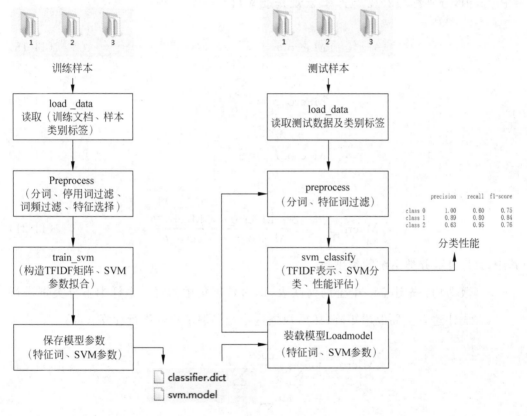

图 11-7 SVM 分类过程的实现

该流程总体上包含了训练和分类测试两个流程,左边是训练,右边是分类测试,并给出分类性能评估结果。

在训练流程的实现中,首先读取训练样本及对应的类别标签,然后进行分词、停用词过滤、词频过滤和特征选择,在此基础上构造整个训练样本集对应的 TFIDF 矩阵,将每个样本表示在特征词为维度、TFIDF 为权重的向量空间中,从而使用 SVM 来训练分类器,最终将分类器的参数和特征词保存起来。

在分类测试流程的实现中,首先读取训练好的 SVM 分类器参数和特征词列表,然后读取测试样本,进行分词,并利用训练环节生成的特征词列表来过滤测试文档中的词汇,构造相应的 IFIDF 矩阵,最后使用 SVM 对每个样本进行分类测试,将测试结果与测试样本的类别标签进行比较,输出分类器的分类性能。需要说明的是,测试样本也需要表示在与训练样本一样的向量空间中,因此计算测试样本词汇的 IDF 值时应基于训练集的计算结果。

　　以下是这两个流程的具体实现方法,其中使用到的主要开源函数包或函数有 gensim. corpora、sklearn. svm、sklearn. feature _ extraction. text. TfidfVectorizer、sklearn. metrics. confusion_matrix、sklearn. metrics. classification_report 等,用于数据集的表示、TFIDF 的计算、SVM 模型以及性能分析等。

1. 训练分类器

视频讲解

```
Prog - 15 - train. classifier. py
import jieba, os
from gensim import corpora
from sklearn import svm
from sklearn. feature_extraction. text import TfidfVectorizer
import joblib

#读取所有文本信息,生成文档列表
def load_data(trainsdir):
    documents = [ ]
    label = [ ]
    #读取每个子目录下的文本文件
    subdirs = os. walk(trainsdir)
    for d, s, fns in subdirs:
        for fn in fns:
            if fn[ - 3:] == 'txt':
                #print(d + os. sep + fn)
                #根据文件编码指定编码方式,例如 utf - 8、gbk、ansi 等
                f = open(d + os. sep + fn, "r", encoding = "ansi")
                filecontent = f. read()
                documents. append(filecontent)
                label. append(d[d. rindex("\\") + 1:])    #子目录名称作为类别标签
    return documents, label

#预处理: 分词、停用词过滤、词频过滤、特征选择
def preprocess(documents):
    stoplist = open('stopword. txt', 'r', encoding = "utf - 8"). readlines()
    stoplist =  set(w. strip() for w in stoplist)
```

```python
#分词、去停用词
texts = [ ]
for document in documents:
    doc = [ ]
    for w in list(jieba.cut(document, cut_all = True)):
        if len(w) > 1 and w not in stoplist:
            doc.append(w)
    texts.append(doc)

#生成词典
dictionary = corpora.Dictionary(texts)
dictionary.filter_extremes(no_below = 3, no_above = 1.0, keep_n = 1000)
return texts, dictionary


#训练 SVM 分类器: 构造 TFIDF 矩阵、SVM 参数拟合
def train_svm(train_data, dictionary, train_tags):
    traindata = [ ]
    dlist = list(dictionary.values())

    for l in train_data:
        words = ""
        for w in l:
            if w in dlist:
                words = words + w + " "
        traindata.append(words)

    v = TfidfVectorizer()
    tdata = v.fit_transform(traindata)

    svc = svm.SVC(kernel = 'rbf', gamma = 'auto')
    svc.fit(tdata, train_tags)
    return svc

if __name__ == '__main__':
    newsdir = input("请输入训练集的根目录: ")
    docs, label = load_data(newsdir)
    corpus, dictionary = preprocess(docs)

    svm = train_svm(corpus, dictionary, label)

    dictionary.save("classifier.dict")
    joblib.dump(svm, "svm.model")
    print("训练完成!")
```

2. 使用 SVM 进行分类测试

Prog - 16 - classify. py

```python
import jieba, os
from gensim import corpora
from sklearn import svm
from sklearn.feature_extraction.text import TfidfVectorizer
import joblib
from sklearn.metrics import confusion_matrix
from sklearn.metrics import classification_report


# 训练 SVM 分类器及词典
def loadmodel(modeldir):
    svm = joblib.load("svm.model")
    dictionary = corpora.Dictionary.load('classifier.dict')
    return svm, dictionary

'''读取所有文本信息, 生成文档列表.
   测试样本位于列表的前面, 测试样本个数与 label 大小一致
   包含训练集, 因 IDF 的计算与训练集有关
'''
def load_data(trainsdir, testdir):
  documents = []
  label = []

  # 读取每个 testdir 子目录下的文本文件
  subdirs = os.walk(testdir)
  for d, s, fns in subdirs:
    for fn in fns:
        if fn[ - 3:] == 'txt':
            # print(d + os.sep + fn)
            # 根据文件编码指定编码方式, 例如 utf - 8、gbk、ansi 等
            f = open(d + os.sep + fn, "r", encoding = "ansi")
            filecontent = f.read()
            documents.append(filecontent)
            label.append(d[d.rindex("\\") + 1:])    # 子目录名称作为类别标签

  # 读取每个 trainsdir 子目录下的文本文件
  subdirs = os.walk(trainsdir)
  for d, s, fns in subdirs:
    for fn in fns:
        if fn[ - 3:] == 'txt':
            # print(d + os.sep + fn)
            # 根据文件编码指定编码方式, 例如 utf - 8、gbk、ansi 等
            f = open(d + os.sep + fn, "r", encoding = "ansi")
            filecontent = f.read()
```

```
            documents.append(filecontent)
     return documents,label


#预处理:分词、特征词过滤,生成新的文档列表
def preprocess(documents,dictionary):
    stoplist = open('stopword.txt','r',encoding = "utf-8").readlines()
    stoplist = set(w.strip() for w in stoplist)
    dclist = list(dictionary.values())

    #分词、去停用词
    texts = []
    for document in documents:
        doc = []
        for w in list(jieba.cut(document,cut_all = True)):
            if w in dclist:
                doc.append(w)
        texts.append(doc)
    return texts


#分类
def svm_classify(svm,dataset, dictionary, test_tags):
    data = []
    testresult = []
    dlist = list(dictionary.values())

    for l in dataset:
        words = ""
        for w in l:
            if w in dlist:
                words = words + w + " "
        data.append(words)

    #把文档集(由空格隔开的词汇序列组成的文档)转换成为 TFIDF 向量
    v = TfidfVectorizer()
    tdata = v.fit_transform(data)

    correct = 0
    #获取测试样本(待分类的样本),输出分类结果
    for i  in range(len(test_tags)):
        test_X = tdata[i]
        r = svm.predict(test_X)          #此处 test_X 为特征集
        testresult.append(r[0])
        if r[0] == test_tags[i]:
            correct += 1

    #性能评估
    cm = confusion_matrix(test_tags,testresult)
```

```
    print(cm)
    target_names = ['class 0', 'class 1', 'class 2']
    print(classification_report(test_tags,testresult, target_names = target_names))
    print("正确率 = " + str(correct/len(test_tags)))
    return

if __name__ == '__main__':
    modeldir = input("请输入模型文件的目录: ")
    svm,dictionary = loadmodel(modeldir)

    trainsdir = input("请输入包含训练集的根目录: ")
    testdir = input("请输入包含测试集的根目录: ")
    documents,label = load_data(trainsdir,testdir);

    dataset = preprocess(documents,dictionary)
    svm_classify(svm,dataset,dictionary,label)
    print("分类完成!")
```

这里需要说明的是,在分类(测试)中输入包含训练集的根目录,是为了在整个文本集中计算词汇的 IDF 值。另一种处理办法是在模型训练完成后,将计算词汇 IDF 值所需要的 N 和 $N(t)$ 也记录下来,这样在分类时可以直接根据测试集的统计结果对 N 和 $N(t)$ 进行更新并计算 IDF,就不需要再提供训练集了。

假设该分类测试程序与训练得到的模型在同一个目录,并且目录中包含了 data 子目录,具体文件见配套资源。那么,这个分类测试程序运行过程及结果如下:

```
请输入模型文件的目录:.
请输入包含训练集的根目录:data\train
请输入包含测试集的根目录:data\test
[[12  1  7]
 [ 0 16  4]
 [ 0  1 19]]
```

	precision	recall	f1 – score	support
class 0	1.00	0.60	0.75	20
class 1	0.89	0.80	0.84	20
class 2	0.63	0.95	0.76	20
micro avg	0.78	0.78	0.78	60
macro avg	0.84	0.78	0.78	60
weighted avg	0.84	0.78	0.78	60

```
正确率 = 0.7833333333333333
分类完成!
```

在这个输出中显示了混淆矩阵,表示每个类的样本的分类情况。可以看出,对于第一类(class 0),有 12 个样本能正确分类,有 1 个样本被分到第二类(class 1),有 7 个样本被分到第三类(class 2)。根据该混淆矩阵,第一类(class 0)的 precision 值为 12/(12+0+0)=1.00,recall 值为 12/(12+1+7)=0.60,相应的 F1=2 * 1 * 0.6/(1+0.6)=0.75。其他类别的性能指标可以按照类似方法来计算。

11.4　主题及其实现技术

11.4.1　主题的定义

主题代表着某种叙事范围,广泛应用于主题爬虫、新闻热点挖掘等中。其首要问题是如何定义主题及如何描述一个主题,从目前所使用的方法看主要有以下几种方法。

一是采用关键词集来描述主题。在采用关键词集描述主题时,需要尽可能完整地包含主题可能涉及的关键词。表 11-3 是若干个例子。

表 11-3　主题的关键词集示例

主　题	关 键 词 集
大数据	大数据 数据挖掘 特征选择 数据 Spark Hadoop
世界杯足球赛	世界杯 足球赛 俄罗斯 法国队 大力神 FIFA
股票市场	股票 市场 看涨 看跌 股市 行情 发行 券商

二是用关键词及权重集来描述主题。在基于关键词集来表达主题时,每个关键词的重要性是相同的,但实际上每个关键词在表达主题的能力上是有所区别的,例如"大数据"这个词就比其他词更能描述"大数据"这个主题。因此可以进一步为每个关键词设置一个权重来反映其在表达主题时的重要性,这时关键词集的表达方式就变成了关键词及权重集的表达方式。表 11-4 是带权重的主题描述。

表 11-4　主题的关键词及权重示例

主　题	关 键 词 集
大数据	大数据/0.4 数据挖掘/0.2 特征选择/0.1 数据/0.1 Spark/0.1 Hadoop/0.1
世界杯足球赛	世界杯/0.4 足球赛/0.3 俄罗斯/0.1 法国队/0.1 大力神/0.05 FIFA/0.05
股票市场	股票/0.2 市场/0.2 看涨/0.1 看跌/0.1 股市/0.2 行情/0.1 发行/0.05 券商/0.05

三是对关键词集进行某种划分,通过对子主题的描述来实现对整个主题的定义。例如对于"大数据"这个主题,可以按照应用领域来划分大数据,也可以按照技术构成来划分,从而产生不同的子话题。

在数学模型上,可以采用向量空间模型来表达第一和第二种定义方法,而采用各种概率模型(例如高斯混合模型、主题模型(Topic Model)等)来描述第三种方式定义的主题。

11.4.2 基于向量空间的主题构建

在11.2节中介绍了向量空间模型,主题既然可以看作关键词及其权重的表示方法,因此也可以将主题表示为向量空间中的一个点。这种方式简单明了,在实际中得到了广泛应用。

那么对于给定的文本集,如何获得其主题呢?一种简单的方法是中心向量法,即将每个文本经过分词、提取特征词、计算权重等步骤后表示为向量,对这些向量计算其几何中心。中心向量法将整个主题用一个向量表示,当主题比较凝聚时,这种方法是可行的。

第二种方法是聚类法。

当主题中包含多个不同的子主题,而且这些子主题之间的凝聚性不好的时候,就不太合适只用一个向量来表示了。因此,聚类法就是为了将整个文档向量按照合适的方法进行分割,将这些向量分割成为若干个密集区域,而每个区域用一个中心向量来表示。

11.4.3 LDA 主题模型

不管是用一个向量还是用多个向量来表示主题,都是一种几何的表示方法,在主题边界的刻画方面尚存在很大不足。将主题看作一种词汇空间上的概率分布可以解决这个问题,因此另外一大类用来表达主题的方式就是概率主题模型。

概率主题模型在数学表示上通常是一种混合概率分布。主题 T 用这类模型可以统一表述为:

$$P(T) = \sum_{i=1}^{K} \mu_i p(x \mid T_i) \tag{11-25}$$

其中,K 表示子主题的个数,μ_i 表示第 i 个子主题的成分系数,$p(x|T_i)$ 表示第 i 个子主题在词汇空间上的分布,x 即词汇空间中的词汇向量。

概率主题模型是从生成式的角度进行文本建模的,它在文档和词汇中间加入了主题层,这是一种隐含在单文本或多文档中的语义信息与词汇层面上的属性特征和句子层面上的词汇关系特征。这种语义信息属于粒度比较粗的语义信息,因此它在分析文档层面语义上的作用就会比较突出,特别是针对多文本的舆情分析应用。这方面的模型近年来研究得比较多。

LDA 模型的思路是为话题分布和话题中对应词项的分布设置一个先验分布。由于话题选择和词语选择满足多项分布,因此在 LDA 模型中,使用多项分布的共轭分布——Dirichlet 分布来描述多项分布的参数分布。

LDA 模型的文本生成过程是首先确定话题分布的先验 Dirichlet 分布,随之确定话题分布,根据这个话题分布确定当前词的所属话题;之后根据该话题词项分布的先验分布确定词项分布,与话题分布结合选取使用的词汇。重复上述过程,最后生成完整的一篇文本。

在这个过程中,词汇分布和话题分布都是一种多项分布,一般的多项分布描述一个 k 维随机变量在不同取值下的概率,进行 N 次实验。在 LDA 中使用的多项分布是一种简化的多项分布,该 k 维随机变量中只有一个值为 1,而其余的元素均为 0。

Dirichlet 分布是多项分布的共轭分布,可以用下式形式化地表示:

$$D(\vec{p}|\vec{\alpha}) = \frac{\Gamma\left(\sum_{k=1}^{K}\alpha_k\right)}{\prod_{k=1}^{K}\Gamma(\alpha_k)}\prod_{k=1}^{K}p_k^{\alpha_k-1} \tag{11-26}$$

其中,$\Gamma(\alpha) = \int_0^{\infty} t^{x-1}e^{-t}\mathrm{d}t$,为 Gamma 函数。

LDA 模型的概率图表示如图 11-8 所示。

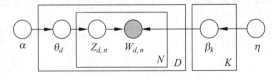

图 11-8　LDA 的图模型

上图中包含了大小为 D 的文档集、各文档中大小为 N 的词汇集以及大小为 K 的话题集之间的生成关系,在图中用矩形表示重复过程,图中的灰色圆圈表示最后可见的文档元素,白色圆圈表示不可见的文档元素,即隐变量。在这个图中,α 表示话题分布 θ_d 的先验分布(Dirichlet 分布的控制参数),η 表示话题 k 中词项分布 β_k 的先验分布,$Z_{d,n}$ 表示文档 d 中词语 n 的所属话题,$W_{d,n}$ 即对应的词语。

在 LDA 模型中,话题和词项的分布都是隐变量,从外部可见的隐变量即为 α、β 这两个先验分布的变量,从而可以通过调整先验分布变量来调整话题和词项的分布情况,在经典方法中使用变分推理来估算这两组分布的参数。

LDA 参数估计的另一个常用方法是 Gibbs Sampling 方法。Gibbs Sampling 方法的主要思路是首先随机为文本中的单词分配话题,之后统计每个话题下面出现的词项数量和每篇文档下的话题数量,然后对于每个词汇,在文档不含当前为它分配的话题的情况下,根据其他词汇的话题分布计算当前词汇的话题分布,为当前词汇分配一个新的话题。这个过程就是采样过程,每一轮的采样过程对每个单词都进行一次采样,更新其话题分配。采样过程也是收敛的,当 θ_d 和 β_k 收敛的时候停止采样过程。

11.4.4　LDA 模型的 Python 实现

视频讲解

在 LDA 模型原理部分总结了 LDA 主题模型的原理,这里从应用的角度来看看主题的实现及其使用模式。

图 11-9 所示为 LDA 建模的流程。LDA 模型的输入是一个词频矩阵,需要统计出每个单词在每个文档中出现的次数,因此需要先对文档集中的文档进行分词、停用词过滤等预处理。同时,为了减小词汇空间以及一些没有实际意义的词汇的影响,需要对切分之后的词汇进行特征选择。之后就可以构造出词频矩阵,作为 LDA 模型的输入。为了后续的主题具有可读性,需要将词频矩阵的词汇维度保存起来,也就是构造一个词典。一般来说,LDA 模型对图中输入的语料并没有限制,只要文本长度不是太短即可。

在训练得到一个 LDA 模型之后,可以根据具体应用要求进行进一步处理。训练好的模型实际上反映了输入文档集的某种概率分布,因此就可以使用该模型来做各种应用,包括主题爬虫中用于判断一个新的文本是否属于该主题,也就是计算新文本

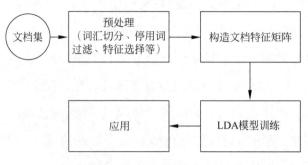

图 11-9   LDA 建模流程

与语料集的相似度。

在获得词频矩阵之后,即可利用各种开发包进行 LDA 建模,建模时需要提供的最主要的参数是主题个数 K。针对一个输入的语料,包括 LDA 在内的各种主题模型都无法直接推断语料中包含多少个主题。因此可以有两种处理办法:

一是通过人工指定的方式。对于人工选择的语料,如果开发人员自己比较熟悉,人工指定 K 还是可行的。

二是通过利用验证集在不断调整 K 的情况下计算模型的困惑度,即最终在一定范围内搜索使困惑度最小的 K。这种方式需要进行多次模型训练,因此要花费大量的计算时间。

由于词汇切分、停用词过滤前面已经叙述过,下面就着重介绍 LDA 主题建模及使用方法。在 Python 开发环境中有若干个比较流行的机器学习开发包,里面提供了对 LDA 模型的支持。常见的开发包有 scikit-learn、gensim 和 spark MLlib,它们都提供了 LDA 的相关函数,但是 API 不太一样,支持的开发方法也有所不同。这里主要介绍 scikit-learn 和 gensim。

1. 基于 scikit-learn 开发包的实现方法

在 scikit-learn 中与 LDA 建模相关的库或函数如下。

(1) sklearn. decomposition. LatentDirichletAllocation:对 LDA 主题模型封装。

(2) sklearn. feature_extraction:可以用于进行词频矩阵的生成。

在使用 scikit-learn 进行 LDA 建模时,最主要的 API 是 sklearn. decomposition. LatentDirichletAllocation 类的调用,其中涉及需要提供的参数,大家需要明白其含义。

该类的定义如下：

```
Class sklearn. decomposition. LatentDirichletAllocation(n_topics = 10, doc_topic_prior =
None, topic_word_prior = None, learning_method = None, learning_decay = 0.7, learning_
offset = 10. 0, max_iter = 10, batch_size = 128, evaluate_every = - 1, total_samples =
1000000.0, perp_tol = 0.1, mean_change_tol = 0.001, max_doc_update_iter = 100, n_jobs = 1,
verbose = 0, random_state = None)
```

参数解释如下。

(1) n_topics：主题个数 K，在很多的应用中按照 $N/50$ 来设置，N 为语料中的文本数。

(2) doc_topic_prior：文档主题先验 Dirichlet 分布 θ_d 的参数 α。如果没有主题分布的先验知识，可以使用默认值 $1/K$。

(3) topic_word_prior：主题词先验 Dirichlet 分布 β_k 的参数 η。如果没有主题分布的先验知识，可以使用默认值 $1/K$。

(4) learning_method：LDA 的学习训练方法，有批处理（batch）和在线处理（online）两种选择。批处理方法就是使用标准变分推理的 EM 算法，如果选择 online 方法，则可以在训练时使用 partial_fit() 函数分步训练。

(5) learning_decay：该参数用于控制 online 方法的学习率，默认是 0.7。一般不用修改这个参数。

(6) learning_offset：用来减少前面训练样本批次对最终模型的影响，也只是在使用 online 时有效，取值要大于 1。

(7) max_iter：EM 算法的最大迭代次数。

(8) total_samples：在 online 模式下分步训练时每一批文档样本的数量。在使用 partial_fit() 函数时需要。

(9) batch_size：每次 EM 算法迭代时使用的文档样本的数量，也是在使用 online 时有意义。

(10) mean_change_tol：即 E 步更新变分参数的阈值，所有变分参数更新小于阈值则 E 步结束，转入 M 步。一般不用修改默认值。

(11) max_doc_update_iter：即 E 步更新变分参数的最大迭代次数，如果 E 步迭代次数达到阈值，则转入 M 步。

从上面可以看出,如果使用标准变分推理的 EM 算法,需要设置的参数就少得多。除了标准变分推理外,还提供了一种称为在线变分推理的 EM 算法,即可以进行在线更新的模型训练。这两种方式的选择一般考虑文本集大小。如果训练文本太多、太大,词频矩阵就会非常大而超过内存大小,因此一次训练一小批文档,逐步更新模型,可以有效避免这个问题。如果语料规模不是太多,可以用标准变分推理的 EM 算法,这样能减少很多要调整的参数。

sklearn. decomposition. LatentDirichletAllocation 提供的方法如下。

(1) fit(X[,y]):利用训练数据训练模型,输入的 X 为文本词频统计矩阵。

(2) fit_transform(X[,y]):利用训练数据训练模型,并返回训练数据的主题分布。

(3) get_params([deep]):获取参数。

(4) partial_fit(X[,y]):利用小 batch 数据进行 online 方式的模型训练。

(5) perplexity(X[, doc_topic_distr, sub_sampling]):计算 X 数据的 approximate perplexity。

(6) score(X[,y]):计算 approximate log-likelihood。

(7) set_params(** params):设置参数。

(8) transform(X):利用已有模型得到语料 X 中每篇文档的主题分布。

一个完整的样例程序如下:

```
Prog-17-LDA-sklearn.py
#-*- coding: utf-8 -*-
import jieba
import codecs
from sklearn.feature_extraction.text import CountVectorizer
from sklearn.decomposition import LatentDirichletAllocation

#加载训练语料,每一行是一个记录
def load_data():
    documents = []
    raw = codecs.open('world-cup.raw', 'r', 'utf-8','ignore').readlines()
    for doc in raw:
        documents.append(doc)
    return documents
```

```python
# LDA 模型训练
def train(documents):
    # 加载停用词,文件的每一行是一个停用词
    stoplist = codecs.open('stopword.txt','r',encoding = 'utf8').readlines()
    stoplist = set(w.strip() for w in stoplist)

    # 分词,去停用词
    texts = []
    for document in documents:
        doc = ''
        for word in list(jieba.cut(document,cut_all = True)):
            if len(word)>= 2:              # 去除单字
                if word not in stoplist:
                    doc = doc + ' ' + word
        texts.append(doc)

    tf_vectorizer = CountVectorizer(max_df = 0.95, min_df = 2)
    tf = tf_vectorizer.fit_transform(texts)
    dictionary = tf_vectorizer.get_feature_names()
    lda = LatentDirichletAllocation(n_components = 2,
                                    learning_offset = 50.,
                                    random_state = 0)
    lda = lda.fit(tf)
    return lda,dictionary

# 对新文档判断其与主题模型的相似度
def test(lda,dictionary, test_doc):
    # 新文档进行分词
    doc_cut = jieba.cut(test_doc,cut_all = True)
    docc = []
    for w in list(doc_cut):
        docc.append(w)
    # 构造新文档的词频向量
    doc = []
    for w in dictionary:
        n = 0
        for w2 in docc:
            if w == w2:
                n = n + 1
        doc.append(n)

    docs = []
    docs.append(doc)
    s = lda.perplexity(docs)        # 计算困惑度
    return s

if __name__ == '__main__':
    documents = load_data()
```

```
lda,dictionary = train(documents)
print('困惑度 = ',test(lda,dictionary, '2018 世界杯足球赛的直播平台开始试运营了'))
print('困惑度 = ',test(lda,dictionary, '大数据技术给各个行业运营注入了新的希望'))
```

给定训练语料中包含了世界杯主题的文档,该程序执行之后可以看到输出的困惑度如下,与主题相关的新文本获得了较小的困惑度,而与主题无关的文本的困惑度很大。

困惑度＝145354480.9793067

困惑度＝2.5800730839653856e＋23

>>>

2. 基于 gensim 开发包的实现方法

gensim 是另一个常用的机器学习库,其中也提供了对 LDA 的支持。对于其相关文档的详细介绍,大家可以到"https://radimrehurek.com/gensim/"查看。

一个完整的样例程序如下:

```
Prog - 18 - LDA - gensim.py
# - * - coding: utf - 8 - * -
import jieba, os
import codecs
from gensim import corpora, models, similarities

def load_data():
    documents = []
    raw = codecs.open('world - cup.raw', 'r', 'utf - 8','ignore').readlines()
    for doc in raw:
        documents.append(doc)
    return documents

def preprocess(documents):
    stoplist = codecs.open('stopword.txt','r',encoding = 'utf8').readlines()
    stoplist = set(w.strip() for w in stoplist)
    # 分词,去停用词
    texts = []
    for document in documents:
        doc = []
        for word in list(jieba.cut(document,cut_all = True)):
            if len(word)> = 2:
                if word not in stoplist:
                    doc.append(word)
        texts.append(doc)
```

```
        dictionary = corpora.Dictionary(texts)
        dictionary.filter_extremes(no_below = 3, no_above = 1.0,keep_n = 1000)

        dictionary.save('LDA.dict')
        corpus = [dictionary.doc2bow(text) for text in texts]
        return corpus,dictionary

    def train():
        documents = load_data()
        corpus,dictionary = preprocess(documents)
        lda = models.LdaModel(corpus, id2word = dictionary, num_topics = 2)
        #模型的保存/加载
        lda.save('LDA.model')

    def test(test_doc):
        lda = models.ldamodel.LdaModel.load('LDA.model')
        dictionary = corpora.Dictionary.load('LDA.dict')
        test_doc = list(jieba.cut(test_doc))          #新文档进行分词
        docs = []
        docs.append(test_doc)

        corpus = [dictionary.doc2bow(text) for text in docs]

        p = lda.log_perplexity(corpus)
        return p

    if __name__ == '__main__':
        train()
        print('困惑度 = ',test( '2018 世界杯足球赛的直播平台开始试运营了'))
        print('困惑度 = ',test( '大数据技术给各个行业运营注入了新的希望'))
```

困惑度＝－16.083019196987152

困惑度＝－55.52085888385773

>>>

可以看出,两个开发包的 LDA 建模在某些计算上还是有一定差别,但是并不影响主题相似度的计算。

11.5　大数据可视化技术

利用大数据可视化方法可以对大规模复杂数据集及其挖掘结果以视觉形式进行呈现,同时提供交互式手段方便用户从不同视点对数据进行变换、缩放、旋转等操控,以获得大规模复杂数据集的全方位映像,为用户在视觉层面理解数据中的现象和规律提供了有效的途径。

11.5.1 大数据可视化方法概述

大数据的多样性、复杂性和多变性决定了大数据可视化在分析和应用中的必要性。目前,各种大数据应用对数据可视化的需求越来越高,数据可视化的地位也越来越重要,人们迫切需要以良好的用户体验的方式来发现数据的内在价值。当环境中存在符合用户心理的直观化可视化结构时,用户可以直接从里面提取出有用的信息,而不需要经过逻辑推理等过程,达到了快速吸取信息的目的,从而能满足业务人员的分析需要和高层领导的决策需要。此外,从大数据的分析和挖掘过程来看,有效地融合人机各自的优势,在可视化交互过程中进行模型修正,对于获得更加可信的结果是非常必要的。

大数据在可视化输出展示中,根据不同的应用场景和信息处理过程,可以分为多维数据可视化、文本可视化、网络可视化、时空数据可视化等。

1. 多维数据可视化

多维数据可视化指对 3 个维度以上的数据进行的可视化展示。其常用的方法如下。

(1) 散点图:散点图将数据集合中的每一行记录映射成为二维或者三维坐标系中的实体。例如,如果要描述房价和面积的关系,就可以用横竖坐标分别表示房价和面积。

(2) 投影法:投影法是可以同时表现多维数据的可视化方法。它的基本思想是把多维数据通过某种组合,投影到低维(1～3 维)空间上,通过极小化某个投影指标,寻找出能反映原多维数据结构或特征的投影。

(3) 平行坐标法:平行坐标是应用和研究最为广泛的一种多维度可视化技术,其核心是用二维的形式表示 N 维空间的数据。它的基本原理是将一维数据属性空间用一条等距离的平行轴映射到二维平面上,每条轴线对应一个属性维,坐标轴的取值范围从对应属性的最小值到最大值均匀分布,这样每一个数据项都可以用一条折线段表示在一条平行轴上。

2. 文本可视化

文本可视化方法试图将文本内容以直观方式展现出来,而不是局限于文字上的描述。这种直观表达方法要尽量保留文本中重要的信息和关系,因此文本可视化过程一般需要结合文本分析的技术,例如中文分词、关键词识别、主题聚类等。可以看出,可视化的过程与文本分析过程实际上有共同的步骤,可以实现自然的融合。

文本分析可视化可以分为静态可视化和动态可视化。静态可视化主要是分析文本包含的主题和各个主题之间的关系,动态可视化是指主题随着时间变化的关系,两者在可视化的表现形式上也有所不同。

静态可视化最常见的是标签云格式的形式,标签云是将 HTML 潜入到网页中,它以字母次序、随机次序、重要次序等排列,除了标签云,还可以用树的形式可视化展现相似度,或者以放射状层次圆环的形式展示文本结构,或者将一维投影到二维展现,用层次化点排布的投影方法进行展现;动态可视化与时间有关,需要引入时间轴作为一个维度,一般可以用气泡、河流等模式的图进行展示。图 11-10 是文本可视化的示意图例子。

图 11-10　文本可视化的例子

3. 网络可视化

在互联网大数据中有一大类型的数据就是连接型数据,它们直接或间接地存在于许多互联网应用中。这种数据的特点是它们在逻辑上构成了一种网络图结构,图中的节点是数据单元,节点之间的连接是数据之间的关系。微博中的人际网络数据就是一种直接型的连接数据,反映了人人之间的关注和粉丝关系。网络论坛中的用户关系则是一种间接型的数据,用户作为网络中的节点,而用户所发的帖子之间的关系反映了用户之间的关系,需要通过对帖子关系进行分析之后才能得到。

不管是哪种类型的数据,它们在逻辑结构上都可以看作一种网络图结构,这种网络图结构可以是有向图,也可以是无向图,连接可以是有权的,也可以是无权的。网络数据的另一个特点是网络可以是静态的,也可以是动态的。网络的动态性体现在两个方面,一是网络规模是动态变化的,二是网络的节点及关系是动态变化的。

网络可视化技术分为 9 类,包括基于力导引布局(Force-Directed Algorithm,FDA)、基于地图布局(Geographical Map)、基于圆形布局(Circular)、基于相对空间布局(Spatial Calculated)、基于聚类布局(Cluster)、基于时间布局(Time-oriented)、基于层布局(Substrate-based)、基于手工布局(Hand-made)和基于随机布局(Random)的网络可视化技术。

对于大规模网络,当其节点和边数达到数以百万计的时候,以上简单的可视化由于边和点会聚集、重叠,将不再适用,最常见的一种处理方法是对边进行聚集处理,常用的有基于边的捆绑方法和基于骨架图的可视化技术;另一种是将大规模图转化为层次化树结构,然后通过多尺度交互来对不同层次图进行可视化。

大数据可视化工具目前分为商业和开源两部分,主要有 Pentaho、Tableau、Many Eyes、Platfora、Datameer Analytics Solution and Cloudera、JasperReports、Dygraphs 等,以下选择主要的介绍。

Pentaho 是世界上最流行的开源商务智能软件,以工作流为核心,强调面向解决方案而非工具组件,基于 Java 平台的商业智能(Business Intelligence,BI)套件,它包括报表、分析、图表、数据集成、数据挖掘等,包括了商务智能的方方面面。Pentaho 主要用于数据的整合 ETL 处理以及报表展现等应用,提供了 Windows 平台和 Linux 商业版,其下载地址是"http://www.pentaho.com/"。

Tableau 是商业软件,它将数据运算与可视化完美地融合在了一起,控制台可完全自定义配置,可以用手动拖曳方式简单实现各种图表的生成,它有 Tableau Desktop、Tableau Server、Tableau Reader 等组件,其中 Tableau Desktop 可以实时分析实际存在的任何结构化数据,生成可视化图表、坐标图、仪表盘与报告;Tableau Server 是服务应用程序,可以迅速简便地共享 Tableau Desktop 中最新的交互式可视化内容以及仪表盘和报告;Tableau Reader 是免费的计算机应用程序,可以轻松查看内置于 Tableau Desktop 的分析视角与可视化内容,并进行与工作薄的交互。Tableau 的官方网站为"https://www.tableau.com/"。

专业型大数据可视化工具除了以上之外,在业界广泛应用的还有 Gephi、Weka、R 等。其中 R 提供了丰富的开源分析包,可以做一些简单的图形化展现;Gephi 是进行社交图谱数据可视化分析的工具,不仅能处理大规模数据集并生成漂亮的可视化图形,还能对数据进行清洗和分类;Weka 是一个免费的数据挖掘工作平台,集合了大量数据挖掘的机器学习包以及回归、聚类、关联规则,它还实现了在新的交互式界面上的可视化功能。

11.5.2　Python 开源库的使用

用于数据可视化的主要 Python 开源库有 matplotlib、wordcloud 等,本节介绍这些开源库的功能和使用方法。

1. matplotlib

该开源库可以实现的图形包括散点图、折线图、直方图、柱状图、箱线图、饼图等,用于数据关系、数据分布、数据对比和数据构成等场景的展示。散点图用于展现两个变量间的关系,可以通过设置不同的颜色在同一个图中同时展示多组关系。直方图则属于数据分布的展示,适合查看(或发现)数据分布,并且使用不同透明度可以实现直方图的叠加,从而在同一个坐标中展示多组数据分布。

其具体使用方法可以参考在线教程,网址为"https://matplotlib.org/tutorials/index.html",也可以在 Python 的开发环境中使用 help 查询相关函数的帮助和调用方法。图 11-11 是在 Python 自带的开发环境中查看 plot()函数相关说明的方法,即先 import,然后 help,就可以看到相关的输出介绍。

```
>>> import matplotlib
>>> help(matplotlib.pyplot.plot)
Help on function plot in module matplotlib.pyplot:

plot(*args, **kwargs)
    Plot lines and/or markers to the
    :class:`~matplotlib.axes.Axes`. *args* is a variable length
    argument, allowing for multiple *x*, *y* pairs with an
    optional format string.  For example, each of the following is
    legal::

        plot(x, y)          # plot x and y using default line style and color
        plot(x, y, 'bo')    # plot x and y using blue circle markers
        plot(y)             # plot y using x as index array 0..N-1
        plot(y, 'r+')       # ditto, but with red plusses
```

图 11-11　查看帮助信息的方法

下面通过一个例子来说明使用方法,在以下代码中注释标注了使用的主要步骤,包括 5 个步骤。需要注意的是,matplotlib 在默认情况下不能显示汉字,为了使用汉字,需要事先加载汉字字体。

```
Prog-19-matplotlib-examples.py
#-*- coding: utf-8 -*-
import numpy as np
import matplotlib.font_manager as fm
import matplotlib.pyplot as plt

# 加载汉字字体
hzfont1 = fm.FontProperties(fname = 'C:\Windows\Fonts\simkai.ttf',size = 16)

# 1.使用 figure() 函数创建图表
plt.figure(1,dpi = 50)

# 2.画图,定义 X 轴的定义域,中间间隔 100 个元素
x = np.linspace(-2*np.pi,2*np.pi,100)
plt.plot(x,np.sin(x))

# 3.设置 X、Y 轴的文字
plt.xlabel("X")
plt.ylabel("Y")

# 4.设置图的标题、图例
plt.title("正弦函数",fontproperties = hzfont1)
plt.legend()

# 5.显示图形
plt.show()
```

图 11-12 是输出结果。

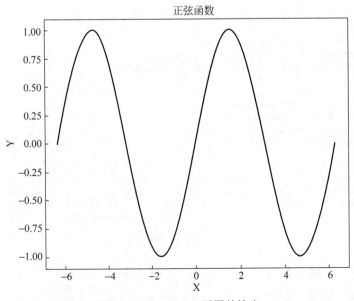

图 11-12　matplotlib 画图的输出

2. wordcloud

wordcloud 库是 Python 环境下词云展示的第三方库,也就是以词语为基本单位来直观展示文本信息内容,它在互联网大数据分析中广泛应用于对文本关键词的直观显示。wordcloud 把词云当作一个对象,将文本中词语出现的频率作为一个权重绘制词云,而词云的大小、颜色、形状等都是可以设定的。生成一个词云文件一般需要3 步,即配置对象参数、加载词云文本信息、输出词云文件。

其官方网址如下:

```
https://github.com/amueller/word_cloud
https://amueller.github.io/word_cloud/
```

在第二个网址中可以找到相应的 API 说明,也可以在安装后通过 help 来查阅。其主要的 API 封装在以下类和函数中:

1) wordcloud

类定义:

```
class wordcloud.WordCloud(font_path = None, width = 400, height = 200, margin = 2, ranks_
only = None, prefer_horizontal = 0.9, mask = None, scale = 1, color_func = None, max_words =
200, min_font_size = 4, stopwords = None, random_state = None, background_color = 'black',
max_font_size = None, font_step = 1, mode = 'RGB', relative_scaling = 'auto', regexp = None,
collocations = True, colormap = None, normalize_plurals = True, contour_width = 0, contour_
color = 'black', repeat = False, include_numbers = False, min_word_length = 0)
```

可见构造方法提供了很多参数,可以用来指定字体、云图的大小、云图中最多的字数、背景颜色等,大多情况下可以使用默认值。

该类提供的主要方法如下。

- generate(text):直接从文本生成云图。
- generate_from_frequencies(frequencies[, …]):根据词汇和频率组成的字典生成云图。
- generate_from_text(text):直接从文本生成云图。
- process_text(text):将文本切分成为词汇,并去除停用词。
- recolor([random_state, color_func, colormap]):使用指定的颜色或图片重新上色。

- to_file(filename)：将云图保存到文本中。

2) ImageColorGenerator(image[，default_color])

使用 RGB 图像 image 生成颜色，将会根据 image 中一定矩形框内的平均颜色来设定云图中的字体颜色。

3) random_color_func([word，font_size，…])

这是默认的字体颜色设置方法。

基于这 3 个类和函数，生成词云图的具体步骤如下：

(1) 使用 WordCloud 设定云图的大小、字体等信息，构造 WordCloud 对象。

(2) 根据 WordCloud 的 generate_from_frequencies 等方法从文本或(词汇、频次)字典中生成云图。

(3) 如果需要自己指定云图的背景图片模式，则通过 ImageColorGenerator 生成背景模式，并通过 recolor 重新上色。

(4) 通过 WordCloud 的 to_file 方法将云图输出到文件。

此外，可以结合 matplotlib 将云图显示在屏幕上，并设置相关信息。

以下是一个例子，用于从指定的文本中生成关键词的词云图，并参考上述步骤，在代码中做了标注。

```
Prog-20-wordcloud-example.py
import jieba
from imageio import imread    #这是一个处理图像的函数
from wordcloud import WordCloud, ImageColorGenerator
import matplotlib.pyplot as plt

text = '''1905 年,于右任、邵力子等原震旦公学学生脱离震旦,拥戴马相伯在吴淞创办复旦公学.
校名撷取自《尚书大传·虞夏传》"卿云烂兮,纠缦缦兮;日月光华,旦复旦兮"两句中的"复旦"二
字,本义是追求光明,寓含自主办学、复兴中华之意.马相伯、严复等先后担任校长.1913 年李登辉
开始担任校长,一直到 1936 年.在他长达 23 年的校长任内,复旦发展成为一所以培养商科、经济、
新闻、教育、土木等应用型人才闻名的、有特色的私立大学,形成了从中学到研究院的完整的办学
体系.'''

#统计词频的字典
wordfreq = dict()

#装载停用词
f = open("stopword.txt",encoding = 'UTF8')
fl = f.readlines()
stoplist = []
for line in fl:
```

```
    stoplist.append(line.strip('\n'))
f.close()

#切分、停用词过滤、统计词频
for w in list(jieba.cut(text,cut_all = False)):
    if len(w)> 1 and w not in stoplist:
        if w not in wordfreq:
            wordfreq[w] = 1
        else:
            wordfreq[w] = wordfreq[w] + 1

#指定字体和背景模式图片
font = r'C:\Windows\Fonts\simfang.ttf'
back_color = imread('2019.png')
image_colors = ImageColorGenerator(back_color)

#构建 WordCloud 对象
wc = WordCloud(collocations = False, font_path = font,
                random_state = 42,
                max_font_size = 200,mask = back_color,
                background_color = 'white',
                max_words = 100)

#调用方法生成词云图
wc = wc.generate_from_frequencies(wordfreq)
wc.recolor(color_func = image_colors)

#保存图片
wc.to_file('wordcloud.png')
```

其中,背景模式文件是一个"2019"手写体的图片文件,如图 11-13 所示,这在程序中由 back_color = imread('2019.png')指定。运行后,用户可以在当前目录中发现已经生成了 wordcloud.png 文件,如图 11-14 所示。

图 11-13　背景图片

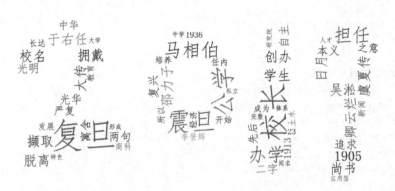

图 11-14　生成的关键词云图

思考题

1. 学习使用 jieba 进行中文文本的词汇切分的方法。

2. 什么是停用词？如何用 Python 进行停用词过滤？

3. 什么是向量空间模型？使用 Python 构建一个文本集的向量表示。

4. 简述文本分类的一般流程。

5. 描述 LDA 主题建模的 Python 实现，并描述每个主题所表达的内容。

6. 学习使用 matplotlib、wordcloud 进行可视化。

第 **12** 章

互联网大数据采集技术的应用

本章针对几个互联网大数据的典型应用介绍数据采集技术的应用方法,案例包括新闻信息的采集、提取和可视化,以及爬虫用于 SQL 注入检测,目的是为了针对特定的问题进行分析设计,给出完整的解决过程。

12.1 常见应用模式

互联网大数据的应用模式有很多种类型,具体模式主要取决于应用需求,但从目前看可以归结为以下几种。在本章后续的小节中结合实际例子讲解运用这些大数据处理方法对爬虫采集到的数据进行处理。

1. 分类与聚类

分类与聚类是大数据应用中最常见的两种模式,两者共同的特点都是将数据样本看作是带有一定类别的,区别在于对于分类而言,这种类别及其特征是在分类之前就已知的,而聚类是对未知类别标志的样本进行划分,这种划分通常是基于数据的聚集性等原则,最终被划分到同一个簇的所有样本具有相同的类别标志。

在大数据应用中,由于数据类型多样化,所以分类与聚类就演化出更多的问题和应用。从数据类型看,互联网上存在大量的文本数据,因此对文本的分类和聚类也就成为大数据应用中的重点。另外,大数据具有一定的流动性,因此从数据流的角度来拓展分类与聚类的研究和应用也越来越多见。

2. 相关性分析

相关性分析是大数据应用中常见的方式之一,是对两个或多个具有联系的变量元素进行分析,从而衡量它们之间的密切程度。两个变量之间的相关程度通过相关系数来表示,根据相关系数的大小可以分为完全相关、不完全相关和不相关;根据相关系数的正负可以分为正相关和负相关。

对于任何两组数据,可以从数据的产生机理和数据的表现两个层面来分析它们之间的关系,这种关系可以进一步被用来进行预测、特征工程等分析应用。数据的产生机理主要从数据之间的依赖关系出发,例如沉迷游戏导致学习成绩下降,更侧重于分析数据之间在逻辑上的联系,因此也可以看作是因果关系的分析。在大数据分析应用中强调相关性,而不重视因果分析。

3. 主题建模

在许多应用中不断产生各种文本信息,文本信息作为典型的非结构化信息,在语义处理和理解上具有很大的挑战性,人们在这个方向上不断探索,提出了一系列新的模型和方法。其中,主题建模就是一种相对比较成熟、有效的方法,为文本型大数据的深度分析挖掘提供了一种途径。

主题建模用于对给定的文本集进行主题的自动发现,在新闻文本、网络论坛内容等类型的文本分析中使用得较为普遍。例如,在新闻分析中可以使用主题建模方法,从一个新闻文本集中自动提取出所包含的主题,通过所提取的主题可以快速了解这些新闻中谈论的主题的概貌。

4. 大数据的可视化

大数据具有典型的多维特征,例如一名学生可以由(姓名,性别,年龄,专业,出生地,学习成绩)来描述,一本图书可以由(书名,出版社,出版日期,类别,定价,页数)来描述,一篇新闻报道可以由(标题,日期,关键词1,关键词2,关键词3,…,关键词n)

来描述。

通过直观的方式来展示高维大数据集具有一定的现实意义。由于维度多,仅通过元组的形式来展示数据集不够直观,需要用合适的可视化方法来表示;另一方面数据量大,以一定的可视化方法可以让用户更加容易发现和理解数据中隐含的特性,因此在大数据处理应用中通常结合可视化方法对高维大数据集进行展示。

5. 用于安全监测

基于互联网的各类 Web 信息系统可能存在一定的安全问题,例如 SQL 注入、跨站脚本攻击等。针对这些安全问题的扫描检测通常基于人工方式,对每个特定的页面交互输入一些特定的字符串,根据页面返回的结果来判断是否存在漏洞。然而这种方式效率低下,网络爬虫技术可以用于自动监测安全漏洞,通过 URL 自动判断页面上的交互点,自动向 Web 服务器发起动态请求,根据响应结果页面判断是否存在漏洞。

除了上述分类与聚类、相关性分析、主题建模、可视化方法及安全监测外,针对爬虫抓取到的互联网大数据还有频繁模式、异常点、回归分析等若干种典型的大数据应用模式。

12.2 新闻阅读器采集与分析

12.2.1 目标任务

互联网上每天都会有很多新闻发布出来,人们往往没有太多精力去逐篇阅读,因此就有了设计新闻阅读器的需求。本节介绍了新闻阅读器的构建,主要是为了展示网络爬虫在实现这个任务时的作用。

要获取新闻网站某些特定领域的新闻,通常的思路是先找到新闻的列表页,再对列表页里所有新闻的链接进行提取,然后依次对这些新闻正文页进行内容的获取。在这个基本思路下,新闻阅读器的具体任务可以从互联网新闻信息的采集、提取、存储、挖掘和可视化等方面进行约定,具体如下:

(1) 不失一般性,这里以新浪新闻中的国内新闻版块为信息源。

(2) 自动采集新闻列表中的每个条目,包括标题和发布时间。

（3）对每条新闻报道进一步采集主体内容，包括文本信息和图片。

（4）将采集到的新闻报道存储到文件中。

（5）对于新闻文本内容，以词汇为基本单位，对所采集到的新闻进行关键词的可视化。

（6）对于新闻文本内容，进行主题分析，对主题进行可视化。

图 12-1 所示为新闻阅读器的新闻来源，即新浪新闻中心的国内新闻，以最新消息作为入口，能够保证每次都采集到最新的新闻报道。这是一个列表式的结构，每篇新闻的具体内容在单击标题后可以得到。

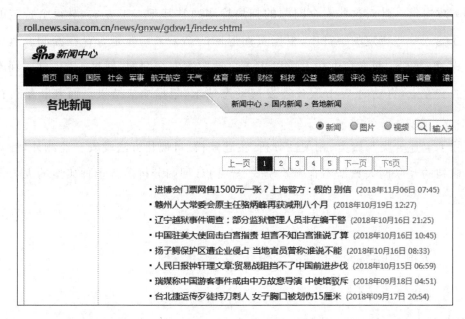

图 12-1　新闻列表

在这两类页面中都包含有导航、推荐信息、广告等大量不是新闻阅读器所需要的内容，需要在设计实现时进行过滤。

12.2.2　总体思路

新闻阅读器的总体流程如图 12-2 所示，总体上包含了新闻信息获取和新闻信息挖掘与可视化。

首先通过爬虫获取新闻列表，提取列表中的每个超链接，然后根据超链接获取每个新闻页面，提取其中的新闻标题、正文，并进一步获取新闻的配图，再将这些信息存储起来。

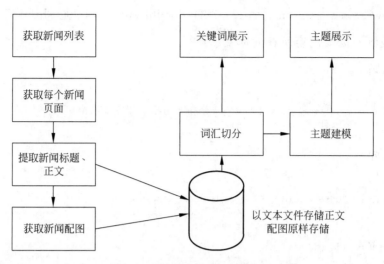

图 12-2　新闻阅读器处理流程图

在新闻挖掘与可视化环节,首先对新闻正文进行词汇切分,过滤停用词后,一方面基于词频进行可视化,另一方面对新闻进行主题建模,再对每个主题进行可视化,为用户快速浏览主题提供手段。

本节的剩余部分就介绍了该流程图中的主要技术及其 Python 实现。

12.2.3　新闻内容采集与提取

1. HTML 内容解析

从 HTML 页面获取内容需要用到 HTML 解析库,BeautifulSoup 是 Python 中经常用到的 HTML 解析库,像 lxml 一样,它也能自动补全缺失的 HTML 标签。这里使用 BeautifulSoup 支持的 CSS 选择器语法来进行内容的提取。

根据第 6 章的介绍,要使用 BeautifulSoup,首先要生成一个 BeautifulSoup 对象,后续操作都以这个对象为主体:

```
res = requests.get(url)
res.encoding = 'utf - 8'
♯第二参数为 HTML 解析器,推荐使用 lxml,需要安装 C 语言库
soup = BeautifulSoup(res.text, 'lxml')
```

由于最终目标是获取新闻的标题、作者、来源、时间、正文以及图片,下面逐项进行分析。首先打开一个新闻页(新闻为“人社部又有大动作事关你的养老金”,地址为

"http://news. sina. com. cn/c/2018-07-24/doc-ihftenhz3571650. shtml)",通过检查元素依次找到所需要内容所在的标签。

（1）标题：

```
< h1 class = "main - title">人社部又有大动作 事关你的养老金</h1 >
```

（2）时间：

```
< span class = "date">2018 年 07 月 24 日 08:24 </span >
```

（3）作者：

```
< p class = "show_author">责任编辑 : 吴金明 </p >
```

（4）来源：

```
< a href = "..." target = "_blank" class = "source" data - suda" click = "content_media_p" rel
= "nofollow">新浪新闻综合</a >
```

（5）正文与图片：

```
< div class = "article" id = "article">
< p>原标题 : 重磅!人社部又有大动作!事关你的养老金!</p>
...
< p>7 月 23 日,人社部新闻发言人卢爱红在 2018 年第二季度新闻发布会上表示,中央调剂基金
按季度上解下拨,目前人社部正会同有关部门制定具体实施办法,将于近期出台实施,确保三季度
启动资金缴拨工作.</p>
...
♯图片存在于正文内
< div class = " img_wrapper"> < img src = " http://n. sinaimg. cn/news/crawl/84/w550h334/
20180724/7IIj - hftenhz3563879.jpg" alt = ""> < span class = "img_descr"></span></div >
...
♯最后的 p 标签内是作者信息
< p class = "show_author">责任编辑 : 吴金明 </p >
</div >
```

CSS 选择器与 XPath 相比,在实现根据属性、ID 选择标签的功能时语法更为简洁,例如使用.class 根据 class 获取标签,使用♯id 根据 id 获取标签等。下面以正文为例,获取所有正文内容,示例如下：

```
#选择 id = "article"的 div 标签内的所有直接子标签 p
news_article = soup.select('div#article > p')
tmp_str = ''
#最后一个 p 元素并非正文内容,而是作者信息
for i in range(len(news_article) - 1):
    tmp_str += news_article[i].text + '\r\n'
new_dict['article'] = tmp_str
```

2. 完整程序与说明

由于同时需要获取新闻的配图且每个新闻的配图数量不一,为了便于查看,这里选择将每个新闻以子文件夹的形式单独保存。

```python
# Prog - 21 - sinaNewsSpider.py
#-*- coding: utf-8 -*-
import requests
from bs4 import BeautifulSoup
from datetime import datetime
import traceback
import os
import re


#抓取新闻页面信息,返回新闻 dict 和图片 list
def get_news(new_url):
    #新闻信息字典
    new_dict = {}
    print("新闻地址: " + new_url)
    try:
        res = requests.get(new_url)
        res.encoding = 'utf-8'
        soup = BeautifulSoup(res.text, 'lxml')
        #标题
        new_title = soup.select('h1.main-title')[0].text.strip()
        new_dict['title'] = new_title
        #时间
        nt = datetime.strptime(soup.select('span.date')[0].text.strip(), '%Y年%m月%d日 %H:%M')
        new_time = datetime.strftime(nt, '%Y-%m-%d %H:%M')
        new_dict['time'] = new_time
        #来源,不能使用 a.source,个别网页来源内容所在标签为 span 标签
        new_source = soup.select('.source')[0].text
        new_dict['source'] = new_source
        #作者
        new_author = soup.select('p.show_author')[0].text
```

```python
            new_dict['author'] = new_author
            #正文
            news_article = soup.select('div#article > p')
            tmp_str = ''
            for i in range(len(news_article) - 1):
                tmp_str += news_article[i].text + '\r\n'
            new_dict['article'] = tmp_str
            #图片
            news_pic = soup.select('div.img_wrapper > img')
            news_pic_list = []
            for pic in news_pic:
                news_pic_list.append(pic.get("src"))
            new_dict['picture'] = news_pic_list
        except Exception as e:
            print('抓取出错,此条新闻已略过')
            print(e)
            traceback.print_exc()
            return None, None
    print('时间:%s 标题:%s 作者:%s 来源:%s ' % (new_time, new_title, new_author, new
_source))
    print('共有%d张图片' % len(news_pic_list))
    return new_dict, news_pic_list


#获取所有新闻链接
def get_url_list(new_list_url):
    #新闻链接 list
    news_url_list = []
    #通过 range 控制爬取页数或爬完为止
    for i in range(1, 20):
        url = new_list_url.format(page = i)
        tmp_url_list = get_url(url)
        #合并 URL 列表
        if len(tmp_url_list):
            news_url_list[len(news_url_list):len(news_url_list)] = tmp_url_list
        else:
            print('----------- 目录爬取完毕 ----------- ')
            break
    return news_url_list


#获取指定页的所有新闻链接
def get_url(new_list_url):
    url = new_list_url
    res = requests.get(url)
    res.encoding = 'utf - 8'
    soup = BeautifulSoup(res.text, 'html.parser')
    #获取新闻链接
```

```
        url_list = []
        news_url = soup.select('ul.list_009 > li > a')
        for url in news_url:
            url_list.append(url.get('href'))
        print('本页共 % d 条新闻 链接: % s' % (len(url_list), new_list_url))
        return url_list


# 保存新闻
def save_new(root_dir, news_dict, pic_list):
    # 创建子文件夹
    try:
        # 路径名中不能出现一些符号,需要进行过滤
        title = news_dict['title']
        title = re.sub(r'[\\/: * ?"<>|!: ?!; ]', '_', title)
        file_dir = root_dir + os.sep + title
        is_dir_exist = os.path.exists(file_dir)
        if not is_dir_exist:
            os.makedirs(file_dir)
        # 输出新闻文本
        save_text(file_dir, news_dict)
        # 输出图片
        save_pic(file_dir, pic_list)
    except Exception as e:
        print('保存出错')
        print(e)
        traceback.print_exc()
    print("保存完毕,新闻文件路径: % s" % file_dir)


# 保存文本
def save_text(file_dir, news_dict):
    res = ('标题:' + news_dict['title'] + '\r\n' +
           '时间:' + news_dict['time'] + '\r\n' +
           '作者:' + news_dict['author'] + '\r\n' +
           '来源:' + news_dict['source'] + '\r\n' +
           '新闻正文:' + news_dict['article'] + '\r\n ')
    # 文件名中不能出现一些符号,需要进行过滤
    title = news_dict['title']
    title = re.sub(r'[\\/: * ?"<>|; ]', '_', title)
    # 输出
    file_path = file_dir + os.sep + title + '.txt'
    f = open(file_path, "wb")
    f.write(res.encode("utf - 8"))
    f.close()


# 保存图片
```

```python
def save_pic(file_dir, pic_list):
    for i in range(len(pic_list)):
        #图片保存路径
        pic_path = file_dir + os.sep + '%d.jpg' % i
        try:
            req = requests.get(pic_list[i])
        except requests.exceptions.MissingSchema as e:
            print('图片 URL 出错,尝试补全 URL')
            print(e)
            req = requests.get('http:' + pic_list[i])
        finally:
            img = req.content
            f = open(pic_path, "wb")
            f.write(img)
```

```python
#开始执行
def start_spider(root_url, root_dir):
    url_list = get_url_list(root_url)
    print('---- 链接获取结束 ---- ')
    print('即将抓取 %d 条新闻\r\n' % len(url_list))
    for i in range(len(url_list)):
        print('%d: ' % i)
        new, pic = get_news(url_list[i])
        if new:
            save_new(root_dir, new, pic)
    print('-------- 抓取结束 -------- ')


if __name__ == '__main__':
    #入口,{page}用于 format 格式化
    root_url = 'http://roll.news.sina.com.cn/news/gnxw/gdxw1/index_{page}.shtml'
    root_dir = r'.\news'
    start_spider(root_url, root_dir)
```

运行样例首先要设置爬虫入口地址和存储的根目录,调用 start_spider()函数启动爬虫。start_spider()函数会先调用 get_url_list()提取新闻链接,然后逐链接调用 get_news()函数获取所需数据,并最终调用 save_new()保存结果。

这里有一点需要进行说明,由于部分特殊字符(Windows 系统下为/、\、:、*、"、<、>、|、?)不能出现在路径名和文件名中,而冒号、问号却是新闻标题中常常出现的符号,所以在保存文件时要特别的进行过滤,处理过程参见 save_new()以及 save_text()的代码。

程序运行后可以获得每条新闻的抓取结果,包括新闻正文、相关信息(作者、来源

等)以及新闻配图,独立保存在以新闻标题为名的子文件下,然后进入到设置的存储根目录下查看结果,如图 12-3 所示。

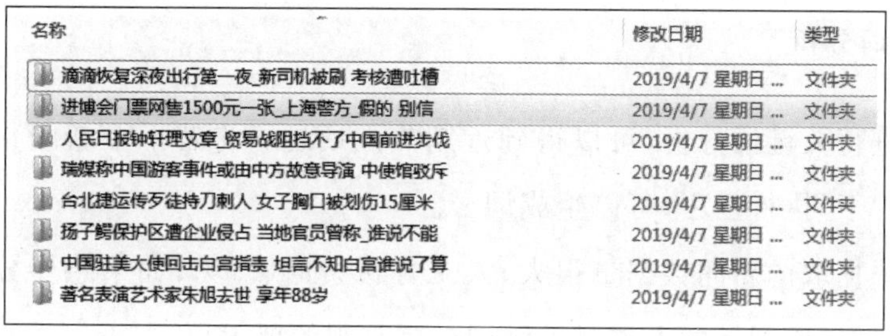

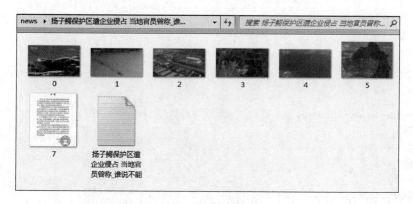

图 12-3　新闻获取结果

子文件夹下的新闻配图和文本文件样例如图 12-4 所示。

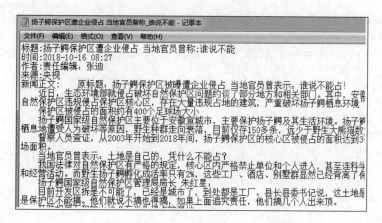

图 12-4　存储的新闻配图和文本文件

保存在文本文件中的相关信息和新闻正文如图 12-5 所示。

标题:扬子鳄保护区遭企业侵占 当地官员曾称:谁说不能
时间:2018-10-16 08:27
作者:责任编辑：张迪
来源:央视
新闻正文:　　原标题：扬子鳄保护区被曝遭企业侵占 当地官员曾表示：谁说不能占!
　　近日，生态环境部就侵占破坏自然保护区问题约谈了部分地方和相关部门。其中，安徽
自然保护区违规侵占保护区核心区，存在大量违规占地的建筑，严重破坏扬子鳄栖息环境"
　　保护区被侵占的面积约有400个足球场大小
　　扬子鳄国家级自然保护区主要位于安徽宣城市，主要保护扬子鳄及其生活环境。扬子鳄
栖息地遭受人为破坏等原因，野生种群走向衰落，目前仅存150多条，远少于野生大熊猫数
　　督察人员查证，从2003年开始到2018年间，扬子鳄保护区的核心区被侵占的面积达到3
场面积。
　　当地官员曾表示：土地是自己的，凭什么不能占?
　　我国法律对自然保护区有严格的规定，核心区内严格禁止单位和个人进入，甚至连科学
和经营活动。而野生扬子鳄孵化成活率只有2%，这些工厂、酒店、别墅群显然已经背离了保
　　扬子鳄国家级自然保护区管理局局长 朱红星：
　　目前开发区拆是不可能了，已经是城市了，到处都是工厂。县长县委书记说，这土地是
是保护区不能搞。他们就说不搞也得搞，如果上面追究责任，他们搞几个人出来顶。

图 12-5　保存在文本文件中的其他信息和新闻正文

12.2.4 新闻分析

1. 关键词分析

对新闻进行关键词分析,可以得到近期热点话题。将若干个新闻正文合并到同一个文本文件下,执行程序,可以生成词云。

通过爬虫抓取的新闻数据量很大,人工分析费时、费力,如果想要分析新闻的关键词,可以通过生成词云的方式对关键词进行直观的展示。

通过 wordcloud 这个词云生产类库可以轻松地生成词云,当然前提是要先对新闻进行分词。在设置好文本和背景图片的路径后直接进行分词。如果同时设置停用词,能够有针对性地过滤掉不需要的词汇。为了更准确地分词,也可以添加自定义词。

样例如下:

```
Prog - 22 - keywordCloud.py
#-*- coding: utf-8 -*-

import jieba
import os
import chardet
import matplotlib.pyplot as plt
from wordcloud import WordCloud, ImageColorGenerator
from imageio import imread

#设置新闻文本根目录、图像路径、停用词文件、自定义词典
newsTextdir = r'.\news'
img_path = r'.\background.jpg'
stop_word_path = r'.\stopword.txt'
my_word_path = r'.\myword.txt'

#增加停用词库,返回停用词集合
def add_stop_words(list):
    stop_words = set()
    for item in list:
        stop_words.add(item.strip())
    return stop_words


def getnewstext(newsdir):
    news_text = ""
    sd = os.walk(newsdir)
```

```
        for d, s, fns in sd:
            for fn in fns:
                if fn[ - 3 : ] == 'txt':
                    file = d + os. sep + fn
                    print(file)
                    try:
                        f = open(file)
                        lines = f. readlines()
                    except:
                        ft = open(file, "rb")
                        cs = chardet. detect(ft. read())
                        ft. close()
                        f = open(file, encoding = cs[ 'encoding'])
                        lines = f. readlines()
                    for i in range(len(lines)):
                        news_text += '. '. join(lines)
    return news_text


# 读取文本和背景图片, rb 即二进制读取
stopword_list = open(stop_word_path, encoding = 'utf - 8'). readlines()
myword_list = open(my_word_path, encoding = 'utf - 8'). readlines()
bg_img = imread(img_path)
news_text = getnewstext(newsTextdir)


# 设置停用词
stop_words = add_stop_words(stopword_list)
print('停用词共:', stop_words. __len__())


# 加载自定义词库
jieba. load_userdict(my_word_path)


# 切分文本
seg_list = jieba. cut(news_text)
seg_space = ''. join(seg_list)


# 生成词云, font_path 需指向中文字体以避免中文变成方框, 若出现非方框的乱码, 则为 txt 读
取时的编码选择错误
wc = WordCloud(font_path = 'C:\Windows\Fonts\simfang. ttf', max_words = 40, random_state =
42, background_color = 'white', stopwords = stop_words, mask = bg_img, max_font_size = 100,
scale = 5, collocations = False). generate(seg_space)
plt. imshow(wc)
# image_color = ImageColorGenerator(bg_img)
# plt. imshow(wc. recolor(color_func = image_color))
plt. axis("off")
plt. show()


# 保存结果
wc. to_file('. \wordcloud_res. jpg')
```

程序运行后可以获得新闻中关键词的词云图,如图 12-6 所示。可见该时间段内的主要关键词基本上都能正确反映出来。

图 12-6　新闻中关键词的词云图展示

2. 主题建模

　　在第 11 章的主题模型部分介绍了 LDA 主题模型的原理和相关开源系统的使用方法,这里对采集到的新闻文本进行主题建模,并输出主题信息。

　　采集新闻信息,将新闻信息存储到硬盘中,例如“e:\news”中。每个新闻报道建立了一个子目录,每个子目录下包含一个文本文件和若干个图片,分别是新闻的内容和新闻中的图片。在主题建模时只使用文本文件中的内容。

　　主题建模的过程包括文本分词、模型训练、主题输出 3 个主要过程,然后即可使用词云图之类的工具来进行主题可视化,从而提供了另一个角度来阅读新闻。

```
Prog - 23 - LDAnewsTopic.py
#-*- coding: utf-8 -*-
import jieba
import os
import chardet
from gensim.corpora.dictionary import Dictionary
from gensim.models.ldamodel import LdaModel
from wordcloud import WordCloud
import matplotlib.pyplot as plt

num_topics = 5              #设定主题个数
```

```
newsTextdir = r'.\news'

def getnewstext(newsdir):
    docs = []
    news_text = ""
    sd = os.walk(newsdir)
    for d, s, fns in sd:
        for fn in fns:
            if fn[-3:] == 'txt':
                file = d + os.sep + fn
                print(file)
                try:
                    f = open(file)
                    lines = f.readlines()
                except:
                    ft = open(file, "rb")
                    cs = chardet.detect(ft.read())
                    ft.close()
                    f = open(file, encoding = cs['encoding'])
                    lines = f.readlines()
                docs.append('\n'.join(lines))
    return docs


alllines = getnewstext(newsTextdir)

#对文档集进行词汇切分、停用词过滤
stoplist = open('stopword.txt', 'r', encoding = "utf-8").readlines()
stoplist = set(w.strip() for w in stoplist)

segtexts = []
for line in alllines:
    doc = []
    for w in list(jieba.cut(line, cut_all = True)):
        if len(w) > 1 and w not in stoplist:
            doc.append(w)
    segtexts.append(doc)

dictionary = Dictionary(segtexts)
dictionary.filter_extremes(2, 1.0, keep_n = 1000)    #词典过滤,保留 1000 个
corpus = [dictionary.doc2bow(text) for text in segtexts]
lda = LdaModel(corpus, id2word = dictionary, num_topics = num_topics)    #指定 id2word,可
以直接显示词汇而非其 ID
topics = lda.print_topics(num_topics = num_topics, num_words = 10) # list (topic_id,
[(word, value), … ])
print(topics)
#可视化
font = r'C:\Windows\Fonts\simfang.ttf'
wc = WordCloud(collocations = False, font_path = font, width = 2800, height = 2800, max_words = 20,
margin = 2)
for topicid in range(0, num_topics):
    tlist = lda.get_topic_terms(topicid, topn = 1000)    #定义词云图中的词汇数
    #print(tlist)
```

```
wdict = {}      #['词 a':100 '词 b':90,'词 c':80]
for wv in tlist:
    wdict[ dictionary[wv[0]]] = wv[1]
print(wdict)
wordcloud = wc.generate_from_frequencies(wdict)
wordcloud.to_file('topic_' + str(topicid) + '.png')   #保存图片
```

图 12-7 是程序运行后输出的第一个主题对应的话题词云图。

图 12-7　一个主题词云图样例

12.3　爬虫用于 Web 网站 SQL 注入检测

视频讲解

12.3.1　目标任务

在互联网上许多 Web 网站都是基于 Web 和数据库的架构，一些重要信息存储在数据库系统中。由于 Web 设计等多方面的原因，一些攻击者可以利用 Web 的漏洞进入系统，为此需要设计一种爬虫，能够自动检测 Web 站点中的页面，判断页面中的数据库查询访问是否存在注入漏洞的可能。

为了便于爬虫检测和测试，这里构建了一个简单的 Web 站点。该站点基于 Tomcat，附录 A 包含了一个目录 sqlinject，在部署时只要将该目录下的 pysqlinject 子目录复制到 Tomcat 安装目录下的 webapps 子目录即可。部署完成之后，启动 Tomcat，可通过浏览器访问用户登录界面，如图 12-8 所示。

后台数据库使用 SQL Server 2008，其中有一个名为 pysqlinject 的数据库，在数据库中有一张表 userinfo，存储了 Web 用户信息。userinfo 的字段和类型是 name1 varchar

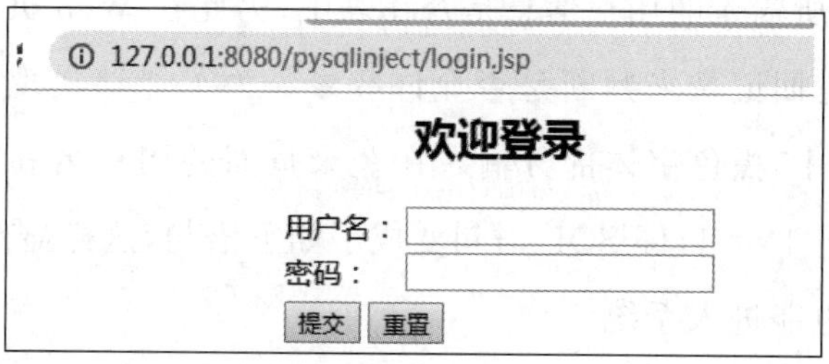

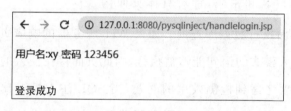

图 12-8　登录的 Web 界面

（20）、id varchar（20）、passwd varchar（20）。在该表中有两条记录，分别是（xy，123456，123456）和（zz，001，001）。

当在登录页面的用户名和密码框内分别输入 xy、1' or '1' = '1 时会显示登录成功，同时检索数据库中正确的用户口令并显示出来，如图 12-9 所示。但是数据库表中并没有这样的记录，因此这属于 SQL 注入攻击。

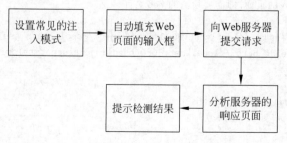

图 12-9　SQL 注入

为此需要设计一个爬虫程序对页面中的输入框自动填充内容，并根据返回的页面结果来判断页面是否存在 SQL 注入的可能。

12.3.2　总体思路

在爬虫设计思路上主要分成 3 个环节，分别是注入模式的设置、爬虫请求以及响应结果分析，爬虫结构如图 12-10 所示。其中，爬虫在向 Web 服务器发起请求时自动填充 Web 页面中的输入框。

设置常见的注入模式 → 自动填充Web页面的输入框 → 向Web服务器提交请求 → 分析服务器的响应页面 → 提示检测结果

图 12-10　检测 SQL 注入的爬虫结构

在登录时判断所输入的用户信息是否在表中，为此在 Web 页面中动态执行数据库查询，根据是否返回记录来判断是否允许登录。为了能够实现注入，一种 SQL 可以是如下形式。其中，黑色字体部分输入在登录页面的用户名和密码框内。如果分别输入 22 和 12' or '1'='1，即 SQL 语句变成了如下语句，这样显然会返回数据记录，尽管口令不对，但也能进入系统。

```
select * from userinfo where name1 = 'zz' and passwd = '12' or '1' = '1'
```

因此在一个文本文件中定义了若干模式，如图 12-11 所示。每一行是一个注入模式，>之前表示用户名，后面表示密码框的内容。

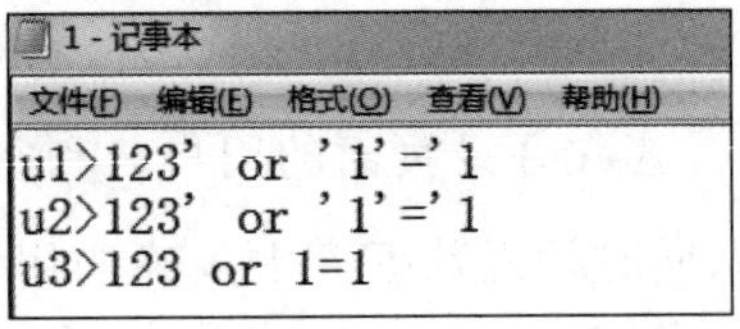
1 - 记事本
文件(F) 编辑(E) 格式(O) 查看(V) 帮助(H)
u1>123' or '1'='1
u2>123' or '1'='1
u3>123 or 1=1

图 12-11 若干个 SQL 注入模式

爬虫运行时，自动读取该文件的所有模式，对每个模式提取出用户名和密码，针对具体页面构造 URL 请求，由页面执行数据库查询。如果 Web 服务器的响应页面中包含“登录成功”，则说明带有注入模式的语句能够被执行，因此页面存在注入的可能。

这里在设计上要考虑到检测效率的问题，当 SQL 注入模式比较多时，如果对每个模式都独立构造请求，那么在 Web 服务器端每次都要相应地连接数据库再查询。连接数据库是一个花费时间的操作，为了避免这种情况发生，可以让每个注入模式的请求共享数据库连接状态，因此在爬虫请求时使用 Session 功能，具体见下面的程序设计部分。

12.3.3 Python 程序设计

```
Prog - 24 - check.py
import requests
import time
#罗列可能被注入的页面，即需要检测的 Web 页面
def Url_Set():
    url_set = ["http://localhost:8080/pysqlinject/handlelogin.jsp"]
    url_set.append("http://localhost:8080/pysqlinject/securitylogin.jsp")
    return url_set

#对每个页面进行注入模式的检测
def Check(mode,url_set,header):
    res = []
```

```
        ssion = requests.session()
        for link in url_set:
            for i in mode:
                #使用post方法提交注入模式中设定的用户名和密码
                data = {"username":i[0], "password":i[1]}
                r = ssion.post(link , headers = header, data = data)
                print(data)
                if "登录成功" in r.text:
                    print(link + ">>>" + "存在SQL漏洞!")
                elif "Exception" in r.text:
                    print(r.text)
                    print(link + ">>>" + "SQL语句语法错误!")
                else:
                    print(link + ">>>" +"无问题.")
        return

#读模式文件
def GetMode(file):
    res = []
    f = open(file)
    for i in f:
        i = i.strip('\n')
        i = i.split('>')
        res.append(i)
    return res

#主程序
if __name__ == "__main__":
    header = {"User-Agent": "Mozilla/5.0 (Windows NT 10.0; Win64; x64) AppleWebKit/537.
36 (KHTML, like Gecko) Chrome/54.0.2840.99 Safari/537.36"}
    mode = GetMode("1.txt")
url_set = Url_Set()

start = time.clock()
Check(mode,url_set,header)
elapsed = (time.clock() - start)
print("检测消耗的时间是:%f秒"%(elapsed))
```

图12-12是程序运行结果,在handlelogin.jsp页面中使用前两个注入模式都发现了注入点,而对于securitylogin页面没有发现注入点。

作为爬虫效率的对比,编写另一个Check(如下),不采用Session,即将该程序中的check函数替换为该函数。对于每个注入模式都独立检测,当然这里使用post()函数,因为需要向服务器提交参数。从图12-13所示的运行结果可以看出,不使用Session,检测消耗的时间超过了6秒,远远大于使用Session时的1.22秒。

{'username': 'u1', 'password': "123' or '1'='1"}
http://localhost:8080/pysqlinject/handlelogin.jsp>>>存在SQL漏洞!
{'username': 'u2', 'password': "123' or '1'='1"}
http://localhost:8080/pysqlinject/handlelogin.jsp>>>存在SQL漏洞!
{'username': 'u3', 'password': '123 or 1=1'}
http://localhost:8080/pysqlinject/handlelogin.jsp>>>无问题.
{'username': 'u1', 'password': "123' or '1'='1"}
http://localhost:8080/pysqlinject/securitylogin.jsp>>>无问题.
{'username': 'u2', 'password': "123' or '1'='1"}
http://localhost:8080/pysqlinject/securitylogin.jsp>>>无问题.
{'username': 'u3', 'password': '123 or 1=1'}
http://localhost:8080/pysqlinject/securitylogin.jsp>>>无问题.
检测消耗的时间是:1.224255秒

图 12-12　注入检测结果

{'username': 'u1', 'password': "123' or '1'='1"}
http://localhost:8080/pysqlinject/handlelogin.jsp>>>存在SQL漏洞!
{'username': 'u2', 'password': "123' or '1'='1"}
http://localhost:8080/pysqlinject/handlelogin.jsp>>>存在SQL漏洞!
{'username': 'u3', 'password': '123 or 1=1'}
http://localhost:8080/pysqlinject/handlelogin.jsp>>>无问题.
{'username': 'u1', 'password': "123' or '1'='1"}
http://localhost:8080/pysqlinject/securitylogin.jsp>>>无问题.
{'username': 'u2', 'password': "123' or '1'='1"}
http://localhost:8080/pysqlinject/securitylogin.jsp>>>无问题.
{'username': 'u3', 'password': '123 or 1=1'}
http://localhost:8080/pysqlinject/securitylogin.jsp>>>无问题.
检测消耗的时间是:6.478976秒

图 12-13　不使用 Session 的检测输出

```python
def Check (mode,url_set,header):
    res = []
    for link in url_set:
        for i in mode:
            data = {"username":i[0], "password":i[1]}
            r = requests.post(link , headers = header, data = data)
            print(data)
            if "登录成功" in r.text:
                print(link + ">>>" + "存在 SQL 漏洞!")
            elif "Exception" in r.text:
                print(r.text)
                print(link + ">>>" + "SQL 语句语法错误!")
            else:
                print(link + ">>>" +"无问题.")
    return
```

思考题

综合使用本书介绍的方法设计 Python 程序采集自己所在学校的新闻信息,实现以下功能:

(1) 提取每个新闻的标题和正文。

(2) 实现增量式抓取,即每个爬虫程序运行时只抓取新的新闻。

(3) 对新闻文本进行词汇切分,将学校院系的主要人物设定到自定义词典中。

(4) 分析每个院系中主要人物的活动情况。

(5) 选择合适的可视化技术来展示分析结果。

附  录 A

代码与数据

　　书中相关代码和数据的下载地址为"https://github.com/jpzeng/CrawlerAPPL",其中文件的说明如下,这些代码在 Python 3.6.1 上均测试通过。

Prog-15-train-classifier.py	训练分类器
Prog-16-classify.py	使用 SVM 进行分类测试
Prog-17-LDA-sklearn.py	LDA 模型的 Python 实现(基于 scikit-learn)
Prog-18-LDA-gensim.py	LDA 模型的 Python 实现(基于 gensim)
Prog-19-matplotlib-examples.py	matplotlib 的使用
Prog-20-wordcloud-example.py	wordcloud 的使用
Prog-21-sinaNewsSpider.py	新闻内容采集与提取
Prog-22-keywordCloud.py	关键词分析
Prog-23-LDAnewsTopic.py	主题建模
Prog-24-ckeck.py	Web 网站 SQL 注入检测
2019.png	样例图片
bd-html	抓取结果
press.txt	Deep Web 爬虫使用的文件
stopword.txt	停用词文件
t.html	抓取结果
userdict.txt	词汇切分中使用的用户自定义词典
wordcloud.png	词云图输出样例
crawler-strategy	子目录,4.4.2 的完整程序
classify	子目录,11.3 的例子,包含训练数据、测试数据
app-1	子目录,12.2 的样例
LDA	子目录,11.4 的例子,包含训练语料
sqlinject	子目录,12.3 的例子,包含模式列表文件及 Web 网站相关文件
TF-IDF 的计算.xlsx	演示如何进行 TF-IDF 的计算

附 B 录

相关包索引

书中使用到的相关 Python 开源包及相关章节索引如表 B-1 所示。

表 B-1 书中使用到的相关 Python 开源包及相关章节索引

名　　称	功　　能	章　　节
BeautifulSoup	Web 信息抽取	6.3.4、7.5、8.4、12.2.3
chardet	字符集检测	2.2.5、4.2.3、12.2.4
dnspython	域名转换	4.2.2
gensim. corpora	语料处理、字典构建等	7.5、11.2.3、11.3.3、11.4.4、12.2.4
gensim. models. ldamodel	LDA 模型	12.2.4
html. parser	Web 信息抽取	6.3.1
html5lib	Web 信息抽取	6.3.3
jieba	词汇切分、词性识别等	7.5、11.1.4、11.2.3、12.2.4
json	处理 JSON 数据	9.3.3、9.3.4
lxml	Web 信息抽取	6.3.2
matplotlib	画图	11.5.2、12.2.4
PyQuery	Web 信息抽取	6.3.5
re	正则表达式	2.3、4.3.2、7.5、12.2.3
requests	HTTP 请求	4.2.3、7.5、8.4、12.2.2、12.3.3
response	HTTP 响应	4.2.3、7.5、8.4、12.2.2、12.3.3
RobotFileParser	Robots 文件分析	4.3.3
selenium	模拟浏览器	5.6

附 C 录

爬虫框架

1. Scrapy

Scrapy 是一种容易使用的 Web 爬虫框架,可以用于抓取网站并从其页面中提取结构化数据。此外,它还可用于自动化测试等其他各种场合。

其目前最新的版本是 1.6,支持 Python 2.7、Python 3.4~Python 3.7。

框架软件的下载地址为"https://scrapy.org/",相关文档可以在"https://scrapy.org/doc/"查阅。

Scrapy 主要的功能如下。

(1) 多线程: 支持多线程,默认时开启。

(2) DNS: 支持 DNS 内存缓存,支持异步 DNS 解析。

(3) 支持的 Web 信息抽取技术包括 XPath、类 CSS 选择器和正则表达式。

(4) 支持根据网站 Robots 协议过滤被禁止访问的 request,需保证指定 robots.txt 格式正确且 Scrapy 的 settings 文件内 ROBOTSTXT_OBEY = True。

(5) 支持自动管理 Cookie,包括在发送请求 request 包时自动携带 Cookie,自动获取响应信息 response 包中的 Cookie 并合并到已有 Cookies 中。

(6) 支持为单个爬虫维持多个 Session,参见 CookiesMiddleware 类的文档说明

（网址为"https://docs.scrapy.org/en/latest/topics/downloader-middleware.html#cookies-mw"）。

（7）对 URL 管理的支持：支持自动 URL 去重，需要保证 scrapy.http.Request 类的参数 dont_filter＝False；支持自动重试失败任务，可在 RetryMiddleware 中间件中针对不同状态码设置重试情况。

（8）在图片抓取方面提供了 ImagePipeline 类，支持自动下载爬取页面里的所有图片，提供了避免重复抓取、格式转换、图片压缩等额外功能。更多功能可以查阅在线文档，网址为"https://docs.scrapy.org/en/latest/topics/media-pipeline.html#topics-media-pipeline"。

（9）运行自定义抓取范围，支持根据 SiteMap 和 XML/CSV feeds 定义信息采集页面，也支持配置深度优先或广度优先的抓取策略，同时支持设置爬取深度限制。

（10）对抓取内容的定义及定义的方式：Scrapy 使用 Selectors 从 HTML 中抽取指定的信息，但不具备本书主题爬虫对主题的定义和相似度评估功能。

（11）对分布式架构的支持：Scrapy 本身不支持分布式架构，但是可以通过组合使用 scrapy-redis 等第三方库来实现基于 Scrapy 的分布式爬虫架构。

2. Grab

Grab 是一个 Python 网页抓取框架，主要包含两部分 API，即负责生成 request 和解析 response，这部分是对 pycurl 和 lxml 的封装，同时提供有负责构建异步爬虫的 Grab::Spider API。

其目前最新的版本是 0.6.41，支持 Python 2.7、Python 3.4。Grab 的下载地址是"https://github.com/lorien/grab"，相关文档可以在"https://grablib.org/en/latest/"查阅。

Grab 主要的功能如下。

（1）支持多线程处理。

（2）支持异步 DNS 解析，但需要重新 build curl，若要启用该功能，请参照官方文档相关部分（https://grablab.org/docs/grab/pycurl.html#asynchronous-dns-resolving）进行操作。

（3）支持的 Web 信息抽取技术包括 XPath 和正则表达式。

（4）支持自动管理 Cookie 和 Session，支持手动设置指定请求 request 包中的

Cookie 属性,支持根据指定文件为每个 request 自动设置 Cookie,也支持将响应包 response 中的 Cookie 自动保存到指定文件。

(5) 在 URL 管理方面支持自动重试出错的 URL,支持消息队列缓存,默认采用 Python 优先队列,可选 MongoDB 和 Redis。支持页面缓存,可用数据库 MongoDB、MySQL、PostgreSQL 等进行页面缓存。

(6) 在抓取内容的定义及定义的方式方面,该框架为不同类型的页面定义不同 的 Handler,每个 Handler 接收 Task 后将发起新的 request。通过使用一个异步的 Web Sockets 池,框架得以同时处理这些 request。

相比于 Scrapy,Grab 不具备对 Robots 协议的处理,不支持分布式架构,也没有 专门用于抓取图片的 API,没有专门用于限制抓取范围的 API。

3. PySpider

PySpider 是一个支持分布式架构的爬虫框架,相对于 Scrapy,PySpider 提供了更 友好的 Web UI,便于调试和可视化。PySpider 的架构主要分为 Scheduler(调度器)、Fetcher(抓取器)、Processer(处理器)3 个部分。

其目前最新的版本是 0.3.10,支持 Python 2.6~Python 2.7、Python 3.4(除 Python 3.4.1 外)~Python 3.6 等版本,下载地址是"https://github.com/binux/pyspider",相关开发文档可以在"http://docs.pyspider.org/en/latest/"查阅。

PySpider 主要的功能如下。

(1) 支持多线程,默认时开启。

(2) 无 DNS 内存缓存,也没有异步 DNS 解析。

(3) 支持的 Web 信息抽取技术包括 XPath、CSS 等,同时具有内置的 PyQuery、正则表达式等抽取方法。

(4) 对 Robots 协议处理的支持方面,PySpider 本身没有提供相关 API 来处理 Robots,但 PySpider 里负责所有异步调度的 Tornado 开源框架可以设置 robots.txt。

(5) 支持手动为 request 配置 Cookie,但不支持自动管理 Cookie。

(6) 不支持 Session 的自动管理,需要手动替换过期 Cookie。

(7) 在 URL 管理方面支持设置任务优先级,支持多种规则的 URL 抓取任务的 重试调度,支持根据任务有效时间、页面是否更新等规则自动去重,支持周期性抓取 任务。

（8）可以通过 age 参数来定义抓取范围，在小于 age 值的时间范围内会忽略那些曾经执行过的 request。

（9）使用内置的 PyQuery 通过定位标签从 HTML 中提取内容，对 JavaScript 网页的支持很好，在大量应用 Ajax 的网站上抓取效果不错。

（10）支持分布式架构，其中 Scheduler 组件因为负责整体的调度控制需要部署在 Master 上，Slave 则运行本机上的 Fetcher 和 Processor 实例，使用消息队列连接各个组件，支持的消息队列包括 RabbitMQ、Beanstalk、Redis、Kombu。

参 考 文 献

[1] 曾剑平.互联网大数据处理技术与应用[M].北京：清华大学出版社,2017.

[2] 曾剑平.大数据特征视角的演变[OL].公众号：互联网大数据处理技术与应用,2017.6.19.

[3] 程学旗,靳小龙,王元卓,等.大数据系统和分析技术综述[J].软件学报,2014,25(9)：1889-1908.

[4] Kanik Gupta, Vishal Mittal, Bazir Bishnoi, et al. AcT: Accuracy-aware Crawling Techniques for Cloud-crawler[J]. World Wide Web,2016,19(1)：69-88.

[5] Mainack Mondal, Bimal Viswanath, Allen Clement, et al. Defending Against Large-scale Crawls in Online Social Networks[C]. Proceedings of the 8th International Conference on Emerging networking experiments and technologies,2012.

[6] 王元卓,靳小龙,程学旗.网络大数据：现状与展望[J].计算机学报,2013,36(6)：1125-1138.

[7] Gema Bello-Orgaz, Jason J. Jung, David Camacho. Social Big Data: Recent Achievements and New Challenges[J]. Information Fusion,2016,28：45-59.

[8] 黄仁,王良伟.基于主题相关概念和网页分块的主题爬虫研究[J].计算机应用研究,2013,30(8)：2377-2380.

[9] 李稚楹,杨武,谢治军.PageRank 算法研究综述[J].计算机科学,2011,38(10A)：185-188.

[10] 曾剑平.知识图谱技术：网络爬虫是构建知识图谱的第一步[OL].公众号：互联网大数据处理技术与应用,2019.9.20.

[11] 高凯,王九硕,马红霞,等.微博信息采集及群体行为分析[J].小型微型计算机系统,2013,34(10)：2413-2416.

[12] 白水大人.常见的反爬虫和应对方法[OL].36 大数据(http://www.36dsj.com/archives/44191),2016.

[13] Jane Devine, Francine Egger-Sider. Beyond Google：The Invisible Web in the Academic Library[J]. The Journal of Academic Librarianship. 2004,30(4)：265-269.

[14] 曾剑平.基于 UDP 的新一代 HTTP 协议及对爬虫的影响[OL].公众号：互联网大数据处理技术与应用,2018.11.16.

[15] Prashant Dahiwale, M. M. Raghuwanshi, Latesh Malik. Design of Improved Focused Web Crawler by Analyzing Semantic nature of URL and anchor text[C]. In Proceedings of 9th International Conference on Industrial and Information Systems,2014.

[16] L. Rajesh, V. Shanthi. A Novel Approach for Evaluating Web Crawler Performance Using Content-relevant Metrics[J]. Advances in Intelligent Systems and Computing, 2015, 336：501-508.

[17] Pedro Pereira, Joaquim Macedo, Olga Craveiro, et al. Time-aware Focused Web Crawling[C]. Lecture Notes in Computer Science,2014,8416,534-539.

[18] Hongyu Liu, Evangelos Milios. Probabilistic models for Focused Web Crawling[J]. Computational Intelligence,2012,28(3)：289-328.

[19] Yeye He, Dong Xin, Venkatesh Ganti, et al. Crawling Deep Web Entity Pages[C]. In Proceedings of the 6th ACM International Conference on Web Search and Data Mining,2013,355-364.

[20] 方巍.基于本体的 Deep Web 信息集成关键技术研究[D].博士学位论文(苏州大学),2009.

[21] 沙泓州,刘庆云,柳厅文,等.恶意网页识别研究综述[J].计算机学报,2016,39(3)：529-542.

[22] Xiangwen Ji, Jianping Zeng, Shiyong Zhang, et al. Tag Tree Template for Web Information and Schema Extraction[J]. Expert Systems With Applications, 2010, 37(12): 8492-8498.

[23] 郭喜跃, 何婷婷. 信息抽取研究综述[J]. 计算机科学, 2015, 42(2): 14-17+38.

[24] 吴共庆, 胡骏, 李莉, 等. 基于标签路径特征融合的在线 Web 新闻内容抽取[J]. 软件学报, 2016, 27(3): 714-735.

[25] 孙承杰, 关毅. 基于统计的网页正文信息抽取方法的研究[J]. 中文信息学报, 2004, 18(5): 17-22.

[26] 探索大数据. 超 30 亿条用户数据泄露, Cookie 被窃取, 我们该怎么办? [OL]. 公众号: 互联网大数据处理技术与应用, 2018.8.23.

[27] 梁璐. 基于网络信息内容的分析还原系统研究与实现[D]. 硕士学位论文(北京交通大学), 2009.

[28] 曾剑平. 支持向量机大全(SVC、SVR、SVDD、DTSVM、TSVM、SVC、STM)[OL]. 公众号: 互联网大数据处理技术与应用, 2018.5.18.

[29] Basil Hess, Fabio Magagna, Juliana Sutanto. Toward Location-aware Web: Extraction Method, Applications and Evaluation[J]. Personal and Ubiquitous Computing, 2014, 18(5): 1047-1060.

[30] Wei Liu, Xiaofeng Meng, Weiyi Meng. ViDE: A Vision-based Approach for Deep Web Data Extraction[J]. IEEE Transactions on Knowledge and Data Engineering, 2010, 22(3): 447-460.

[31] Wachirawut Thamviset, Sartra Wongthanavasu. Information Extraction for Deep Web Using Repetitive Subject Pattern[J]. World Wide Web, 2014, 17(5): 1109-1139.

[32] 黄昌宁, 赵海. 中文分词十年回顾[J]. 中文信息学报, 2007, 21(3): 8-19.

[33] 牟力科. Web 中文信息抽取技术与命名实体识别方法的研究[D]. 硕士学位论文(西北大学), 2008.

[34] 夏利玲. 基于自然语言理解的中文分词和词性标注方法的研究[D]. 硕士学位论文(南京邮电大学), 2009.

[35] 韩冬煦, 常宝宝. 中文分词模型的领域适应性方法[J]. 计算机学报, 2015, 38(2): 273-281.

[36] 张海军, 史树敏, 朱朝勇, 等. 中文新词识别技术综述[J]. 计算机科学, 2010, 37(3): 6-10.

[37] 张梅山, 邓知龙, 车万翔, 等. 统计与词典相结合的领域自适应中文分词[J]. 中文信息学报, 2012, 26(2): 8-12.

[38] 曲慧雁, 赵伟, 王东海, 等. 基于隐 Markov 模型汉语词性自动标注的新算法[J]. 东北师大学报(自然科学版), 2013, 45(4): 66-70.

[39] 吴思竹, 钱庆, 胡铁军, 等. 词干提取方法及工具的对比分析研究[J]. 图书情报工作, 2012, 56(15): 109-115.

[40] 黄德根, 张丽静, 张艳丽, 等. 规则与统计相结合的兼类词处理机制[J]. 小型微型计算机系统, 2003, 24(7): 1252-1255.

[41] 陈飞, 刘奕群, 魏超, 等. 基于条件随机场方法的开放领域新词发现[J]. 软件学报, 2013, 24(5): 1051-1060.

[42] Devendrá Singh Chaplot, Pushpak Bhattacharyya, Ashwin Paranjape. Unsupervised Word Sense Disambiguation Using Markov Random Field and Dependency Parser[C]. In Proceedings of the 29th AAAI Conference on Artificial Intelligence, 2015, 3, 2217-2223.

[43] 高俊平, 张晖, 赵旭剑, 等. 面向维基百科的领域知识演化关系抽取[J]. 计算机学报, 2016, 39(10): 2088-2101.

[44] 吴纯青, 任沛阁, 王小峰. 基于语义的网络大数据组织与搜索[J]. 计算机学报, 2015, 38(1): 1-17.

[45] 吴思竹, 钱庆, 胡铁军, 等. 词形还原方法及实现工具比较分析[J]. 现代图书情报技术, 2012(03): 27-34.

[46] Jiangjiao Duan,Jianping Zeng. Computing Semantic Relatedness Based on Search Result Analysis [C]. In Proceedings of Web Intelligence,2012.

[47] 张林,钱冠群,樊卫国,等.轻型评论的情感分析研究[J].软件学报,2014,25(12):2790-2807.

[48] Evgeniy Gabrilovich,Shaul Markovitch. Computing Semantic Relatedness using Wikipedia-based Explicit Semantic Analysis[C]. In Proceedings of the 20th International Joint Conference on Artifical Intelligence,2007,1606-1611.

[49] Shilad Sen,Isaac Johnson,Rebecca Harper,et al. Towards Domain-Specific Semantic Relatedness:A Case Study from Geography[C]. In Proceedings of the 24th International Joint Conference on Artifical Intelligence,2015,2362-2370.

[50] Jianping Zeng, Jiangjiao Duan, Chengrong Wu. Adaptive Topic Modeling for Detection Objectionable Text[C]. In Proceedings of Web Intelligence,2013.11.

[51] Jiangjiao Duan,Jianping Zeng. Web Objectionable Text Content Detection Using Topic Modeling Technique[J]. Expert Systems with Applications,2013,40(15):6094-6104.

[52] Zhen Jiang,Shiyong Zhang,Jianping Zeng. A Hybrid Generative/Discriminative Method for Semi-supervised Classification[J]. Knowledge-Based Systems,2013,37:137-145.

[53] Jianping Zeng,Jiangjiao Duan,Wei Wang,et al. Semantic Multi-Grain Mixture Topic Model for Text Analysis[J]. Expert Systems With Applications,2011,38(4):3574-3579.

[54] Linghui Gong,Jianping Zeng,Shiyong Zhang. Text Stream Clustering Algorithm Based on Adaptive Feature Selection[J]. Expert Systems With Applications,2011,38(3):1393-1399.

[55] Jianping Zeng,Chengrong Wu,Wei Wang. Multi-Grain Hierarchical Topic Extraction Algorithm for Text Mining[J]. Expert Systems With Applications,2010,37(4):3202-3208.

[56] Jianping Zeng,Shiyong Zhang. Incorporating Topic Transition in Topic Detection and Tracking Algorithms[J]. Expert Systems With Applications,2009,36(1):227-232.

[57] 任磊,杜一,马帅,等.大数据可视分析综述[J].软件学报,2014,25(9):1909-1936.

[58] 孙扬,蒋远翔,赵翔,等.网络可视化研究综述[J].计算机科学,2010,37(2):12-30.

[59] Z Liu,B Jiang,J Heer. imMens:Real-time Visual Querying of Big Data[J]. Computer Graphics Forum,2013,32(3):421-430.

[60] 王子豪.基于网络爬虫的信息采集技术研究[D].西北师范大学硕士学位论文,2018.

[61] 萧婧婕,陈志云.基于灰狼算法的主题爬虫[J].计算机科学,2018(S2):146-148+166.

[62] 陈涛,栾禹鑫,谭英杰,等.基于爬虫技术的校园网络舆情分析和监测系统[J].网络安全技术与应用,2018,12:54-55.

[63] Yossi Azar,Eric Horvitz,Eyal Lubetzky,et al. Tractable Near-optimal Policies for Crawling[J]. PNAS,2018,115(32):8099-8103.

[64] 冯登国,张敏,李昊.大数据安全与隐私保护[J].计算机学报,2014,37(1):246-258.